1.9 课堂练习 – 挂表

1.10 课后习题 – 复制罐头

2.1.2 套几

2.2.2 沙发

2.4 课堂练习 – 玻璃茶几

2.5 课后习题 – 柜子

3.2.2 香蕉果盘

3.3 课堂练习 – 果篮

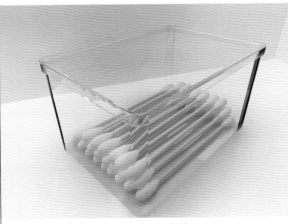

3.4 课后习题 – 棉棒

4.2.2 玻璃酒杯

4.6 课堂练习 – 电视柜

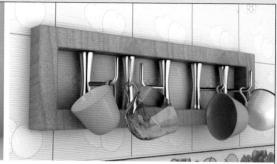

4.7 课后习题 – 杯子架

5.2.2 垃圾箱

5.4 课堂练习 – 蜡烛

5.5 课后习题 – 菜篮

6.3.4 时尚落地灯

6.4 课堂练习 – 抱枕

6.5 课后习题 – 苹果

7.3.3 玻璃杯材质

7.5 课堂练习 – 多维子材质

7.6 课后习题 – 红酒、玻璃材质

8.4 课堂练习 – 台灯灯效　　　　　　　　　　　　　8.5 课堂习题 – 室内灯光效果

9.5 课堂练习 – 飞机飞行

9.6 课后习题 – 掉落的叶子

10.1.3 下雪效果

10.4 课堂练习 – 礼花　　　　　　10.5 课后习题 – 水龙头　　　　　　11.4.2 茶几布

11.5 课堂练习 – 塌陷的墙　　　　　　　　11.6 课后习题 – 丝绸

12.2.3 浓雾中的树林　　　　　　12.5 课堂练习 – 太阳耀斑

12.6 课后习题 – 紫光　　　　　　13.5 课堂练习 – 蜻蜓

13.6 课后习题 – 机械手臂　　　　　　14.1 星球爆炸

14.2 打造黄昏欧式卧室效果　　　14.3 制作花盆　　　　　14.4 心形烟花

4

21 世纪高等教育
数字艺术类规划教材

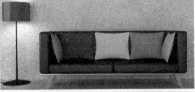

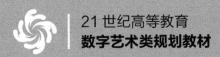

3ds Max 2012
中文版
基础教程

李洪发 周冰 ◎ 主编
邓娟 韩丽华 ◎ 副主编

人民邮电出版社
北 京

图书在版编目（CIP）数据

3ds Max 2012中文版基础教程 / 李洪发，周冰主编
. -- 北京：人民邮电出版社，2014.4（2019.7重印）
21世纪高等教育数字艺术类规划教材
ISBN 978-7-115-33897-6

Ⅰ．①3… Ⅱ．①李… ②周… Ⅲ．①三维动画软件—
高等学校—教材 Ⅳ．①TP391.41

中国版本图书馆CIP数据核字(2014)第017212号

内 容 提 要

本书全面系统地介绍了 3ds Max 2012 的基本操作方法和动画制作技巧，包括初识 3ds Max 2012、几何体的创建、二维图形的创建、三维模型的创建、复合对象的创建、几何体的形体变化、材质和纹理贴图、灯光和摄像机及环境特效的使用、基础动画、粒子系统与空间扭曲、动力学系统、环境特效、高级动画设置、商业案例等内容。

本书将案例融入到软件功能的介绍过程中，在学习了基础知识和基本操作后，精心设计了课堂案例，力求通过课堂案例演练，使学生快速掌握软件的应用技巧；最后通过课后习题实践拓展学生的实际应用能力。在本书的最后一章，精心安排了专业设计公司的 2 个精彩案例，力求通过这些实例的制作，使学生提高设计水平，开拓制作思路。

本书可作为本科院校数字媒体艺术类专业 3ds Max 课程的教材，也可作为相关人员的参考用书。

◆ 主　编　李洪发　周　冰
　　副主编　邓　娟　韩丽华
　　责任编辑　许金霞
　　责任印制　彭志环　焦志炜

◆ 人民邮电出版社出版发行　北京市丰台区成寿寺路 11 号
　　邮编　100164　电子邮件　315@ptpress.com.cn
　　网址　http://www.ptpress.com.cn
　　北京捷迅佳彩印刷有限公司印刷

◆ 开本：787×1092　1/16　　彩插：2
　　印张：17.25　　　　　　2014 年 4 月第 1 版
　　字数：421 千字　　　　 2019 年 7 月北京第 8 次印刷

定价：39.80 元（附光盘）

读者服务热线：(010)81055256　印装质量热线：(010)81055316
反盗版热线：(010)81055315

前言

3ds Max 2012 是由 Autodesk 公司开发的三维制作软件。它功能强大、易学易用，深受国内外建筑工程设计和动画制作人员的喜爱，已经成为这些领域最流行的软件之一。目前，我国很多本科院校的数字媒体艺术专业，都将 3ds Max 作为一门重要的专业课程。为了帮助本科院校的教师全面、系统地讲授这门课程，使学生能够熟练地使用 3ds Max 来进行动画设计，我们几位长期在本科院校从事 3ds Max 教学的教师和专业动画设计公司经验丰富的设计师合作，共同编写了本书。

我们对本书的编写体系做了精心的设计，按照"软件功能解析－课堂案例－课堂练习－课后习题"这一思路进行编排，力求通过软件功能解析，使学生深入学习软件功能和制作特色；通过课堂案例演练使学生快速掌握软件功能和动画设计思路；通过课堂练习和课后习题，拓展学生的实际应用能力。在本书的最后一章，精心安排了专业设计公司的 2 个精彩实例，力求通过这些实例的制作，提高学生动画设计的创意能力。在内容编写方面，我们力求细致全面、重点突出；在文字叙述方面，我们注意言简意赅、通俗易懂；在案例选取方面，我们强调案例的针对性和实用性。

本书配套光盘中包含了书中所有案例的素材及效果文件。另外，为方便教师教学，本书配备了详尽的课堂练习和课后习题的操作步骤、PPT 课件以及教学大纲等丰富的教学资源，任课教师可登录人民邮电出版社教学服务与资源网（www.ptpedu.com.cn）免费下载使用。本书的参考学时为 62 学时，其中实训环节为 26 学时，各章的参考学时可以参见下面的学时分配表。

章	课 程 内 容	学 时 分 配	
		讲　授	实　训
第 1 章	初识 3ds Max 2012	2	2
第 2 章	几何体的创建	3	2
第 3 章	二维图形的创建	3	2
第 4 章	三维模型的创建	3	2
第 5 章	复合对象的创建	2	2
第 6 章	几何体的形体变化	2	2
第 7 章	材质和纹理贴图	3	2
第 8 章	灯光和摄像机及环境特效的使用	3	2
第 9 章	基础动画	3	2
第 10 章	粒子系统与空间扭曲	2	2

续表

章	课程内容	学时分配	
		讲　授	实　训
第 11 章	动力学系统	2	2
第 12 章	环境特效	2	2
第 13 章	高级动画设置	2	2
第 14 章	商业案例	4	
课　时　总　计		36	26

由于时间仓促，加之作者水平有限，书中难免存在错误和不妥之处，敬请广大读者批评指正。

编　者

2013 年 12 月

目录
CONTENTS

Chapter

1

第1章
初识 3ds Max2012

本章将简要介绍 3ds Max 2012 的基本概况和软件在动画设计中的应用特色，同时还将介绍 3ds Max 2012 的基本操作方法，读者通过学习要初步认识和了解这款三维创作软件。

课堂学习目标
- 3ds Max 2012 的操作界面
- 对象的选择
- 对象的变换
- 对象的复制
- 捕捉和对齐工具
- 撤销和重复命令
- 对象的轴心控制

1.1　3ds Max2012 的操作界面

在学习 3ds Max 2012 之前，首先要认识它的操作界面，并熟悉各控制区的用途和使用方法，这样才能在建模操作过程中得心应手地使用各种工具和命令，并可以节省大量的工作时间。下面就对 3ds Max 2012 的操作界面进行介绍。

1.1.1　3ds Max2012 系统界面简介

运行 3ds Max 2012，进入操作界面。在 3ds Max 2012 的操作界面中，界面的外框尺寸是可以改变的，但功能区的尺寸不能改变，只有 4 个视图区的尺寸可以改变。工具栏和命令面板不能同时全部显示出来，只能通过拖动滑动条转换显示区域。

3ds Max 2012 操作界面主要由标题栏、菜单栏、主工具栏、命令面板、视图区域、视图控制区、动画控制区、提示栏、状态栏 9 个区域组成，如图 1-1 所示。

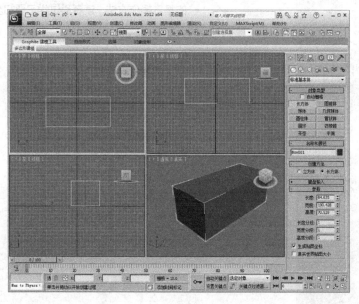

图 1-1

1.1.2　标题栏与菜单栏

1．标题栏

3ds Max2012 的标题栏位于操作界面的最顶部。标题栏包括应用程序、快捷访问工具栏、版本信息与文件名称和信息中心，如图 1-2 所示。下面介绍标题栏各个版块。

图 1-2

（1）⑥应用程序按钮

单击⑥应用程序按钮时显示的应用程序菜单提供了文件管理命令，如图 1-3 所示。

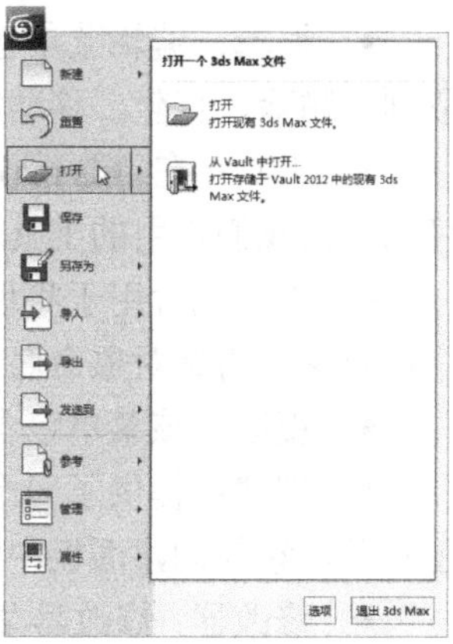

图 1-3

应用程序按钮的菜单中的选项功能介绍如下。

- 新建：单击新建选项，在子菜单中选择可以新建全部、保留对象、保留对象和层次。
- 重置：使用重置选项可以清除所有数据并重置 3ds max 设置（视口配置、捕捉设置、材质编辑器、背景图像等等）。重置可以还原启动默认设置（保存在 maxstart.max 文件中），并且可以移除当前会话期间所作的任何自定义设置。
- 打开：使用该选项可以在弹出的子菜单中选择打开的文件类型。
- 保存：将当前场景进行保存。
- 另存为：将场景另存为。
- 导入：使用该选项可以在弹出的子菜单中的命令选择导入、合并、替换方式导入场景。
- 导出：使用该选项可以在弹出的子菜单中选择直接导出、导出选定对象、导出 DWF 文件等。
- 参考：在子菜单中选择相应的选项设置场景中的参考模式。
- 管理：其中包括设置项目文件夹和资源追踪。
- 属性：从中访问文件属性和摘要信息。

(2) ☐ ☞ 🖫 ↶ · ↷ · ▾ 快速访问工具

快速访问工具栏提供一些最常用的文件管理命令以及撤消和重做命令。

快速访问工具栏中的各选项功能介绍如下。

- ☐（新建场景）：单击以开始一个新的场景。
- ☞（打开文件）：单击以打开保存的场景。
- 🖫（保存文件）：单击保存当前打开的场景。
- ↶ ·（撤消场景操作）：用于撤销最近一次操作的命令，可以连续使用，快捷键为 Ctrl＋Z 组合键。单击向下箭头以显示以前操作的排序列表，以便您可以选择撤消操作的起始点。
- ↷ ·（重做场景操作）：用于恢复撤销的命令，可以连续使用，快捷键为 Ctrl＋Y 组合键。单击向下箭头以显示以前操作的排序列表，因此您可以选择重做操作的起始点。
- ▾（快速访问工具栏下拉菜单）：单击以显示用于管理快速访问工具栏显示的下拉菜单。在该下拉菜单中可以自定义快速访问工具，也可以进行选择隐藏该工具栏等操作。

(3) ▸ 键入关键字或短语 🔍 · 🔍 ☒ ☆ | ⑦ · 信息中心

通过信息中心可以访问有关 3ds Max 和其他 Autodesk 产品的信息。

将鼠标放到信息中心的工具按钮上会出现按钮功能提示。

2. 菜单栏

菜单栏位于主窗口的标题栏下面，如图 1-4 所示。每个菜单的标题会表明该菜单中命令的用途。单击菜单名时，菜单名下面会列出很多命令。

| 编辑(E) | 工具(T) | 组(G) | 视图(V) | 创建(C) | 修改器 | 动画 | 图形编辑器 | 渲染(R) | 自定义(U) | MAXScript(M) | 帮助(H) |

图 1-4

菜单栏中的各选项功能介绍如下：

- 编辑：编辑菜单包含用于在场景中选择和编辑对象的命令，如撤销、重做、暂存、取回、删除、克隆、移动等对场景中的对象进行编辑的命令。
- 工具：在 3ds max 场景中，工具菜单显示可帮助您更改或管理对象，从下拉菜单中可以看到我们常用的工具和命令。
- 组：包含用于将场景中的对象成组和解组的功能。组可将两个或多个对象组合为一个组对象。为组对象命名，然后像任何其他对象一样对它们进行处理。
- 视图：该菜单包含用于设置和控制视图的命令。
- 创建：提供了一个创建几何体、灯光、摄影机和辅助对象的方法。该菜单包含各种子菜单，它与创建面板中的各项是相同的。
- 修改器：修改器菜单提供了快速应用常用修改器的方式。该菜单划分为一些子菜单。菜单上各个项的可用性取决于当前选择。
- 动画：提供一组有关动画、约束和控制器以及反向运动学解算器的命令。此菜单中还提供自定义属性和参数关联控件，以及用于创建、查看和重命名动画预览的控件。
- 图形编辑器：使用"图形编辑器"菜单可以访问用于管理场景及其层次和动画的图表子窗口。
- 渲染：渲染菜单包含用于渲染场景、设置环境和渲染效果、使用 Video Post 合成场景以及访问 RAM 播放器的命令。
- 自定义：自定义菜单包含用于自定义 3ds Max 用户界面（UI）的命令。
- MaxSctipt：该菜单包含用于处理脚本的命令，这些脚本是您使用软件内置脚本语言 MAXScript 创建而来的。
- 帮助：通过帮助菜单可以访问 3ds Max 联机参考系统。

1.1.3　主工具栏

主工具栏位于菜单栏的下方，包括各种常用工具的快捷按钮，使用起来非常方便。通常在 1280×1024 像素的显示分辨率下，工具按钮才能完全显示在工具栏中。工具栏中的所有快捷按钮，如图 1-5 所示。

图 1-5

显示器分辨率低于 1280 像素×1024 像素的（通常设定的分辨率是 1024 像素×768 像素或 800 像素×600 像素），可以通过两种方法解决工具栏的显示问题。

- 将光标移动到工具栏空白处，当光标变成小手标志 时，按住鼠标左键不放并拖曳光标，工具栏会跟随光标滚动显示。
- 如果配备的鼠标带有滚轮，可在工具栏任意位置按住鼠标滚轮不放，这时光标变为小手标志 ，拖曳光标也能显示其他工具按钮。

工具栏中的各按钮的功能，将在后面的章节中详细介绍。

在 3ds Max 2012 系统中，有一些快捷按钮的右下角有一个"小三角"标记，这表示该按钮下有隐藏按钮。单击该按钮右下角的"小三角"标记并按住鼠标左键不放，会展开一组新的按钮，向下移动光标到相应的按钮上，即可选择该按钮，如图 1-6 所示。

还有一些按钮在浮动工具栏中，要选择这些按钮，可在工具栏的空白处单击鼠标右键，如图 1-7 所示, 在弹出的菜单中选择相应的命令, 系统会弹出该命令的浮动工具栏, 如图 1-8 所示。

图 1-6　　　　　　　　图 1-7　　　　　　　　　　　　　　　　图 1-8

1.1.4　视图区域

视图区域是 3ds Max 2012 操作界面中最大的区域, 位于操作界面的中部, 它是主要的工作区。在视图区域中, 3ds Max 2012 系统本身默认为 4 个基本视图, 如图 1-9 所示。

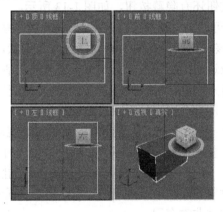

图 1-9

顶视图: 从场景正上方向下垂直观察对象。

前视图: 从场景正前方观察对象。

左视图: 从场景正左方观察对象。

透视图: 能从任何角度观察对象的整体效果, 可以变换角度进行观察。透视图是以三维立体方式对场景进行显示观察的, 其他 3 个视图都是以平面形式对场景进行显示观察的。

4 个视图的类型是可以转换的。激活视图后按下相应的快捷键即可实现视图之间的转换, 顶视图 (Top) 的快捷键为 T、底视图 (Bottom) 的快捷键为 B、左视图 (Left) 的快捷键为 L、正交视图 (Use) 的快捷键为 U、前视图 (Front) 的快捷键为 F、透视图 (Perspective) 的快捷键为 P、摄影机视图 (Camera) 的快捷键为 C。切换视图还可以用另一种方法, 在每个视图的左上角都有视图类型提示, 单击视图名称, 如图 1-10 所示, 在弹出的菜单中选择要切换的视图类型即可。

在 3ds Max 2012 中, 各视图的大小也不是固定不变的, 将光标移到视图分界处, 鼠标光标变为十字形状✛, 按住鼠标左键不放并拖曳光标, 就可以调整各视图的大小, 如图 1-11

所示。如果想恢复均匀分布的状态，可以在视图的分界线处单击鼠标右键，选择"重置布局"命令，即可复位视图，如图1-12所示。

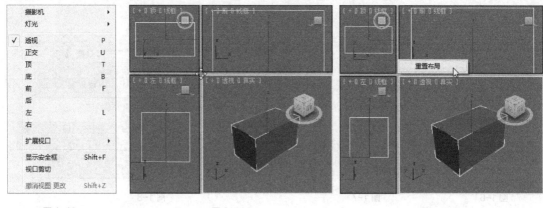

图1-10   图1-11   图1-12

1.1.5 视图控制区

视图控制区位于3ds Max 2012操作界面的右下角，该控制区内的功能按钮主要用于控制各视图的显示状态，部分按钮还有隐藏按钮，如图1-13所示。

熟练运用这几个按钮，可以大大提高工作效率。下面介绍这些按钮的功能。

图1-13

- (缩放)：单击该按钮后，视图中的光标变为 形状，按住鼠标左键不放并拖曳光标，可以拉近或推远场景，只作用于当前被激活的视图窗口。

- (缩放所有视图)：单击该按钮后，视图中的光标变为 形状，按住鼠标左键不放并拖曳光标，所有可见视图都会同步拉近或推远场景。

- (最大化显示选定对象)：最大化显示选定对象将选定对象或对象集在活动透视或正交视口中居中显示。当您要浏览的小对象在复杂场景中丢失时，该控件非常有用。

- (最大化显示)：该按钮是 (最大化显示)按钮的隐藏按钮，单击该按钮后，最大化显示将所有可见的对象在活动、透视或正交视口中居中显示。当在单个视口中查看场景中的每个对象时，这个控件非常有用。

- (所有视图最大化显示选定对象)：所有视图最大化显示选定对象将选定对象或对象集在所有视口中居中显示。当您要浏览的小对象在复杂场景中丢失时，该控件非常有用。

- (所有视图中最大化显示)：所有视图最大化显示将所有可见对象在所有视口中居中显示。当您希望在每个可用视口的场景中看到各个对象时，该控件非常有用。

- (缩放区域)：使用 (缩放区域)可放大您在视口内拖动的矩形区域。仅当活动视口是正交、透视或用户三向投影视图时，该控件才可用。该控件不可用于摄影机视口。

- (视野)：该按钮只能在透视图或摄影机视图中使用，单击该按钮，按住鼠标左键不放并拖曳光标，视图中相对视野及视角会发生远近的变化。

- (平移视图)：单击该按钮，视图中光标变为 形状，按住鼠标左键不放并拖曳光标，可以移动视图位置。如果配备的鼠标有滚轮，在视图中直接按住滚轮不放并拖曳光标即可。

- (环绕)：将视图中心用作旋转中心。如果对象靠近视口的边缘，它们可能会超出视图范围。

- （选定的环绕）：将当前选择的中心用作旋转的中心。当视图围绕其中心旋转时，选定对象将保持在视口中的同一位置上。
- （环绕子对象）：将当前选定子对象的中心用作旋转的中心。当视图围绕其中心旋转时，当前选择将保持在视口中的同一位置上。

在透视图或用户视图中，按住 Alt 键，同时按住鼠标滚轮不放并拖曳光标，也可以对对象进行视角的旋转。

- （最大化视口切换）：单击此按钮，当前视图满屏显示，便于对场景进行精细编辑操作。再次单击此按钮，可恢复原来的状态，其快捷键为 Alt+W 组合键。

1.1.6 命令面板

命令面板位于 3ds Max 2012 操作界面的右侧，结构较为复杂。命令面板提供了丰富的工具，用于完成模型的建立与编辑、动画轨迹的设置、灯光和摄影机的控制等操作，外部插件的窗口也位于这里。

图 1-14

要显示其他面板，只需单击命令面板顶部的选项卡即可切换至不同的命令面板，从左至右依次为 （创建）、 （修改）、 （层次）、 （运动）、 （显示）、 （实用程序），如图 1-14 所示。

面板上标有＋（加号）或－（减号）按钮的即是卷展栏。卷展栏的标题左侧带有"＋"号表示卷展栏卷起，有"－"号表示卷展栏展开，通过单击"＋"号或"－"号可以在卷起和展开卷展栏之间切换。

1.1.7 动画控制区

动画控制区位于屏幕的下方，包括动画控制区、时间滑块和轨迹条，主要用于制作动画时，进行动画的记录、动画帧的选择、动画的播放以及动画时间的控制等。如图 1-15 所示为动画控制区。

图 1-15

- 自动关键点。启用自动关键点后，对对象位置、旋转和缩放所作的更改都会自动设置成关键帧（记录）。
- 设置关键点。其模式使用户能够自己控制什么时间创建什么类型的关键帧，在需要设置关键帧的位置单击 （设置关键点）按钮，创建关键点。
- （新建关键点的默认入/出切线）：该弹出按钮可为新的动画关键点提供快速设置默认切线类型的方法，这些新的关键点是用设置关键点模式或者自动关键点模式创建的。
- 设置关键点过滤器。显示设置关键点过滤器对话框，在该对话框中可以定义哪些类型的轨迹可以设置关键点，哪些类型不可。
- （转到开头）：单击该按钮可以将时间滑块移动到活动时间段的第一帧。
- （上一帧）：将时间滑块向后移动一帧。
- （播放动画）：播放按钮用于在活动视口中播放动画。
- （下一帧）：可将时间滑快向前移动一帧。
- （转至结尾）：将时间滑块移动到活动时间段的最后一帧。

- 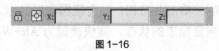（关键点模式切换）：使用关键点模式可以在动画中的关键帧之间直接跳转。
- （时间配置）：单击该打开时间配置对话框提供了帧速率、时间显示、播放和动画的设置。

1.1.8　提示栏

主要用于建模时对造型空间位置的提示，如图 1-16 所示。

图 1-16

1.1.9　状态栏

主要用于建模时对造型的操作说明，如图 1-17 所示。

图 1-17

1.2　3ds Max2012 的坐标系统

3ds Max 2012 提供了多种坐标系统，这些坐标系统可以直接在工具栏中进行选择，如图 1-18 所示。

各坐标系统介绍如下：

图 1-18

- 视图坐标系统：视图坐标系统是 3ds Max 2012 默认的坐标系统，也是使用最普遍的坐标系统。它是屏幕坐标系统与世界坐标系统的结合。视图坐标系统在正视图中使用屏幕坐标系统，在透视图和用户视图中使用世界坐标系统。
- 屏幕坐标系统：屏幕坐标系统在所有视图中都使用同样的坐标轴向，即 X 轴为水平方向，Y 轴为垂直方向，Z 轴为深度方向，这是用户习惯的坐标方向。该坐标系统把计算机屏幕作为 X、Y 轴向，向屏幕内部延伸为 Z 轴向。
- 世界坐标系统：在 3ds Max 2012 操作界面中，从前方看，X 轴为水平方向，Y 轴为垂直方向，Z 轴为景深方向。这个坐标轴向在任意视图中都固定不变，选择该坐标系统后，可以使任何视图中都有相同的坐标轴显示。
- 父对象坐标系统：使用父对象坐标系统，可以使子对象与父对象之间保持依附关系，使子对象以父对象的轴向为基础发生改变。
- 局部坐标系统：使用选定对象的坐标系。对象的局部坐标系由其轴点支撑。使用“层次”命令面板上的选项，可以以相对于对象的方式调整局部坐标系的位置和方向。
- 万向坐标系统：万向坐标系统为每个对象使用单独的坐标系统。
- 栅格坐标系统：栅格坐标系统以栅格对象的自身坐标轴为坐标系统，栅格对象主要用于辅助制作。
- 拾取坐标系统：拾取屏幕中的任意一个对象，以被拾取对象的自身坐标系统为拾取对象的坐标系统。

1.3 对象的选择方式

对象的选择是 3ds Max 2012 的基本操作。无论对场景中的任何对象做何种操作和编辑，首先要做的就是选择该对象。为了方便用户，3ds Max 2012 提供了多种选择对象的方式。

1.3.1 选择对象的基本方法

选择对象最基本的方法就是直接单击要选择的对象，当光标移动到对象上时光标会变成
形状，单击鼠标左键即可选择该对象。

如果要同时选择多个对象，可以按住 Ctrl 键，用鼠标左键连续单击或框选要选择的对象，如果想取消其中个别对象的选择，可以按住 Alt 键，单击或框选要取消选择的对象。

1.3.2 区域选择

3ds Max 2012 提供了多种区域选择方式，使操作更为灵活、简单。矩形选择方式是系统默认的选择方式，其他选择方式都是矩形选择方式的隐藏选项。

* （矩形选择区域）：在视口中拖动，然后释放鼠标。单击的第一个位置是矩形的一个角，释放鼠标的位置是相对的角。
* （圆形选择区域）：在视口中拖动，然后释放鼠标。首先单击的位置是圆形的圆心，释放鼠标的位置定义了圆的半径。
* （围栏选择区域）：拖动绘制多边形，创建多边形选择区。
* （套索选择区域）：围绕应该选择的对象拖动鼠标以绘制图形，然后释放鼠标按钮。要取消该选择，请在释放鼠标前右键单击。
* （绘制选择区域）：将鼠标拖至对象之上，然后释放鼠标按钮。在进行拖放时，鼠标周围将会出现一个以画刷大小为半径的圆圈。根据绘制创建选区。

几种选择方式的效果如图 1-19 所示。

图 1-19

以上几种选择方式都可以与（窗口/交叉）配合使用。（窗口/交叉）的两种方式为（交叉模式）和（窗口模式）。

* （交叉模式）：可以选择区域内的所有对象或子对象，以及与区域边界相交的任何对象或子对象。
* （窗口模式）：只能选择所选区域内的对象或子对象。

1.3.3 名称选择

在复杂建模时，场景中通常会有很多的对象，用鼠标进行选择很容易造成误选。3ds Max 2012 提供了一个可以通过名称选择对象的功能。该功能不仅可以通过对象的名称选择，还

能通过颜色或材质选择具有该属性的所有对象。

通过名字选择对象的操作步骤如下：

（1）单击工具栏中的 ![] （按名称选择）按钮，弹出"从场景选择"对话框，如图 1-20 所示。

图 1-20

（2）在列表中选择对象的名称后单击"确定"按钮，或直接双击列表中的对象名称，该对象即被选择。

在该对话框中按住 Ctrl 键可以选择多个对象，按住 Shift 键单击并选择连续范围。在对话框的右侧可以设置对象以什么形式进行排序，也指定显示在对象列表中的列出类型包括几何体、图形、灯光、摄影机、辅助对象、空间扭曲、组/集合、外部参考和骨骼类型这些均在工具栏中以按钮方式显示，弹起工具栏中的按钮类型，在列表中将隐藏该类型。

1.3.4 编辑菜单栏选择

在菜单栏中选择"编辑"菜单，在弹出的快捷菜单中显示如图 1-21 所示的几项命令。

编辑菜单中的选择方式如下：

- 撤销：撤销上一次的操作，键盘快捷键为 Ctrl+Z 组合键。
- 重做：恢复上一次的操作，键盘快捷键为 Ctrl+Y 组合键。
- 删除：删除场景中选定的对象，键盘快捷键为 Delete 键。
- 克隆：复制场景中选定的对象，键盘快捷键为 Ctrl+C 组合键。
- 全选：选择场景中的全部对象，键盘快捷键为 Ctrl+A 组合键。
- 全部不选：取消所有选择，键盘快捷键为 Ctrl+D 组合键。
- 反选：此命令可反选当前选择集，键盘快捷键为 Ctrl+I 组合键。
- 选择类似对象：自动选择与当前选择类似对象的所有项。通常，这意味着这些对象必须位于同一层中，并且应用了相同的材质（或不应用材质），键盘快捷键为 Ctrl+Q 组合键。
- 选择实例：选择选定对象的所有实例。
- 选择方式：从中定义以名称、层、颜色选择方式选择对象。

图 1-21

- 选择区域：这里参考上一节中区域选择的介绍。

1.3.5　过滤选择集

"选择过滤器"工具用于设置场景中能够选择的对象类型，这样可以避免在复杂场景中选错对象。

在"选择过滤器"工具的下拉列表框 全部 ⏷ 中，包括几何体、图形、灯光、摄影机等对象类型，如图 1-22 所示。

- 全部：表示可以选择场景中的任何对象。
- G–几何体：表示只能选择场景中的几何形体（标准几何体、扩展几何体）。
- S–图形：表示只能选择场景中的图形。
- L-灯光：表示只能选择场景中的灯光。
- C-摄影机：表示只能选择场景中的摄影机。
- H-辅助对象：表示只能选择场景中的辅助对象。

图 1-22

- W-扭曲：表示只能选择场景中的空间扭曲对象。
- 组合：可以将两个或多个类别组合为一个过滤器类别。
- 骨骼：表示只能选择场景中的骨骼。
- IK 链对象：表示只能选择场景中的 IK 链对象。
- 点：表示只能选择场景中的点。

1.3.6　对象编辑成组

对象编辑成组是将多个对象编辑为一个组的命令，选择要编辑成组的对象后单击"组"命令，会弹出下拉菜单，如图 1-23 所示，下拉菜单中的命令用于对组的编辑。

- 成组：用于把场景中选定的对象编辑为一个组。
- 解组：用于把选中的组解散。
- 打开：用于暂时打开一个选中的组，可以对组中的对象单独编辑。
- 关闭：用于把暂时打开的组关闭。

- 附加：用于把一个对象增加到一个组中。先选中一个对象，执行附加命令，再单击组中任意一个对象即可。
- 分离：用于把对象从组中分离出来。
- 炸开：能够使组以及组内所嵌套的组都彻底解散。
- 集合：用于将多个对象、组合并至单个组。

图 1-23

下面通过一个实例来介绍"组"命令，操作步骤如下：

（1）在视图中任意创建几个几何体，框选将它们选中，如图 1-24 所示。几何体的创建将在第二章中介绍。

（2）选择"组>成组"命令，弹出"组"对话框，在"组名"文本框中可以编辑组的名称，如图 1-25 所示，单击"确定"按钮，被选择的几何体成为一个组，任意选择其中的一个对象，整个组都会被选择，如图 1-26 所示。

（3）选择"组 > 打开"命令，该组会被暂时打开，选择其中一个对象，可以对该对象进行单独编辑，如图 1-27 所示。

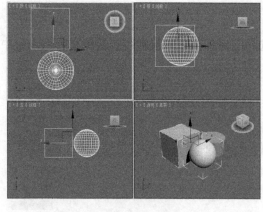

图 1-24　　　　　　　　　　　　　　　图 1-25

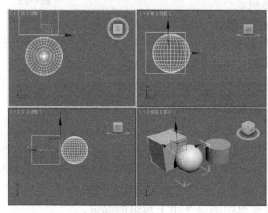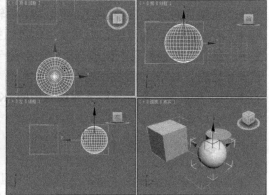

图 1-26　　　　　　　　　　　　　　　图 1-27

（4）选择"组 > 关闭"命令，可以使打开的组闭合。选择"组 > 炸开"命令，可以使这个组彻底解散。

将对象编辑成组在建模中会经常用到，对于较为复杂的场景，应该在创建组的同时给所创建的组命名，以便于后期进行选择或修改。

1.4 对象的变换

对象的变换包括对象的移动、旋转和缩放，这 3 项操作几乎在每一次建模中都会用到，也是建模操作的基础。

1.4.1 移动对象

启用移动工具，有以下几种方法：

- 单击工具栏中的 ⊕ （选择并移动）按钮。
- 按键盘 W 键。
- 选择对象后单击鼠标右键，在弹出的菜单中选择"移动"命令。

使用移动工具的操作方法如下：

选择对象并启用移动工具，当鼠标光标移动到对象坐标轴上时（比如 X 轴），光标会变成⊕形状，并且坐标轴（X 轴）会变成亮黄色，表示可以移动，如图 1-28 所示。此时按住鼠标左键不放并拖曳光标，对象就会跟随光标一起移动。

　　利用移动工具可以使对象沿两个轴向同时移动，观察对象的坐标轴，会发现每两个坐标轴之间都有共同区域，当鼠标光标移动到此处区域时，该区域会变黄，如图 1-29 所示。按住鼠标左键不放并拖曳光标，对象就会跟随光标一起沿两个轴向移动。

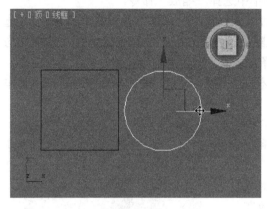

图 1-28

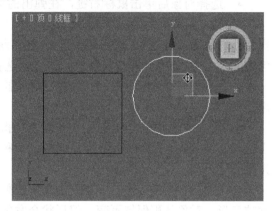

图 1-29

1.4.2　旋转对象

　　启用旋转命令，有以下几种方法：
- 单击工具栏中的 ⟲（选择并旋转）按钮。
- 按键盘 E 键。
- 选择对象后单击鼠标右键，在弹出的菜单中选择"旋转"命令。

　　使用旋转工具的操作方法如下：

　　选择对象并启用旋转工具，当鼠标光标移动到对象的旋转轴上时，光标会变为 ⟲ 形状，旋转轴的颜色会变成亮黄色，如图 1-30 所示。按住鼠标左键不放并拖曳光标，对象会随光标的移动而旋转。旋转工具只能用于坐标轴方向的旋转。

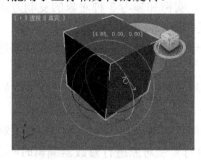

图 1-30

　　旋转工具可以通过旋转来改变对象在视图中的方向，熟悉各旋转轴的方向很重要。

提示

如果想准确地调整模型在视图中的方向和角度，可以在工具栏中激活 ⟳（角度捕捉切换）工具。

1.4.3 缩放对象

启用缩放命令，有以下几种方法：

- 单击工具栏中的🔲（选择并均匀缩放）按钮。
- 按键盘 R 键。
- 选择对象后单击鼠标右键，在弹出的菜单中选择"缩放"命令。

对对象进行缩放，3ds Max 2012 提供了三种方式，包括🔲（选择并均匀缩放）、🔲（选择并非均匀缩放）、🔲（选择并挤压）。在系统默认设置下工具栏中显示的是🔲（选择并均匀缩放），🔲（选择并非均匀缩放）和🔲（选择并挤压）按钮是隐藏按钮。

- 🔲（选择并均匀缩放）：只改变对象的体积，不改变形状，因此坐标轴向对它不起作用。

- 🔲（选择并非均匀缩放）：对对象在指定的轴向上进行二维缩放（不等比例缩放），对象的体积和形状都发生变化。

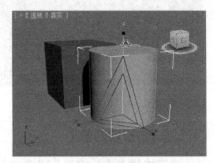

- 🔲（选择并挤压）：在指定的轴向上使对象发生缩放变形，对象体积保持不变，但形状会发生改变。

选择对象并启用缩放工具，当光标移动到缩放轴上时，光标会变成△形状，按住鼠标左键不放并拖曳光标，即可对对象进行缩放。缩放工具可以同时在两个或三个轴向上进行缩放，方法和移动工具相似。如图 1-31 所示。

图 1-31

1.5 对象的复制

有时在建模中要创建很多形状、性质相同的几何体，如果分别进行创建会浪费很多的时间，这时就要使用复制命令来完成这个工作。

3ds Max2012 提供了复制、实例和参考 3 种对象的复制方式，这 3 种方式主要是根据复制后原对象与复制对象的相互关系来分类的。

- 复制：复制后原对象与复制对象之间没有任何关系，是完全独立的对象。相互间没有任何影响。

- 实例：复制后原对象与复制对象相互关联，对其中任何一个对象进行编辑都会影响到复制的其他对象。

- 参考：复制后原对象与复制对象有一种参考的关系，对原对象进行修改器编辑时，复制对象会受同样的影响，但对复制对象进行修改器编辑时不会影响原对象。

1.5.1 直接复制对象

直接复制对象操作是我们最常用到的，运用移动工具、旋转工具、缩放工具都可以对对象进行复制。

下面以移动工具为例对直接复制进行介绍，操作步骤如下。

（1）将对象选中，按住 Shift 键，然后移动对象，完成移动后，释放鼠标左键，会弹出

"克隆选项"对话框，如图 1-32 所示。提示用户选择复制的类型以及要复制的个数。

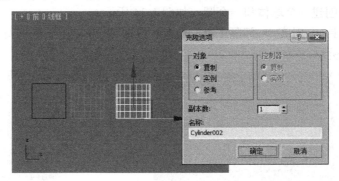

图 1-32

（2）单击"确定"按钮，完成复制。如果单击"取消"按钮则取消复制。运用旋转、缩放工具也能对对象进行复制，复制方法与移动工具相似。

 提示

也可以按键盘快捷键 Ctrl+V 组合键直接复制模型，弹出的"克隆选项"对话框与图 1-32 相似，只是没有提供"副本数"选项，只可以复制一个模型。

1.5.2 利用镜像复制对象

当建模中需要创建两个对称的对象时，如果使用直接复制，对象间的距离很难控制，而且要使两对象相互对称直接复制是办不到的，使用"镜像"工具就能很简单地解决这个问题。

选择对象后，在工具栏中单击 ◫◫（镜像）按钮，弹出"镜像：世界 坐标"对话框，如图 1-33 所示。

- 镜像轴：用于设置镜像的轴向，系统提供了 6 种镜像轴向。
- 偏移：用于设置镜像对象和原始对象轴心点之间的距离。
- 克隆当前选择：用于确定镜像对象的复制类型。
- 不克隆：表示仅把原始对象镜像到新位置而不复制对象。
- 复制：把选定对象镜像复制到指定位置。
- 实例：把选定对象关联镜像复制到指定位置。
- 参考：把选定对象参考镜像复制到指定位置。

使用"镜像"工具进行复制操作，首先应该熟悉轴向的设置，选择对象后点击 ◫◫（镜像）按钮，可以依次选择镜像轴，视图中的复制对象是随镜像对话框中镜像轴的改变实时显示的，选择合适的轴向后单击"确定"按钮，单击"取消"按钮则取消镜像。

图 1-33

1.5.3 利用间距复制对象

利用间距复制对象是一种快速而且比较随意的对象复制方法，它可以指定一条路径，使复制对象排列在指定的路径上。

利用间距复制对象的操作步骤如下：

① 在视图中创建一个球体和一个圆，如图 1-34 所示。

② 选择"工具 > 对齐 > 间隔工具"命令，或按 Shift+I 组合键，弹出"间隔工具"对话框，如图 1-35 所示。

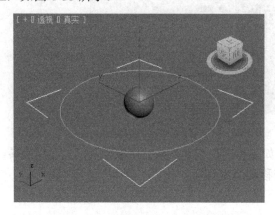 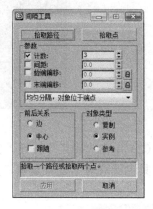

图 1-34   图 1-35

③ 单击"球体"将其选中，在"间隔工具"对话框中单击"拾取路径"按钮，然后在视图中单击样条线"圆"，在"计数"数值框中设置复制的数量，如图 1-36 所示。

④ 单击"应用"按钮，复制完成，如图 1-37 所示。

 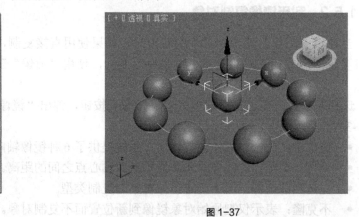

图 1-36   图 1-37

1.5.4 利用阵列复制对象

有时需要创建出多个相同的几何体，而且这些几何体要按照一定的规律进行排列，这时就要用到阵列工具。

1. 选择阵列工具

可以在工具栏的空白处单击鼠标右键，在弹出的菜单中选择"附加"命令，在弹出的"附加"浮动工具栏中单击 (阵列)按钮，或在菜单栏中选择"工具>阵列"命令，如图 1-38 所示。

下面通过一个实例来介绍使用"阵列"工具复制对象，操作步骤如下：

（1）在视图中创建一个球体，效果如图 1-39 所示。

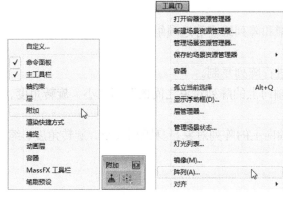
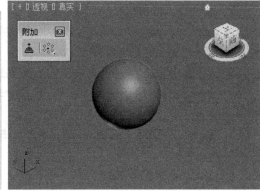

图 1-38　　　　　　　　　　　　　　　　　　　图 1-39

（2）激活顶视图，然后单击球体将其选中，切换到 （层次）命令面板，在"调整轴"卷展栏中单击"仅影响轴"按钮，如图 1-40 所示，使用 ⊕（选择并移动）工具将球体的坐标中心移到球体以外，如图 1-41 所示。

- 仅影响轴：只对被选择对象的轴心点进行修改，这时使用移动和旋转工具反能够改变对象轴心点的位置和方向。

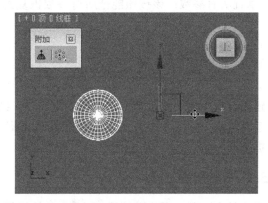

图 1-40　　　　　　　　　　　　　　　　　　　图 1-41

（3）在浮动工具栏中单击 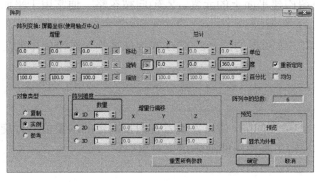（阵列）按钮，弹出"阵列"对话框，在"阵列"对话框中设置参数，然后单击"确定"按钮，可以阵列出有规律的对象，如图 1-42 所示。

（4）完成阵列后的模型效果如图 1-43 所示。

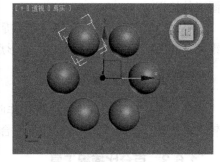

图 1-42　　　　　　　　　　　　　　　　　　　图 1-43

2. 阵列工具的参数

阵列命令面板包括：阵列变换、对象类型和阵列维度等选项组。

（1）阵列变换选项组

该选项组用于指定如何应用 3 种方式来进行阵列复制。

- 增量：分别用于设置 X、Y、Z 三个轴向上的阵列对象之间的距离大小、旋转角度、缩放程度的增量。

- 总计：分别用于设置 X、Y、Z 三个轴向上的阵列对象自身距离大小、旋转角度、缩放程度的增量。

（2）对象类型选项组

对象类型选项组用于确定复制的方式。

（3）阵列维度选项组

阵列维度选项组用于确定阵列变换的维数。

- 1D、2D、3D：根据阵列变换选项组的参数设置创建一维阵列、二维阵列、三维阵列。

- 数量：表示阵列复制对象的总数。

- 重置所有参数：该按钮能把所有参数恢复到默认设置。

1.6 捕捉工具

在建模过程中为了精确定位，使建模更精准，经常会用到捕捉控制器。捕捉控制器由 4 个捕捉工具组成，即 ![icon]（捕捉开关）、![icon]（角度捕捉切换）、![icon]（百分比捕捉切换）和 ![icon]（微调器捕捉切换）。

1.6.1 3 种捕捉工具

捕捉工具有 3 种，系统默认设置为 ![icon]（3D 捕捉），在 3D 捕捉按钮中还隐藏着另外两种捕捉方式，![icon]（2D 捕捉）和 ![icon]（2.5D 捕捉）。

- ![icon]（3D 捕捉）：启用该工具，创建二维图形或者创建三维对象的时候，鼠标光标可以在三维空间的任何地方进行捕捉。

- ![icon]（2D 捕捉）：只捕捉激活视图构建平面上的元素，Z 轴向被忽略，通常用于平面图形的捕捉。

- ![icon]（2.5D 捕捉）：是二维捕捉和三维捕捉的结合。2.5D 捕捉能捕捉三维空间中的二维图形和激活视图构建平面上的投影点。

1.6.2 角度捕捉工具

角度捕捉用于捕捉进行旋转操作时的角度间隔，使对象或者视图按固定的增量值进行旋转，系统默认值为 5°。角度捕捉配合旋转工具使用能准确定位对象。

1.6.3 百分比捕捉工具

百分比捕捉用于捕捉缩放或挤压操作时的百分比间隔，使比例缩放按固定的增量值进行缩放，用于准确控制缩放的大小，系统默认值为 10%。

1.6.4 捕捉工具的参数设置

在工具栏中用鼠标右击捕捉工具按钮即可弹出"栅格和捕捉设置"对话框，"栅格和捕捉设置"对话框由 4 个选项卡组成，即捕捉、选项、主栅格和用户栅格。

"捕捉"选项卡（见图 1-44）中各选项介绍如下：

- 栅格点：捕捉到栅格交点。默认情况下，此捕捉类型处于启用状态。
- 栅格线：捕捉到栅格线上的任何点。
- 轴心：捕捉到对象的轴点。
- 边界框：捕捉到对象边界框的八个角中的一个。
- 垂足：捕捉到样条线上与上一个点相对的垂直点。
- 切点：捕捉到样条线上与上一个点相对的相切点。
- 顶点：捕捉到网格对象或可以转换为可编辑网格对象的顶点。捕捉到样条线上的分段。
- 端点：捕捉到网格边的端点或样条线的顶点。
- 边/线段：捕捉沿着边（可见或不可见）或样条线分段的任何位置。
- 中点：捕捉到网格边的中点和样条线分段的中点。
- 面：捕捉到面或曲面上的任何位置。已选择背面，因此它们无效。
- 中心面：捕捉到三角形面的中心。

"选项"选项卡（见图 1-45）中的各选项介绍如下：

图 1-44

图 1-45

- 显示：切换捕捉指南的显示。禁用该选项后，捕捉仍然起作用，但不显示。
- 大小：以像素为单位设置捕捉"击中"点的大小。这是一个小图标，表示源或目标捕捉点。
- 捕捉预览半径：当光标与潜在捕捉到的点的距离在 Snap 捕捉预览半径和捕捉半径值之间时，捕捉标记跳到最近的潜在捕捉到的点，但不发生捕捉。默认设置是 30。
- 捕捉半径：以像素为单位设置光标周围区域的大小，在该区域内捕捉将自动进行。默认设置为 20 像素。
- 角度：设置对象围绕指定轴旋转的增量（以度为单位）。
- 百分比：设置缩放变换的百分比增量。
- 捕捉到冻结对象：启用此选项后，启用捕捉到冻结对象。默认设置为禁用状态。该选项也位于"捕捉"快捷菜单中，按住 Shift 键的同时右键单击任何视口，可以进行访问，同时也位于"捕捉"工具栏中。

- 使用轴约束：约束选定对象使其沿着在"轴约束"工具栏上指定的轴移动。禁用该选项后（默认设置），将忽略约束，并且可以将捕捉的对象平移任何尺寸（假设使用 3D 捕捉）。该选项也位于"捕捉"快捷菜单中，按住 Shift 的同时右键单击任何视口，可以进行访问，同时也位于"捕捉"工具栏中。
- 显示橡皮筋：当启用此选项并且移动一个选择时，在原始位置和鼠标位置之间显示橡皮筋线。当微调默认设置为启用时，使用该可视化辅助选项可使结果更精确。

"主栅格"选项卡（见图 1-46）中的各选项介绍如下：

- 栅格间距：栅格间距是栅格的最小方形的大小。使用微调器可调整间距（使用当前单位），或直接输入值。
- 每 N 条栅格线有一条主线：主栅格显示更暗的主线以标记栅格方形的组。使用微调器调整该值，它是主线之间的方形栅格数，或可以直接输入该值，最小为 2。
- 透视视图栅格范围：设置透视视图中的主栅格大小。
- 禁止低于栅格间距的栅格细分：当在主栅格上放大时，使 3ds Max 将栅格视为一组固定的线。实际上，栅格在栅格间距设置处停止。如果保持缩放，固定栅格将从视图中丢失。此选项不影响缩小。当缩小时，主栅格不确定扩展以保持主栅格细分。默认设置为启用。
- 禁止透视视图栅格调整大小：当放大或缩小时，使 3ds Max 将"透视"视口中的栅格视为一组固定的线。实际上，无论缩放多大多小，栅格都将保持一个大小。默认设置为启用。
- 动态更新：默认情况下，当更改"栅格间距"和"每 N 条栅格线有一条主线"的值时，只更新活动视口。完成更改值之后，其他视口才进行更新。选择"所有视口"可在更改值时更新所有视口。

"用户栅格"选项卡（见图 1-47）中的各选项介绍如下：

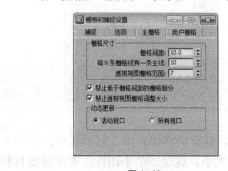

图 1-46

图 1-47

- 创建栅格时将其激活：启用该选项可自动激活创建的栅格。
- 世界空间：将栅格与世界空间对齐。
- 对象空间：将栅格与对象空间对齐。

1.7 对齐工具

使用对齐工具可以将物体进行设置、方向和比例的对齐，还可以进行快速对齐、法线对齐、放置高光、对齐摄影机和对齐视图等操作。对齐工具有实时调节、实时显示效果的功能。

　　📋（对齐）工具用于使当前选定的对象按指定的坐标方向和方式与目标对象对齐。对齐工具中有 6 种对齐方式，即📋（对齐）、📋（快速对齐）、🔲（法线对齐）、🔲（放置高光）、🔳（对齐摄影机）、田（对齐到视图）。其中📋（对齐）工具是最常用的，一般📋（对齐）是用于进行轴向上的对齐。

　　下面通过一个实例来介绍如何使用📋（对齐）工具，操作步骤如下。

　　① 在视图中创建一个长方体和一个球体。

　　② 选择球体模型，然后在工具栏中单击📋（对齐）按钮，这时鼠标光标会变为 ✧ 形状，将鼠标光标移到长方体模型上，光标会变为 ✛✧ 形状，如图 1-48 所示。

　　③ 单击长方体模型，弹出"对齐当前选择"对话框，如图 1-49 所示。

　　"对齐位置（屏幕）"选项组中的 X 轴、Y 轴、Z 轴表示方向上的对齐。

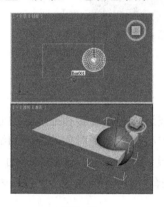

图 1-48

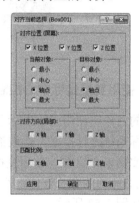

图 1-49

1.8 对象的轴心控制

　　轴心控制是对象发生变换时的中心，只影响对象的旋转和缩放。对象的轴心控制包括 3 种方式：🔲（使用轴点中心）、🔲（使用选择中心）、🔲（使用变换坐标中心）。

1.8.1 使用轴心点控制

　　把被选择对象自身的轴心点作为旋转、缩放操作的中心。如果选择了多个对象，则以每个对象各自的轴心点进行变换操作。如图 1-50 所示，3 个长方体按照自身的坐标中心旋转。

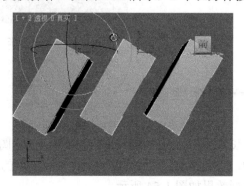

图 1-50

1.8.2 使用选择中心控制

把选择对象的公共轴心点作为对象旋转和缩放的中心。如图 1-51 所示，3 个长方体围绕一个共同的轴心点旋转。

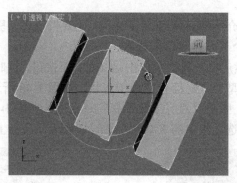

图 1-51

1.8.3 使用变换坐标中心控制

把选择的对象所使用当前坐标系的中心点作为被选择对象旋转和缩放的中心。例如可以通过拾取坐标系统进行拾取，把被拾取对象的坐标中心作为选择对象的旋转和缩放中心。

下面以实例来介绍 ▥ （使用变换坐标中心）工具的使用方法，操作步骤如下。

① 框选右侧的两个长方体，然后在工具栏中选择"参考坐标系统"下拉列表框中的"拾取"选项，如图 1-52 所示。

② 单击另一个长方体，将右侧的两个长方体的坐标中心拾取在左侧长方体上。

③ 对这两个长方体进行旋转，会发现这两个长方体的旋转中心是被拾取长方体的坐标中心，如图 1-53 所示。

图 1-52

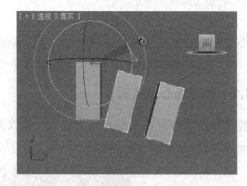

图 1-53

1.9 课堂练习——制作挂表

练习知识要点：创建长方体作为表的指针和刻度模型，创建圆柱体作为表的底盘模型，创建球体作为表的指针轴，使用对齐工具调整表的指针轴和刻度的位置，使用阵列工具复制表的刻度模型，完成的模型效果如图 1-54 所示。

图 1-54

效果所在位置：随书附带光盘\Scene\cha01\挂表.max。

1.10　课后习题——复制罐头

习题知识要点：使用移动复制法复制并调整模型位置，使用旋转工具调整模型的角度，完成的模型效果如图 1-55 所示。

图 1-55

效果所在位置：随书附带光盘\Scene\cha01\复制罐头场景.max。

2 Chapter

第 2 章
几何体的创建

在 3ds max 中进行场景建模首先需要掌握的是基本模型的创建，通过一些简单模型的拼凑就可以制作一些比较复杂的三维模型，下面我们就来看看如何创建基本三维模型。

课堂学习目标
- 创建基本几何体
- 创建扩展几何体
- 利用几何体搭建模型

2.1 创建标准几何体

在 3ds max 中内置的基础模型是制作模型和场景的基础。我们平时见到的规模宏大的电影场景、绚丽的动画，都是由一些简单的几何体修改后得到的，只需通过对基本模型的节点、线、面的编辑修改就能制作出想要的模型。认识和学习这些基础模型是以后学习复杂建模的前提和基础。

2.1.1　长方体

长方体是最基础的标准几何对象，用于制作正六面体或长方体。下面介绍长方体的创建方法以及其参数的设置和修改。

1. 创建长方体

创建长方体有两种方式，一种是立方体创建方式，另一种是长方体创建方式，如图 2-1 所示。

立方体创建方式：以立方体方式创建，操作简单，但只限于创建立方体。

长方体创建方式：以长方体方式创建，是系统默认的创建方式，用法比较灵活。

（1）执行“ ![] （创建）> ![] （几何体）> 标准基本体 > 长方体”命令。

（2）移动光标到适当的位置按住鼠标左键不放并拖曳光标，视图中生成一个长方形平面，如图 2-2 所示，释放鼠标左键并上下移动光标，长方体的高度会跟随光标的移动而增减，在合适的位置单击鼠标左键，长方体创建完成，如图 2-3 所示。

图 2-1

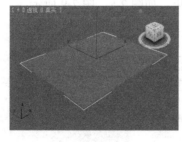
图 2-2

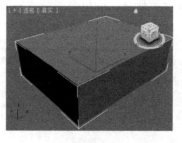
图 2-3

2. 长方体的参数

创建完成长方体后，在场景中选择长方体，然后单击 ![] （修改）按钮，在修改命令面板中会显示长方体的参数，如图 2-4 所示。

- 名称和颜色。用于显示长方体的名称和颜色。在 3ds Max 中创建的所有几何体都有此项参数，用于给对象指定名称和颜色便于以后选取和修改。单击右边的颜色框 ![]，弹出“对象颜色”对话框，如图 2-5 所示。此窗口用于设置几何体的颜色，单击颜色块选择合适的颜色后，单击“确定”按钮完成设置，单击“取消”按钮则取消颜色设置。单击“添加自定义颜色”按钮，可以自定义颜色。

- 键盘建模方式。如图 2-6 所示，对于简单的基本建模使用键盘创建方式比较方便，直接在面板中输入几何体的创建参数，然后单击“创建”按钮，视图中会自动生成该几何体。

如果创建较为复杂的模型，建议使用手动方式建模。

 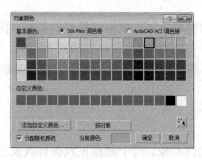 

图 2-4　　　　　　　　　　　图 2-5　　　　　　　　　　　图 2-6

以上各参数是几何体的公共参数。

- 基本参数设置卷展栏。用于调整对象的体积、形状以及表面的光滑度，如图 2-7 所示。在参数的数值框中可以直接输入数值进行设置，也可以利用数值框旁边的微调器进行调整。

长度/宽度/高度：确定长、宽、高三边的长度。

长度/宽度/高度分段：控制长、宽、高三边的段数，段数越多表面就越细腻。

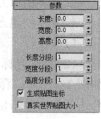

- 生成贴图坐标：自动指定贴图坐标。

3. 参数的修改

长方体的参数比较简单,修改的参数也比较少,在设置好修改参数后,按 Enter 键确认，即可得到修改后的效果，如图 2-8、图 2-9 所示。

图 2-7

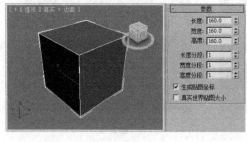 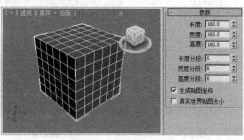

图 2-8　　　　　　　　　　　　　　　图 2-9

几何体的段数是控制几何体表面光滑程度的参数，段数越多，表面就越光滑。但要注意的是，并不是段数越多越好，应该在不影响几何体形体的前提下将段数降到最低。在进行复杂建模时，如果对象不必要的段数过多，会影响建模和后期渲染的速度。

2.1.2 课堂案例——套几

案例学习目标：学习使用标准基本体搭建模型。

案例知识要点：创建长方体和切角长方体，复制并调整切角长方体的位置，继续创建切角长方体作为套几的玻璃部分，并将切角长方体进行复制和调整，完成套几的制作，如图 2-10 所示。

图 2-10

效果所在位置：随书附带光盘\Scene\cha02\套几.max。

（1）执行 " （创建）> （几何体）> 标准基本体 > 长方体" 命令，在 "顶" 视图中创建长方体，在 "参数" 卷展栏中设置 "长度" 为 1100、"宽度" 为 1300、"高度" 为 150，如图 2-11 所示。

（2）执行 " （创建）> （几何体）> 扩展基本体 > 切角长方体" 命令，在 "顶" 视图中创建长方体作为套几底部支架，在 "参数" 卷展栏中设置 "长度" 为 40、"宽度" 为 170、"高度" 为-12、"圆角" 为 2、"圆角分段" 为 1，如图 2-12 所示。

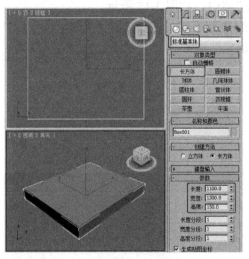

图 2-11

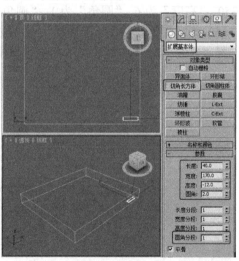

图 2-12

提示

此处用到的 "切角长方体" 会在后面的小节中介绍。

（3）确定切角长方体处于选择状态，在主工具栏中单击 （选择并移动）按钮，按住 Shift 键，沿 Y 轴移动并复制模型，在弹出的 "克隆选项" 对话框中选择 "实例" 选项，如图 2-13 所示，单击 "确定" 按钮。

（4）使用同样的方法，选择两个支架模型对其进行复制，并调整其合适的位置，如图 2-14 所示。

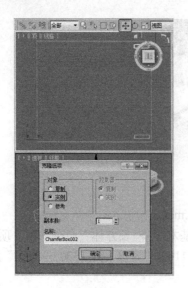
图 2-13

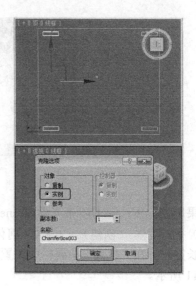
图 2-14

　　（5）执行"　（创建）>　（几何体）> 扩展基本体 > 切角长方体"命令，在"顶"视图中创建切角长方体作为玻璃底座，在"参数"卷展栏中设置"长度"为1120、"宽度"为350、"高度"为6、"圆角"为1、"圆角分段"为1，如图 2-15 所示。

　　（6）确定切角长方体处于选择状态，按 Ctrl+V 组合键，在弹出的"克隆选项"对话框中选择"复制"选项，如图 2-16 所示，单击"确定"按钮。

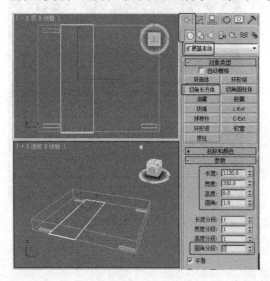
图 2-15

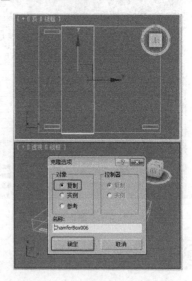
图 2-16

　　（7）切换到　（修改）命令面板，在"参数"卷展栏中设置"长度"为10、"宽度"为350，"高度"为360、"圆角"为1，调整到侧面支架位置，如图 2-17 所示。

　　（8）对侧面支架进行复制，并调整其到对侧支架的位置，如图 2-18 所示。

　　（9）继续对玻璃底座模型进行复制作为玻璃桌面，切换到　（修改）命令面板，在"参数"卷展栏中设置"长度"为1120、"宽度"为350、"高度"为28、"圆角"为2，调整到顶部位置，模型效果如图 2-19 所示。

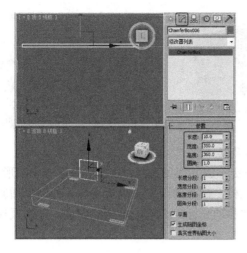
图 2-17

图 2-18

图 2-19

2.1.3　圆锥体

圆锥体用于制作圆锥、圆台、四棱锥和棱台以及它们的局部, 下面介绍圆锥体的创建方法及其参数的设置和修改。

1. 创建圆锥体

创建圆锥体同样有两种方式, 一种是边创建方式, 一种是中心创建方式, 如图 2-20所示。

图 2-20

● 边创建方式: 以边界为起点创建圆锥体, 在视图中单击鼠标左键形成的点即为圆锥体底面的边界起点, 随着光标的拖曳始终以该点作为锥体的边界。

● 中心创建方式: 以中心为起点创建圆锥体, 系统将采用在视图中第一次单击鼠标左键形成的点作为圆锥体底面的中心点, 这是系统默认的创建方式。

创建圆锥体的方法比长方体多一个步骤, 操作步骤如下。

(1) 单击 "　(创建) > 　(几何体) > 标准基本体 > 圆锥体" 按钮。

 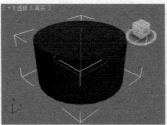 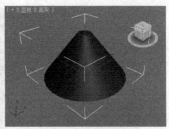

图 2-21　　　　　　　　　图 2-22　　　　　　　　　图 2-23

（2）移动光标到适当的位置，按住鼠标左键不放并拖曳光标，视图中生成一个圆形平面，如图 2-21 所示，释放鼠标左键并上下移动光标，锥体的高度会跟随光标的移动而增减，如图 2-22 所示，在合适的位置单击左键，再次移动光标，调节顶端面的大小，单击鼠标左键完成创建，如图 2-23 所示。

2．圆锥体的参数

单击圆锥体将其选中，然后单击 （修改）按钮，参数命令面板中会显示圆锥体的参数，如图 2-24 所示。

- 半径 1：设置圆锥体底面的半径。
- 半径 2：设置圆锥体两个端面的半径。
- 高度：设置圆锥体的高度。
- 高度分段：设置圆锥体在高度上的段数。
- 端面分段：设置圆锥体在两端平面上沿半径方向上的段数。
- 边数：设置圆锥体端面圆周上的片段划分数。值越高，圆锥体越光滑。
- 平滑：表示是否进行表面光滑处理。开启时，产生圆锥、圆台，关闭时，产生棱锥、棱台。
- 启用切片：表示是否进行局部切片处理。
- 切片起始位置：确定切除部分的起始幅度。
- 切片结束位置：确定切除部分的结束幅度。其他参数请参见前面章节的参数说明。

图 2-24

2.1.4　球体

球体用于制作面状或光滑的球体，也可以制作局部球体，下面介绍球体的创建方法以及其参数的设置和修改。

1．创建球体

创建球体的方式也有两种，与锥体相同，这里就不详细介绍了。

球体的创建方法非常简单，操作步骤如下。

（1）执行"　（创建）>　（几何体）> 标准基本体 > 球体"命令。

（2）移动光标到适当的位置，按住鼠标左键不放并拖曳光标，在视图中生成一个球体，移动光标可以调整球体的大小，在适当位置释放鼠标左键，球体创建完成，如图 2-25 所示。

2．球体的参数

单击球体将其选中，然后单击 　（修改）按钮，修改命令面板中会显示球体的参数，如图 2-26 所示。

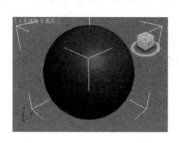

图 2-25   图 2-26

- 半径：设置球体的半径大小。
- 分段：设置表面的段数，值越高，表面越光滑，造型也越复杂。
- 平滑：是否对球体表面自动光滑处理（系统默认是开启的）。
- 半球：用于创建半球或球体的一部分。值由 0 到 1 可调。默认为 0.0，表示建立完整的球体，增加数值，球体被逐渐减去。值为 0.5 时，制作出半球体；值为 1.0 时，球体全部消失。
- 切除/挤压：在进行半球系数调整时发挥作用。用于确定球体被切除后，原来的网格划分也随之切除或者仍保留但被挤入剩余的球体中。其他参数请参见前面章节的参数说明。

2.1.5　圆柱体

圆柱体用于制作棱柱体、圆柱体、局部圆柱体，下面介绍圆柱体的创建方法以及其参数的设置和修改。

1. 创建圆柱体

圆柱体的创建方法与长方体基本相同，操作步骤如下。

（1）执行"　（创建）>　（几何体）> 标准基本体 > 圆柱体"命令。

（2）将鼠标光标移到视图中，按住鼠标左键不放并拖曳光标，视图中出现一个圆形平面，在适当的位置释放鼠标左键并上下移动，圆柱体高度会跟随光标的移动而增减，在适当的位置单击鼠标左键，圆柱体创建完成，如图 2-27 所示。

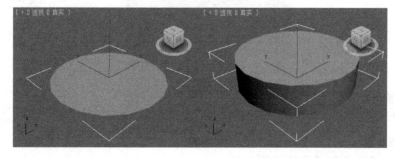

图 2-27

2. 圆柱体的参数

单击圆柱体将其选中，然后单击　按钮，修改命令面板中会显示圆柱体的参数，如图 2-28 所示。

- 半径：设置底面和顶面的半径。

- 高度：确定圆柱体的高度。
- 高度分段：确定圆柱体在高度上的段数。如果要弯曲圆柱体，高度段数可以产生光滑的弯曲效果。
- 端面分段：确定在圆柱体两个端面上沿半径方向的段数。
- 边数：确定圆周上的片段划分数（即棱柱的边数），对于圆柱体，边数越多越光滑。其最小值为 3，此时圆柱体的截面为三角形。其他参数请参见前面章节的参数说明。

图 2-28

2.1.6　几何球体

用于建立以三角面相拼接而成的球体或半球体，下面介绍几何球体的创建方法以及其参数的设置和修改。

1．创建几何球体

创建几何球体有两种方式，一种是直径创建方式，一种是中心创建方式，如图 2-29 所示。

- 直径创建方式：以直径方式拉出几何球体。在视图中以第一次单击鼠标左键形成的点作为起点，把光标的拖曳方向作为所创建几何球体的直径方向。
- 中心创建方式：以中心方式拉出几何球体。在视图中以第一次单击鼠标左键形成的点作为要创建的几何球体的圆心，拖曳鼠标的位移大小作为所要创建球体的半径，是系统默认的创建方式。

几何球体的创建方法与球体相同，操作步骤如下。

（1）执行“■（创建）＞ ■（几何体）＞ 标准基本体 ＞ 几何球体”命令。

（2）将鼠标光标移到视图中，按住鼠标左键不放并拖曳光标，视图中生成一个几何球体，移动光标可以调整几何球体的大小，在适当位置释放鼠标左键，几何球体创建完成，如图 2-30 所示。

2．几何球体的参数

单击几何球体将其选中，然后单击■（修改）按钮，修改命令面板中会显示几何球体的参数，如图 2-31 所示。

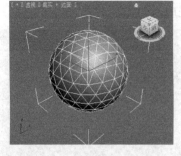

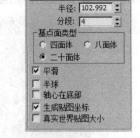

图 2-29　　　　　　　　　　图 2-30　　　　　　　　　　图 2-31

- 半径：确定几何球体的半径大小。
- 分段：设置球体表面的复杂度，值越大，三角面越多，球体也越光滑。

基点面类型：确定是由哪种规则的异面体组合成球体。

- 四面体：由四面体构成几何球体。三角形的面可以改变形状和大小，这种几何球体可以分成相等的 4 部分。

- 八面体：由八面体构成几何球体。三角形的面可以改变形状和大小，这种几何球体可以分成相等的 8 部分。
- 二十面体：由二十面体构成几何球体。三角形的面可以改变形状和大小，这种几何球体可以分成相等的任意多部分。其他参数请参见前面章节的参数说明。

2.1.7 圆环

圆环用于制作立体的圆环圈，截面为正多边形，通过对正多边形边数、光滑度、旋转等参数的控制来产生不同的圆环效果，切片参数可以制作局部的一段圆环。下面介绍圆环的创建方法以及其参数的设置和修改。

1. 创建圆环

创建圆环的操作步骤如下。

（1）执行" （创建）>   （几何体）> 标准基本体 > 圆环"命令。

（2）将鼠标光标移到视图中，按住鼠标左键不放并拖曳光标，在视图中生成一个圆环，如图 2-32 所示，在适当的位置释放鼠标左键并上下移动光标，调整圆环的粗细，单击鼠标左键，圆环创建完成。

2. 圆环的参数

单击圆环将其选中，然后单击   按钮，修改命令面板中会显示圆环的参数，如图 2-33 所示。

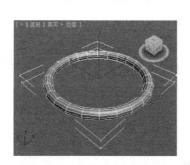

图 2-32

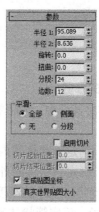

图 2-33

- 半径 1：设置圆环中心与截面正多边形的中心距离。
- 半径 2：设置截面正多边形的内径。
- 旋转：设置片段截面沿圆环轴旋转的角度，如果进行扭曲设置或以不光滑表面着色，则可以看到它的效果。
- 扭曲：设置每个截面扭曲的角度，产生扭曲的表面。
- 分段：确定沿圆周方向上片段被划分的数目。值越大，得到的圆环越光滑（最小值为 3）。
- 边数：确定圆环的侧边数。

平滑选项组：设置光滑属性，将棱边光滑，有如下 4 种方式：

- 全部：对所有表面进行光滑处理。
- 侧面：对侧边进行光滑处理。

- 无：不进行光滑处理。
- 分段：光滑每一个独立的面。其他参数请参见前面章节的参数说明。

2.1.8 管状体

管状体用于建立各种空心管状体对象，包括管状体、棱管以及局部管状体，下面介绍管状体的创建方法以及其参数的设置和修改。

1. 创建管状体

管状体的创建方法与其他几何体不同，操作步骤如下。

（1）执行"   （创建）>   （几何体）> 标准基本体 > 管状体"命令。

（2）将鼠标光标移到视图中，按住鼠标左键不放并拖曳光标，视图中出现一个圆，在适当的位置释放鼠标左键并上下移动光标，会生成一个圆环形面片，单击鼠标左键然后上下移动光标，管状体的高度会随之增减，在合适的位置单击鼠标左键，管状体创建完成，如图2-34所示。

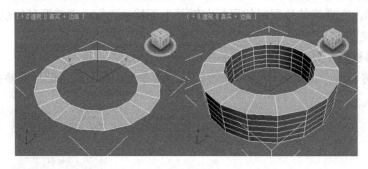

图2-34

2. 管状体的参数

单击管状体将其选中，然后单击   （修改）按钮，修改命令面板中会显示管状体的参数，如图2-35所示。

- 半径1：确定管状体的内径大小。
- 半径2：确定管状体的外径大小。
- 高度：确定管状体的高度。
- 高度分段：确定管状体高度方向的段数。
- 端面分段：确定管状体上下底面的段数。
- 边数：设置管状体侧边数的多少。值越大，管状体越光滑。对棱管来说，边数值决定其属于几棱管。其他参数请参见前面章节的参数说明。

图2-35

2.1.9 四棱锥

四棱锥用于建立椎体模型，是锥体的一种特殊形式。下面介绍四棱锥的创建方法以及其参数的设置和修改。

1. 创建四棱锥

四棱锥的创建方式有两种，一种是基点/顶点创建方式，另一种是中心创建方式。

- 基点/顶点创建方式：系统把第一次单击鼠标形成的点作为四棱锥底面点或顶点，是系统默认的创建方式。

● 中心创建方式：系统把第一次单击鼠标形成的点作为四棱锥底面的中心点。

四棱锥的创建比较简单，和圆柱体比较相似，操作步骤如下。

（1）执行"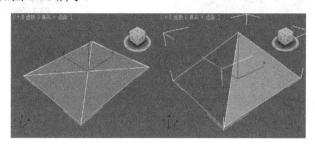（创建）> （几何体）> 标准基本体 > 四棱锥"命令。

（2）将鼠标光标移到视图中，按住鼠标左键不放并拖曳光标，视图中生成一个正方形平面，在适当的位置释放鼠标左键并上下移动光标，调整四棱锥的高度，然后单击鼠标左键，四棱锥创建完成，如图 2-36 所示。

图 2-36

2. 四棱锥的参数

单击四棱锥将其选中，然后单击 （修改）按钮，在修改命令面板中会显示四棱锥的参数，如图 2-37 所示。四棱锥的参数比较简单，与前面章节讲到的参数大部分都相似。

● 宽度、深度：确定底面矩形的长和宽。

● 高度：确定锥体的高。

● 宽度分段：确定沿底面宽度方向的分段数。

● 深度分段：确定沿底面深度方向的分段数。

● 高度分段：确定沿四棱锥高度方向的分段数。其他参数请参见前面章节的参数说明。

2.1.10　茶壶

图 2-37

茶壶用于建立标准的茶壶造型或者茶壶的一部分。下面介绍茶壶的创建方法以及其参数的设置和修改。

1. 创建茶壶

茶壶的创建方法与球体相似，创建步骤如下。

（1）执行"（创建）> （几何体）> 标准基本体 > 茶壶"命令。

（2）将鼠标光标移到视图中，按住鼠标左键不放并拖曳光标，视图中生成一个茶壶，上下移动光标调整茶壶的大小，在适当的位置释放鼠标左键，茶壶创建完成，如图 2-38 所示。

2. 茶壶的参数

单击茶壶将其选中，然后单击 按钮，在修改命令面板中会显示茶壶的参数，如图 2-39 所示。茶壶的参数比较简单，利用参数的调整，可以把茶壶拆分成不同的部分。

● 半径：确定茶壶的大小。

● 分段：确定茶壶表面的划分精度，值越大，表面越细腻。

● 平滑：是否自动进行表面光滑处理。

● 茶壶部件：设置各部分的取舍，分为壶体、壶把、壶嘴、壶盖 4 部分。其他参数请参见前面章节的参数说明。

图 2-38　　　　　　　　　　　　　图 2-39

2.1.11　平面

平面用于在场景中直接创建平面对象，可以用于建立地面、场地等，使用起来非常方便，下面介绍平面的创建方法以及其参数设置。

1．创建平面

创建平面有两种方式，一种是矩形创建方式，另一种是正方形创建方式。

- 矩形创建方式：分别确定两条边的长度，创建矩形平面。
- 正方形创建方式：只需给出一条边的长度，创建正方形平面。

创建平面的方法和球体相似，操作步骤如下：

（1）执行"　（创建）> 　（几何体）> 标准基本体 > 平面"命令。

（2）将鼠标光标移到视图中，按住鼠标左键不放并拖曳光标，视图中生成一个平面，调整至适当的大小后释放鼠标左键，平面创建完成，如图 2-40 所示。

2．平面的参数

单击平面将其选中，然后单击　（修改）按钮，在修改命令面板中会显示平面的参数，如图 2-41 所示。

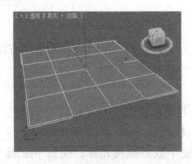 

图 2-40　　　　　　　　　　　　　图 2-41

- 长度、宽度：确定平面的长、宽，以决定平面的大小。
- 长度分段：确定沿平面长度方向的分段数，系统默认值为 4。
- 宽度分段：确定沿平面宽度方向的分段数，系统默认值为 4。

渲染倍增：只在渲染时起作用，可进行如下两项设置：

- 缩放：渲染时平面的长和宽均以该尺寸比例倍数扩大。
- 密度：渲染时平面的长和宽方向上的分段数均以该密度比例倍数扩大。
- 总面数：显示平面对象全部的面片数。其他参数请参见前面章节的参数说明。平面参数的修改非常简单，本书就不在此进行详细介绍了。

2.2　创建扩展几何体

扩展基本体要比标准基本体更复杂。这些几何体通过其他建模工具也可以创建，不过要花费一定的时间。有了现成的工具，就能够节省大量的制作时间。

2.2.1　切角长方体和切角圆柱体

切角长方体和切角圆柱体用于直接产生带切角的立方体和圆柱体，下面介绍切角长方体和切角圆柱体的创建方法及其参数的设置和修改。

1．创建切角长方体和切角圆柱体

切角长方体和切角圆柱体的创建方法是相同的，两者都具有圆角的特性，这里以切角长方体为例对创建方法进行介绍，操作步骤如下：

（1）执行"■（创建）> ■（几何体）> 扩展基本体 > 切角长方体"命令。

（2）将鼠标光标移到视图中，单击并按住鼠标左键不放拖曳光标，视图中生成一个长方形平面，如图 2-42 所示，在适当的位置松开鼠标左键并上下移动光标，调整其高度，如图 2-43 所示，单击鼠标左键后再次上下移动光标，调整其圆角的系数，再次单击鼠标左键，切角长方体创建完成，如图 2-44 所示。

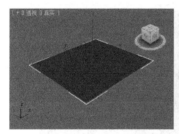

图 2-42　　　　　　　　　　　图 2-43　　　　　　　　　　　图 2-44

2．切角长方体和切角圆柱体的参数

单击切角长方体或切角圆柱体将其选中，然后单击■（修改）按钮，在修改命令面板中会显示切角长方体或切角圆柱体的参数，如图 2-45 所示为切角长方体参数，如图 2-46 所示为切角圆柱体参数，切角长方体和切角圆柱体的参数大部分都是相同的。

图 2-45　　　　　　　　　　　　　　　　图 2-46

- 圆角：设置切角长方体（切角圆柱体）的圆角半径，确定圆角的大小。
- 圆角分段：设置圆角的分段数，值越高，圆角越圆滑。其他参数请参见前面章节的参数说明。

2.2.2　课堂案例——沙发

案例学习目标：学习使用扩展基本体搭建模型。

案例知识要点：创建切角长方体，复制并调整切角长方体的位置和参数，调整至合适的位置；创建长方体，结合使用 FFD2×2×2 修改器对长方体进行调整作为沙发腿模型，完场沙发的制作，如图2-47 所示。

图 2-47

效果所在位置：随书附带光盘\Scene\cha02\沙发.max。

（1）执行"　（创建）>　（几何体）> 扩展基本体 > 切角长方体"命令，在"顶"视图中创建"切角长方体"作为沙发坐垫模型，在"参数"卷展栏中设置"长度"为50、"宽度"为80、"高度"为12、"圆角"为3、"圆角分段"为3，如图2-48所示。

（2）在场景中选择模型，按住 Shift 键，使用　（选择并移动）工具沿 X 轴移动并复制模型作为沙发另一侧的坐垫模型，在弹出的"克隆选项"对话框中选择"实例"选项，如图2-49所示，单击"确定"按钮。

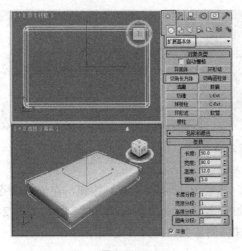
图 2-48

图 2-49

（3）按 Ctrl+V 组合键，在弹出的"克隆选项"对话框中选择"复制"选项，如图 2-50所示，单击"确定"按钮。

（4）切换到　（修改）命令面板，在"参数"卷展栏中设置"长度"为 60、"宽度"为12、"高度"为 50、"圆角"为 3、"圆角分段"为 3，并在场景中调整模型的位置作为沙发一侧的扶手模型，如图 2-51 所示。

（5）对沙发扶手模型进行复制，并调整至合适的位置作为沙发另一侧的扶手模型，如图2-52 所示。

（6）选择沙发扶手模型，按 Ctrl+V 组合键，在弹出的"克隆选项"对话框中选择"复制"选项，如图 2-53 所示，单击"确定"按钮。

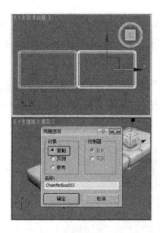
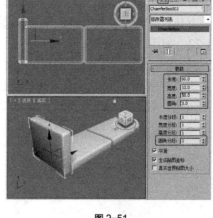

图 2-50 图 2-51

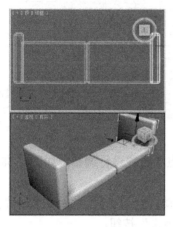

图 2-52 图 2-53

（7）在"参数"卷展栏中设置"长度"为 12、"宽度"为 180、"高度"为 50、"圆角"为 3、"圆角分段"为 3，并在场景中调整模型的位置作为沙发靠背模型，如图 2-54 所示。

（8）使用同样的方法，在"参数"卷展栏中设置"长度"为 56、"宽度"为 180、"高度"为 2、"圆角"为 0.2、"圆角分段"为 1，并在场景中调整模型的位置作为沙发坐垫下支架模型，如图 2-55 所示。

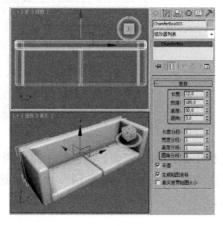
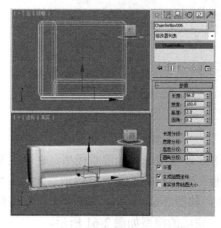

图 2-54 图 2-55

（9）执行"　（创建）>　（几何体）> 标准基本体 > 长方体"命令，在"顶"视图中创建"长方体"作为沙发腿模型，在"参数"卷展栏中设置"长度"为 6、"宽度"为 6、"高度"为-22，如图 2-56 所示。

（10）切换到　（修改）命令面板，在"修改器列表"中选择 FFD2×2×2 修改器，将选择集定义为"控制点"，在"前"视图中选择底部控制点，在主工具栏中单击　（选择并均匀缩放）按钮，对控制点进行缩放，如图 2-57 所示。

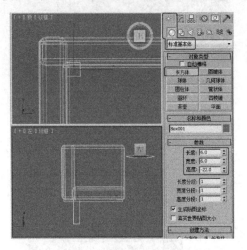
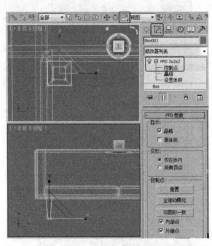

图 2-56　　　　　　　　　　　　　　　　图 2-57

（11）使用　（选择并移动）工具沿 X 轴对控制点的位置进行调整，如图 2-58 所示，关闭选择集。

（12）在场景中选择沙发腿模型，按住 Shift 键，移动并复制模型，在弹出的"克隆选项"对话框中选择"实例"选项，如图 2-59 所示，单击"确定"按钮。

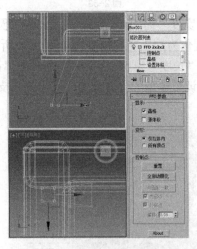
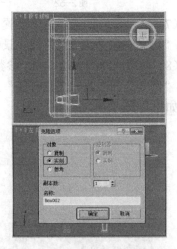

图 2-58　　　　　　　　　　　　　　　　图 2-59

（13）在场景中选择沙发腿模型，在主工具栏中单击　（镜像）按钮，在弹出的"镜像：屏幕 坐标"对话框中选择"镜像轴"为 X，"克隆当前选择"为"复制"，设置合适的"偏移"数值，如图 2-60 所示，单击"确定"按钮。

（14）完成的模型如图 2-61 所示。

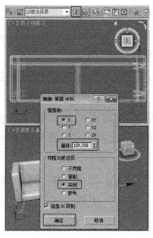

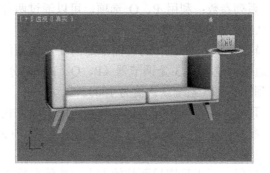

图 2-60

图 2-61

2.2.3 异面体

异面体用于创建各种具备奇特表面的异面体，下面介绍异面体的创建方法及其参数的设置和修改。

1. 创建异面体

异面体的创建方法和球体相似，操作步骤如下。

（1）执行 " （创建）> ◯ （几何体）> 扩展基本体 > 异面体"命令。

（2）将鼠标光标移到视图中，单击并按住鼠标左键不放拖曳光标，视图中生成一个异面体，上下移动光标调整异面体的大小，在适当的位置松开鼠标左键，异面体创建完成，如图 2-62 所示。

2. 异面体的参数

单击异面体将其选中，然后单击 📋（修改）按钮，在修改命令面板中会显示异面体的参数，如图 2-63 所示。

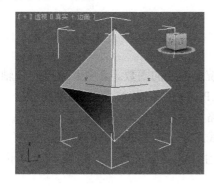

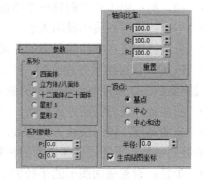

图 2-62

图 2-63

- 系列：该组参数中提供了 5 种基本形体方式供选择，它们都是常见的异面体，如表 2-11 所示。表中从左至右依次为：四面体、立方体/八面体、十二面体/二十面体、星形 1、星形 2。其他许多复杂的异面体都可以由它们通过修改参数变形而得到。

- 系列参数：利用 P、Q 选项，可以通过两种途径分别对异面体的顶点和面进行双向调整，从而产生不同的造型。

- 轴向比率：异面体的表面都是由 3 种类型的平面图形拼接而成的，包括三角形、矩形和五边形。这里的 3 个调节器（P、Q、R）是分别调节各自比例的。"重置"按钮可使数值回复到默认值（系统默认值为 100）。

- 顶点：用于确定异面体内部顶点的创建方式，作用是决定异面体的内部结构，其中"基点"参数确定使用基点的方式，使用中心或中心和边方式则产生较少的顶点，且得到的异面体也比较简单。

- 半径：用于设置异面体的大小。其他参数请参见前面章节的参数说明。

2.2.4　环形节

环形节是扩展几何体中较为复杂的一个几何形体，通过调节它的参数，可以制作出种类繁多的特殊造型，下面介绍环形节的创建方法及其参数的设置和修改。

1. 创建环形节

环形节的创建方法和前面讲过的圆环比较相似，操作步骤如下。

（1）执行"■（创建）> ◎（几何体）> 扩展基本体 > 环形节"命令。

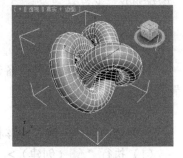

图 2-64

（2）将鼠标光标移到视图中，单击并按住鼠标左键不放拖曳光标，视图中生成一个环形节，在适当的位置松开鼠标左键并上下移动光标，调整环形节的粗细，然后单击鼠标左键，环形节创建完成，如图 2-64 所示。

2. 环形节的参数

单击环形节将其选中，然后单击 ☑（修改）按钮，在修改命令面板中会显示环形节的参数。环形节与其他几何体相比参数较多，主要分为基本曲线参数、界面参数、光滑参数以及贴图坐标参数几大类。

基础曲线参数用于控制有关环绕曲线的参数，如图 2-65 所示。

- 结、圆：用于设置创建环形节或标准圆环。

- 半径：设置曲线半径的大小。

- 分段：确定在曲线路径上的分段数。

- P、Q：仅对结状方式有效，控制曲线路径蜿蜒缠绕的圈数。其中 P 值控制 Z 轴方向上的缠绕圈数，Q 值控制路径轴上的缠绕圈数。当 P、Q 值相同时，产生标准圆环。

- 扭曲数：仅对圆状方式有效，控制在曲线路径上产生的弯曲的数目。

- 扭曲高度：仅对圆状方式有效，控制在曲线路径上产生的弯曲的高度。

横截面参数用于通过截面图形的参数控制来产生形态各异的造型，如图 2-66 所示。

- 半径：设置截面图形的半径大小。

- 边数：设置截面图形的边数，确定圆滑度。

图 2-65   图 2-66

- 偏心率：设置截面压扁的程度，当其值为 1 时截面为圆，其值不为 1 时截面为椭圆。
- 扭曲：设置截面围绕曲线路径扭曲循环的次数。
- 块：设置在路径上所产生的块状突起的数目。只有当块高度大于 0 时才能显示出效果。
- 块高度：设置块隆起的高度。
- 块偏移：在路径上移动块改变其位置。

平滑参数用于控制造型表面的光滑属性，如图 2-67 所示。
- 全部：对整个造型进行光滑处理。
- 侧面：只对纵向（路径方向）的面进行光滑处理，即只光滑环形节的侧边。
- 无：不进行表面光滑处理。

贴图坐标参数用于指定环形节的贴图坐标，如图 2-68 所示。

图 2-67   图 2-68

- 生成贴图坐标：根据环形节的曲线路径来指定贴图坐标，需要指定贴图在路径上的重复次数和偏移值。
- 偏移：设置在 U、V 方向上贴图的偏移值。
- 平铺：设置在 U、V 方向上贴图的重复次数。其他参数请参见前面章节的参数说明。

2.2.5 油罐、胶囊和纺锤

油罐、胶囊和纺锤这 3 个几何体都具有圆滑的特性，创建方法和参数也有相似之处，下面介绍油罐、胶囊和纺锤的创建方法及其参数的设置和修改。

1. 创建油罐、胶囊和纺锤

油罐、胶囊和纺锤的创建方法相似，以油罐为例来介绍这 3 个几何体的创建方法，操作步骤如下。

（1）执行" （创建）> （几何体）> 扩展基本体 > 油罐"命令。

（2）将鼠标光标移到视图中，单击并按住鼠标左键不放拖曳光标，视图中生成油罐的底部，如图 2-69 所示，在适当的位置松开鼠标左键并移动光标，调整油罐的高度，如图 2-70 所示，单击鼠标左键，移动光标调整切角的系数，再次单击鼠标左键，油罐创建完成，如图 2-71 所示。使用相似的方法可以创建出胶囊和纺锤。

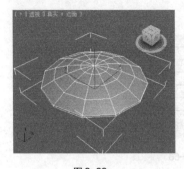
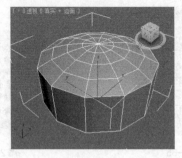
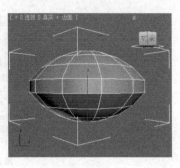

图 2-69   图 2-70   图 2-71

2. 油罐、胶囊和纺锤的参数

单击油罐（胶囊或纺锤）将其选中，然后单击 （修改）按钮，在修改命令面板中会显示其参数，如图 2-72 所示为油罐的参数，如图 2-73 所示为胶囊的参数，如图 2-74 所示为纺锤的参数，这 3 个几何体的参数大部分都很相似。

- 封口高度：设置两端凸面顶盖的高度。
- 总体：测量几何体的全部高度。
- 中心：只测量柱体部分的高度，不包括顶盖高度。
- 混合：设置顶盖与柱体边界产生的圆角大小，圆滑顶盖的柱体边缘。
- 端面分段：设置圆锥顶盖的段数。其他参数请参见前面章节的参数说明。

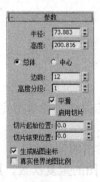
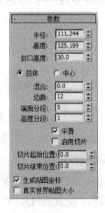

图 2-72   图 2-73   图 2-74

2.2.6 L-Ext 和 C-Ext

L-Ext 和 C-Ext 都主要用于建筑快速建模，结构比较相似。下面就来介绍 L-Ext 和 C-Ext 的创建方法及其参数的设置和修改。

1. 创建 L-EXT 和 C-Ext

L-Ext 和 C-Ext 的创建方法基本相同，在此以 L-Ext 为例介绍创建方法，操作步骤如下。

（1）执行" （创建）> （几何体）> 扩展基本体 >L-Ext"命令。

（2）将鼠标光标移到视图中，单击并按住鼠标左键不放拖曳光标，视图中生成一个 L 形平面，如图 2-75 所示，在适当的位置松开鼠标左键并上下移动光标，调整墙体的高度，如图 2-76 所示，单击鼠标左键，再次移动光标，可以调整墙体的厚度，再次单击鼠标左键，L-Ext 创建完成，如图 2-77 所示。使用相同的方法可以创建出 C-Ext。

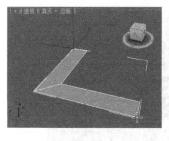
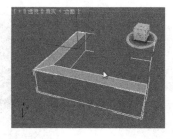
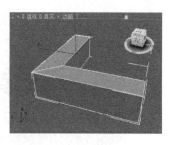

图 2-75　　　　　　　　　　图 2-76　　　　　　　　　　图 2-77

2. L-Ext 和 C-Ext 的参数

L-Ext 和 C-Ext 的参数比较相似，但 C-Ext 比 L-Ext 参数要多，单击 L-Ext 或 C-Ext 将其选中，然后单击 按钮，在修改命令面板中会显示 L-Ext 或 C-Ext 的参数面板，如图 2-78 和图 2-79 所示分别是 L-Ext 和 C-Ext 的参数面板。

- 背面长度、侧面长度、前面长度：设置 C-Ext 3 边的长度，以确定底面的大小、形状。
- 背面宽度、侧面宽面、前面宽度：设置 C-Ext 3 边的宽度。
- 高度：设置 C-Ext 的高度。
- 背面分段、侧面分段、前面分段：分别设置 C-Ext 背面、侧面和前面在长度方向上的段数。
- 宽度分段：设置 C-Ext 在宽度方向上的段数。
- 高度分段：设置 C-Ext 在高度方向上的段数。其他参数请参见前面章节的参数说明。

L-Ext 和 C-Ext 的参数修改比较简单，在此就不作详细介绍了。

图 2-78　　　　　　　　　　图 2-79

2.2.7　软管

软管是一个柔性几何体，其两端可以连接到两个不同的对象上，并能反映出这些对象的移动。下面就来介绍软管的创建方法及其参数的设置和修改。

1. 创建软管

软管的创建方法很简单，和方体基本相同，操作步骤如下。

（1）执行“ （创建）> （几何体）> 扩展基本体 > 软管”命令。

（2）将鼠标光标移到视图中，单击并按住鼠标左键不放拖曳光标，视图中生成一个多边形平面，在适当的位置再次单击鼠标左键并上下移动光标，调整软管的高度，单击鼠标左键，软管创建完成，如图 2-80、图 2-81 所示。

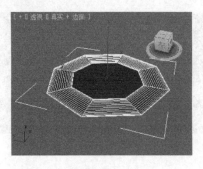

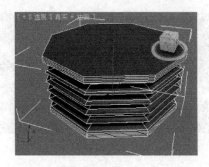

图 2-80   图 2-81

2. 软管的参数

单击软管将其选中，然后单击 （修改）按钮，在修改命令面板中会显示软管的参数，软管的参数众多，主要可分为端点方法、绑定对象、自由软管参数、公用软管参数和软管形状 5 个选项组。

端点方法参数用于选择创建自由软管还是创建连接到两个对象上的软管，如图 2-82 所示。

● 自由软管：选择该单选项则创建不绑定到任何其他物体上的软管，同时激活自由软管参数选项组。

● 绑定到对象轴：选择该单选项则把软管绑定到两个对象上，同时激活绑定对象选项组。

绑定对象参数只有在端点方法选项组中选中绑定到对象轴选项时才可用，如图 2-83 所示。可利用它来拾取两个捆绑对象，拾取完成后，软管将自动连接两个物体。

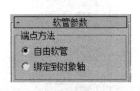

图 2-82   图 2-83

● 拾取顶部对象：单击该按钮后，顶对象呈黄色表示处于激活状态，此时可在场景中单击顶对象进行拾取。

● 拾取底部对象：单击该按钮后，底对象呈黄色处于激活状态，此时可在场景中单击底对象进行拾取。

● 张力：确定延伸到顶（底）对象的软管曲线在（顶）底对象附近的张力大小。张力越小，弯曲部分离底（顶）对象越近，反之，张力越大，弯曲部分离底（顶）对象越远。其默认值为 100。

自由软管参数只有在端点方法选项组中选中自由软管选项时才可用，如图 2-84 所示。

● 高度：用于调节软管的高度。

公用软管参数用于设置软管的形状、光滑属性等常用参数，如图 2-85 所示。

● 分段：设置软管在长度上总的段数。当软管是曲线的时候，增加其值将光滑软管的外形。

● 起始位置：设置从软管的起始点到弯曲开始部位这一部分所占整个软管的百分比。

● 终止位置：设置从软管的终止点到弯曲结束部位这一部分所占整个软管的百分比。

图 2-84 图 2-85

- 周期数：设置柔体截面中的起伏数目。
- 直径：设置皱状部分的直径相对于整个软管直径的百分比大小。
- 平滑选项组：用于调整软管的光滑类型。
- 全部：平滑整个软管（系统默认设置）。
- 侧面：仅平滑软管长度方向上的侧边。
- 无：不进行平滑处理。
- 分段：仅平滑软管的内部分段。
- 可渲染：选中该复选框将无法渲染软管。

软管形状参数用于设置软管的横截面形状，如图 2-86 所示。

- 圆形软管：设置圆形横截面。
- 直径：设置圆形横截面的直径，以确定软管的大小。
- 边数：设置软管的侧边数。其最小值为 3，此时为三角形横截面。
- 长方形软管：可以指定不同的宽度和深度，设置长方形横截面。
- 宽度：设置软管长方形横截面的宽度。
- 深度：设置软管长方形横截面的深度。
- 圆角：设置长方形横截面 4 个拐角处的圆角大小。
- 圆角分段：设置每个长方形横截面拐角处的圆角分段数。
- 旋转：设置长方形软管绕其自身高度方向上的轴旋转的角度大小。
- D 截面软管：与长方形横截面软管相似，只是其横截面呈 D 形。

图 2-86

- 圆形侧面：设置圆形侧边上的片段划分数。值越大，则 D 形截面越光滑。其他参数请参见前面章节的参数说明。

2.2.8 球棱柱

球棱柱用于制作带有导角的柱体，能直接在柱体的边缘上产生光滑的导角，可以说是圆柱体的一种特殊形式，下面就来介绍球棱柱的创建方法及其参数的设置和修改。

1. 创建球棱柱

球棱柱可以直接在柱体的边缘产生光滑的导角，创建球棱柱的操作步骤如下。

（1）执行"创建 > 几何体 > 扩展基本体 > 球棱柱"命令。

（2）将鼠标光标移到视图中，单击并按住鼠标左键不放拖曳光标，视图中生成一个五边形平面（系统默认设置为五边），如图 2-87 所示，在适当的位置松开鼠标左键并上下移动光标，调整球棱柱到合适的高度，如图 2-88 所示，单击鼠标左键，再次上下移动光标，调整球棱柱边缘的导角，单击鼠标左键，球棱柱创建完成，如图 2-89 所示。

 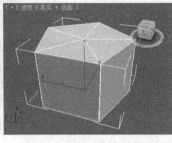 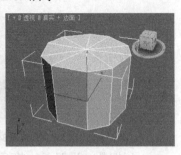

图 2-87　　　　　　　　　图 2-88　　　　　　　　　图 2-89

2. 球棱柱的参数

单击球棱柱将其选中，然后单击 ⌧（修改）按钮，在修改命令面板中会显示球棱柱的参数，如图 2-90 所示。

- 边数：设置棱柱体的侧边数。
- 半径：设置底面圆形的半径。
- 圆角：设置棱上圆角的大小。
- 高度：设置球棱柱的高度。
- 侧面分段：设置棱柱圆周方向上的分段数。
- 高度分段：设置棱柱高度上的分段数。
- 圆角分段：设置圆角的分段数，值越高，角就越圆滑。其他参数

请参见前面章节的参数说明。

图 2-90

2.2.9 棱柱

棱柱用于制作等腰和不等边三棱柱体，下面就来介绍三棱柱的创建方法及其参数的设置和修改。

1. 创建棱柱

棱柱有两种创建方法，一种是二等边创建方法，另一种是基点/顶点创建方法，如图 2-91 所示。

二等边创建方法：建立等腰三棱柱，创建时按住 Ctrl 键可以生成底面为等边三角形的三棱柱。

图 2-91

- 基点/顶点创建方法：用于建立底面为非等边三角形的三棱柱。

本书使用系统默认的基点/顶点方式创建，操作步骤如下：

（1）执行" （创建）> （几何体）> 扩展基本体 > 棱柱"命令。

（2）将鼠标光标移到视图中，单击并按住鼠标左键不放拖曳光标，视图中生成棱柱的底面，这时移动鼠标光标，可以调整底面的大小，松开鼠标左键后移动光标可以调整底面顶点的位置，生成不同形状的底面，如图 2-92 所示，单击鼠标左键，上下移动光标，调整棱柱的高度，在适当的位置再次单击鼠标左键，棱柱创建完成，如图 2-93 所示。

2. 棱柱的参数

单击棱柱将其选中，然后单击 ⌧（修改）按钮，在修改命令面板中会显示棱柱的参数，如图 2-94 所示。

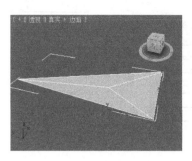
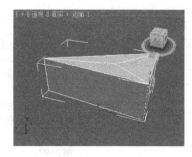

图 2-92　　　　　　　　　　　　图 2-93　　　　　　　　　　　　图 2-94

- 侧面 1 长度、侧面 2 长度、侧面 3 长度：分别设置棱柱底面三角形 3 边的长度，确定三角形的形状。
- 高度：设置三棱柱的高度。
- 侧面 1 分段、侧面 2 分段、侧面 3 分段：分别设置棱柱在 3 边方向上的分段数。
- 高度分段：设置棱柱沿主轴方向上高度的片段划分数。

其他参数请参见前面章节的参数说明。棱柱参数的修改比较简单，本书在此不进行详细介绍了。

2.2.10　环形波

环形波是一种类似于平面造型的几何体，可以创建出与环形节的某些三维效果相似的平面造型，多用于动画的制作，下面就来介绍环形波的创建方法及其参数的设置和修改。

1. 创建环形波

环形波是一个比较特殊的几何体，多用于制作动画效果。创建环形波的操作步骤如下。

（1）执行"　 （创建）> 　 （几何体）> 扩展基本体 > 环形波"命令。

（2）将鼠标光标移到视图中，单击并按住鼠标左键不放拖曳光标，视图中生成一个圆，如图 2-95 所示，在适当的位置松开鼠标左键并上下移动光标，调整内圈的大小，单击鼠标左键，环形波创建完成，如图 2-96 所示。在默认情况下，环形波是没有高度的，在参数命令面板中的"高度"属性可以调整其高度。

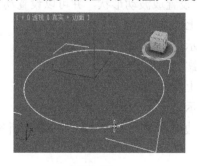
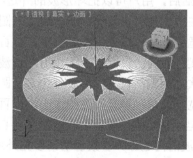

图 2-95　　　　　　　　　　　　图 2-96

2. 环形波的参数

单击环形波将其选中，然后单击 　 （修改）按钮，在修改命令面板中会显示环形波的参数，如图 2-97 所示。环形波的参数比较复杂，主要可分为环形波大小、环形波计时、外边波折和内边波折，这些参数多用于制作动画。

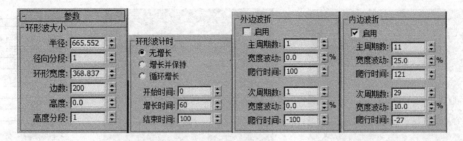

图 2-97

环形波大小参数用于控制场景中环形波的具体尺寸大小。

- 半径：设置环形波的外径大小。如果数值增加，其内、外径随之同步增加。
- 径向分段：设置环形波沿半径方向上的分段数。
- 环形宽度：设置环形波内、外径之间的距离。如果数值增加，则内径减少，外径不变。
- 边数：设置环形波沿圆周方向上的片段划分数。
- 高度：设置环形波沿其主轴方向上的高度。
- 高度分段：设置环形波沿主轴方向上高度的分段数。

环形波计时参数在环形波从零增加到其最大尺寸时，使用这些环形波动画的设置。

- 无增长：设置一个静态环形波，它在"开始时间"显示，在"结束时间"消失。
- 增长并保持：设置单个增长周期。环形波在"开始时间"开始增长，并在"开始时间"以及"增长时间"处达到最大尺寸。
- 循环增长：环形波从"开始时间"到"结束时间"以及"增长时间"重复增长。
- 开始时间：如果选择"循环增长并保持"或"循环增长"，则环形波出现帧数并开始增长。
- 增长时间：从"开始时间"后环形波达到其最大尺寸所需帧数。"增长时间"仅在选中"循环增长并保持"或"循环增长"时可用。
- 结束时间：环形波消失的帧数。

外边波折参数用于设置环形波的外边缘。该区域未被激活时，环形波的外边缘是平滑的圆形，激活后，用户可以把环形波的外边缘也同样设置成波动形状，并可以设置动画。

- 主周期数：设置环形波外边缘沿圆周方向上的主波数。
- 宽度波动：设置主波的大小，以百分数表示。
- 爬行时间：设置每个主波沿环形波外边缘蠕动一周的时间。
- 次周期数：设置环形波外边缘沿圆周方向上的次波数。
- 宽度波动：设置次波的大小，以百分数表示。
- 爬行时间：设置每个次波沿其各自主波外边缘蠕动一周的时间。内边波折参数用于设置环形波的内边缘。参数说明请参见外边波折。

2.3　创建建筑模型

3ds Max 提供了几种常用的快速建筑模型，在一些简单场景中使用可以提高效率，包括一些楼梯、窗户、门等建筑物体。

2.3.1 楼梯

3ds Max 2010 提供了 4 种楼梯形式可供选择，如图 2-98 所示。

1. L 形楼梯

L 形楼梯用于创建 L 形的楼梯物体，效果如图 2-99 所示。

图 2-98

图 2-99

"参数"卷展栏中的各选项功能介绍如下（见图 2-100）：

- 类型：在该组中设置楼梯的类型。
- 开放式：创建一个开放式的梯级竖板楼梯，如图 2-99 所示右侧为开放式楼梯。
- 封闭式：创建一个封闭式的梯级竖板楼梯，如图 2-99 所示中间为封闭式楼梯。
- 落地式：创建一个带有封闭式梯级竖板和两侧有封闭式侧弦的楼梯，如图 2-99 所示左侧为落地式楼梯。
- 生成几何体：从该组中设置楼梯的生成模型。
- 侧弦：沿着楼梯的梯级的端点创建侧弦。
- 支撑梁：在梯级下创建一个倾斜的切口梁，该梁支撑台阶或添加楼梯侧弦之间的支撑。
- 扶手：创建左扶手和右扶手。
- 左：创建左表面扶手。
- 右：创建右表面扶手。
- 扶手路径：创建楼梯上用于安装栏杆的左路径和右路径。
- 左：创建左表面扶手。
- 右：创建右表面扶手。
- 布局：设置 L 型楼梯的效果。
- 长度 1：控制第一段楼梯的长度。
- 长度 2：控制第二段楼梯的长度。
- 宽度：控制楼梯的宽度，包括台阶和平台。
- 角度：控制平台与第二段楼梯的角度。范围为 −90 至 90 度。
- 偏移：控制平台与第二段楼梯的距离。相应调整平台的长度。
- 梯级：3ds Max 当调整其他两个时保持梯级选项锁定。要锁定一个选项，单击图钉。要解除锁定选项，单击抬起的图钉。3ds Max 使用按下去的图钉锁定参数的微调器值，并允许使用抬起的图钉更改参数的微调器值。
- 总高：控制楼梯段的高度。

图 2-100

- 竖板高：控制梯级竖板的高度。
- 竖板数：控制梯级竖板数。梯级竖板总是比台阶多一个。
- 台阶：从中设置台阶的参数。
- 厚度：控制台阶的厚度。
- 深度：控制台阶的深度。

支撑梁卷展栏中的各选项功能介绍如下（见图 2-101）。

- 深度：控制支撑梁离地面的深度。
- 宽度：控制支撑梁的宽度。
- ┅支撑梁间距：设置支撑梁的间距。单击该按钮时，将会显示支撑梁间距对话框。使用计数选项指定所需的支撑梁数。
- 从地面开始：控制支撑梁是从地面开始，还是与第一个梯级竖板的开始平齐，或是否支撑梁延伸到地面以下。

栏杆卷展栏中的各选项功能介绍如下（见图 2-102）。

- 高度：控制栏杆离台阶的高度。
- 偏移：控制栏杆离台阶端点的偏移。
- 分段：指定栏杆中的分段数目。值越高，栏杆显示得越平滑。
- 半径：控制栏杆的厚度。

侧弦卷展栏中的各选项功能介绍如下（见图 2-103）。

图 2-101　　　　　　　　　图 2-102　　　　　　　　　图 2-103

- 深度：控制侧弦离地板的深度。
- 宽度：控制侧弦的宽度。
- 偏移：控制地板与侧弦的垂直距离。
- 从地面开始：控制侧弦是从地面开始，还是与第一个梯级竖板的开始平齐，或侧弦是否延伸到地面以下。

2．U 形楼梯

U 形楼梯用于创建 U 形楼梯物体，U 形楼梯是日常生活中比较常见的楼梯形式，效果如图 2-104 所示。

图 2-104

> **提示**
>
> *楼梯的模型参数基本相同具体可以参照 L 形楼梯。*

3．直线楼梯

直线楼梯用于创建直楼梯物体，直楼梯是最简单的楼梯形式，效果如图 2-105 所示。

4．螺旋楼梯

螺旋楼梯用于创建螺旋形的楼梯物体，效果如图 2-106 所示。

图 2-105　　　　　　　　　　　　　　　　　图 2-106

2.3.2　门和窗

3ds max 提供直接创建门窗物体的工具，可以快速地产生各种型号的门窗模型，这里提供了 3 种样式的门。窗户是非常有用的建筑模型，这里提供了 6 种样式。

1．枢轴门

可以是单扇枢轴门，也可以是双扇枢轴门；可以向内开，也可以向外开。门的木格可以设置，门上的玻璃厚度可以指定，还可以产生倒角的框边。具体的效果表现如图 2-107 所示。

"参数"卷展栏中的各选项功能介绍如下（见图 2-108）。

- 双门：制作一个双门。
- 翻转转动方向：更改门转动的方向。
- 翻转转枢：在与门面相对的位置上放置转枢。此项不可用于双门。

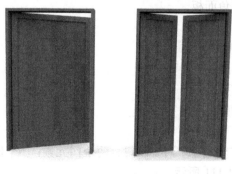

图 2-107　　　　　　　　　　　　　　　　　图 2-108

- 打开：指定门打开的百分比。
- 门框：此卷展栏包含用于门侧柱门框的控件。虽然门框只是门对象的一部分，但它的行为就像是墙的一部分。打开或关闭门时，门框不会移动。

- 创建门框：这是默认启用的，以显示门框。禁用此选项可以禁用门框的显示。
- 宽度：设置门框与墙平行的宽度。仅当启用了创建门框时可用。
- 深度：设置门框从墙投影的深度。仅当启用了创建门框时可用。
- 门偏移：设置门相对于门框的位置。

创建方法卷展栏中的各选项功能介绍如下（见图 2-109）。

图 2-109

- 宽度/深度/高度：前两个点定义门的宽度和门脚的角度。通过在视口中拖动来设置这些点。第一个点（在拖动之前单击并按住的点）定义单枢轴门（两个侧柱在双门上都有铰链，而推拉门没有铰链）的铰链上的点。第二个点（在拖动后释放鼠标按键的点）定义门的宽度以及从一个侧柱到另一个侧柱的方向。这样，就可以在放置门时使其与墙或开口对齐。第三个点（移动鼠标后单击的点）指定门的深度，第四个点（再次移动鼠标后单击的点）指定高度。
- 宽度/高度/深度：与宽度/深度/高度选项的作用方式相似，只是最后两个点首先创建高度，然后创建深度。
- 允许侧柱倾斜：允许创建倾斜门。

页扇参数卷展栏中的各选项功能介绍如下（见图 2-110）。

- 厚度：设置门的厚度。
- 门挺/顶梁：设置顶部和两侧的面板框的宽度。仅当门是面板类型时，才会显示此设置。
- 底梁：设置门脚处的面板框的宽度。仅当门是面板类型时，才会显示此设置。

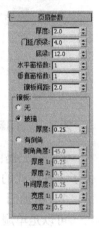

图 2-110

- 水平窗格数：设置面板沿水平轴划分的数量。
- 垂直窗格数：设置面板沿垂直轴划分的数量。
- 镶板间距：设置面板之间的间隔宽度。
- 镶板：确定在门中创建面板的方式。
- 无：门没有面板。
- 玻璃：创建不带倒角的玻璃面板。
- 厚度：设置玻璃面板的厚度。
- 倒角角度：选择此选项可以创建倒角面板。
- 厚度 1：设置面板的外部厚度。
- 厚度 2：设置倒角从该处开始的厚度。
- 中间厚度：设置面板内面部分的厚度。
- 宽度 1：设置倒角从该处开始的宽度。
- 宽度 2：设置面板的内面部分的宽度。

2. 推拉门

使用推拉门可以将门进行滑动，就像在轨道上一样。该门有两个门元素：一个保持固定，而另一个可以移动。具体的效果表现如图 2-111 所示。

具体参数可以参照枢轴门。

3. 折叠门

折叠门在中间转枢也在侧面转枢。该门有两个门元素。也可以将该门制作成有四个门元素的双门。具体的效果表现如图 2-112 所示。

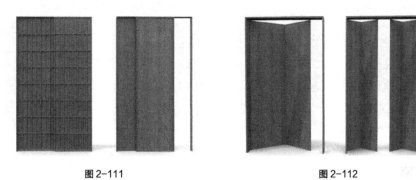

图 2-111　　　　　　　　　　　　　　　图 2-112

4. 遮篷式窗

遮篷式窗具有一个或多个可在顶部转枢的窗框。具体的效果表现如图 2-113 所示。
"参数"卷展栏中的各选项功能介绍如下（见图 2-114）。

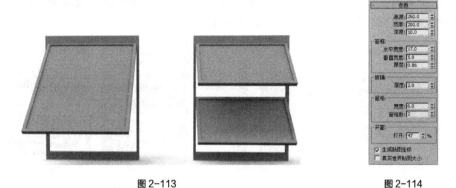

图 2-113　　　　　　　　　　　　　　　图 2-114

- 窗框：从该组中设置窗框属性。
- 水平宽度：设置窗口框架水平部分的宽度（顶部和底部）。该设置也会影响窗宽度的玻璃部分。
- 垂直宽度：设置窗口框架垂直部分的宽度（两侧）。该设置也会影响窗高度的玻璃部分。
- 厚度：设置框架的厚度。
- 玻璃：设置玻璃属性。
- 厚度：设置玻璃的厚度。
- 窗格：设置窗格属性。
- 宽度：设置窗框中窗格的宽度（深度）。
- 窗格数：设置窗中窗框数。
- 开窗：设置开窗属性。
- 打开：指定窗打开的百分比。此控件可设置动画。

5. 平开窗

平开窗有一个或两个可在侧面转枢的窗框（像门一样）。具体的效果表现如图 2-115
所示。

具体参数可以参照遮篷式窗。

6. 固定窗

固定窗不能打开。具体的效果表现如图 2-116 所示。

图 2-115　　　　　　　　　　　图 2-116

7. 旋开窗

旋开窗只具有一个窗框，中间通过窗框面用铰链接合起来，可以垂直或水平旋转打开。具体的效果表现如图 2-117 所示。

8. 伸出式窗

伸出式窗具有 3 个窗框：顶部窗框不能移动，底部的两个窗框像遮篷式窗那样旋转打开，但是是以相反的方向。具体的效果表现如图 2-118 所示。

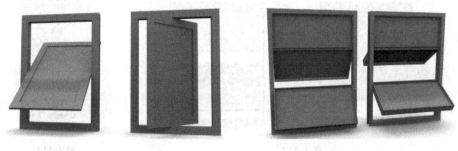

图 2-117　　　　　　　　　　　图 2-118

9. 推拉窗

推拉窗具有两个窗框：一个固定的窗框，一个可移动的窗框。可以垂直移动或水平移动滑动部分。具体的效果表现如图 2-119 所示。

图 2-119

2.4　课堂练习——玻璃茶几

练习知识要点：创建长方体、切角圆柱体和圆柱体，调整至合适的位置和参数，完成玻璃茶几模型的制作，如图 2-120 所示。

图 2-120

效果所在位置：随书附带光盘\Scene\cha02\玻璃茶几.max。

2.5 课后习题——柜子

习题知识要点：创建切角长方体和圆柱体，复制并调整至合适的位置和参数，结合使用"线"工具和"挤出"修改器，完成柜子模型的制作，如图 2-121 所示。

图 2-121

效果所在位置：随书附带光盘\Scene\cha02\柜子.max。

3 Chapter

第 3 章
二维图形的创建

本章将介绍二维图形的创建和参数的修改方法。对线的创建和修改方法会进行重点介绍。读者通过学习本章的内容，要掌握创建二维图形的方法和技巧，并能根据实际需要绘制出精美的二维图形。通过本章的学习，希望读者可以融会贯通，掌握二维图形的应用技巧，制作出具有想像力的模型。

课堂学习目标
- 创建线的方法
- 对线的编辑和修改
- 创建其他二维图形

3.1 创建二维线形

　　"线"可以创建出任何形状的图形，包括开放型或封闭型的样条线。创建完成后还可以通过调整顶点、线段和样条线来编辑形态。下面介绍线的创建方法及其参数的设置和修改。

3.1.1　创建线的方法

　　线的创建是学习创建其他二维图形的基础。

　　创建线的操作步骤如下。

　　（1）执行"　（创建）>　（图形）> 线"命令。

　　（2）在"顶"视图中单击鼠标左键，确定线的起始点，移动光标到适当的位置并单击鼠标左键，创建第二个顶点，生成一条直线，如图 3-1 所示。

　　（3）继续移动光标到适当的位置，单击鼠标左键确定顶点并按住鼠标左键不放拖曳光标，生成一条弧状的线，如图 3-2 所示。松开鼠标左键并移动到适当的位置，可以调整出新的曲线，单击鼠标左键确定顶点，线的形态如图 3-3 所示。

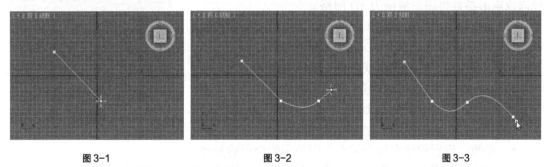

图 3-1　　　　　　　　　　图 3-2　　　　　　　　　　图 3-3

　　（4）继续移动光标到适当的位置并单击确定顶点，可以生成一条新的直线，如图 3-4 所示。如果需要创建封闭线，将光标移动到线的起始点上单击鼠标左键，如图 3-5 所示。弹出"样条线"对话框，如图 3-6 所示。提示用户是否闭合正在创建的线，单击"是（Y）"按钮即可闭合创建的线；单击"否（N）"按钮，则可以继续创建线，如图 3-7 所示。

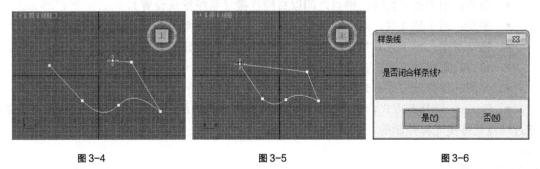

图 3-4　　　　　　　　　　图 3-5　　　　　　　　　　图 3-6

　　（5）如果需要创建开放的线，单击鼠标右键，即可结束线的创建，如图 3-8 所示。

　　（6）在创建线时，如果同时按住 Shift 键，可以创建出与坐标轴平行的直线，如图 3-9 所示。

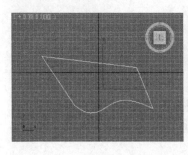
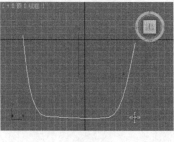

图 3-7　　　　　　　　　　　图 3-8　　　　　　　　　　　图 3-9

3.1.2　线的创建方式

单击"　(创建)＞　(图形)＞线"按钮，在创建命令面板下方会显示"线"的创建参数面板，如图 3-10 所示。

"线"的参数面板中的各选项功能介绍如下。

（1）"渲染"卷展栏用于设置线的渲染特性，可以选择是否对线进行渲染，并设定线的厚度。

- 在渲染中启用：启用该选项后，使用为渲染器设置的径向或矩形参数将图形渲染为 3D 网格。

- 在视口中启用：启用该选项后，使用为渲染器设置的径向或矩形参数将图形作为 3D 网格显示在视口中。

- 厚度：用于设置视口或渲染中线的直径大小。

- 边：用于设置视口或渲染中线的侧边数。

- 角度：用于调整视口或渲染中线的横截面旋转的角度。

（2）"插值"卷展栏用于控制线的光滑程度。

- 步数：设置程序在每个顶点之间使用的分段的数量。

- 优化：启用此选项后，可以从样条线的直线线段中删除不需要的步数。

- 自适应：系统自动根据线状调整分段数。

图 3-10

（3）"创建方法"卷展栏用于确定所创建的线的类型。

- 初始类型：用于设置单击鼠标左键建立线时所创建的端点类型。

- 角点：用于建立折线，端点之间以直线连接（系统默认设置）。

- 平滑：用于建立线，端点之间以线连接，且线的曲率由端点之间的距离决定。

- 拖动类型：用于设置按压并拖曳光标建立线时所创建的曲线类型。

- 角点：选择此方式，建立的线端点之间为直线。

- 平滑：选择此方式，建立的线在端点处将产生圆滑的线。

- Bezier：选择此方式，建立的线将在端点产生光滑的线。端点之间线的曲率及方向是通过端点处拖曳光标控制的（系统默认设置）。

提示

在创建线时，线的创建方式应该选择好。线创建完成后无法通过"创建方法"卷展栏调整线的类型。

3.1.3 线的形体修改

线创建完成后，总要对它进行一定程度的修改，以达到满意的效果，这就需要对顶点进行调整。顶点有 4 种类型：分别是 Bezier 角点、Bezier、角点和平滑。

下面介绍使用移动工具修改"线"的形体，操作步骤如下。

（1）执行" （创建）> （图形）> 弧"命令，在"前"视图创建如图 3-11 所示的样条线。

（2）切换到 （修改）命令面板，在修改命令堆栈中单击"Line"前面的加号，展开子层级选项，如图 3-12 所示。

> **提示**
>
> *将选择集定义为"顶点"时可以对顶点进行修改操作，将选择集定义为"线段"时可以对线段进行修改操作，将选择集定义为"样条线"时可以对样条线进行修改操作。*

（3）单击"顶点"选项，表示将选择集定义为"顶点"，此时该选项变为黄色表示被开启，同时视图中的线或图形会显示出顶点，如图 3-13 所示。

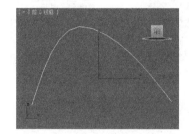
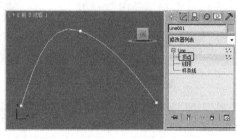

图 3-11　　　　　　图 3-12　　　　　　图 3-13

（4）单击鼠标左键选定要选择的顶点，使用 （选择并移动）工具将选中的顶点沿 X 轴向右移动，调整顶点的位置，线的形体即发生改变，如图 3-14 所示。还可以框选多个需要的顶点，松开鼠标左键，再使用 （选择并移动）工具进行调整，如图 3-15 所示。

> **提示**
>
> *被选定的顶点在视图中会变为红色。*

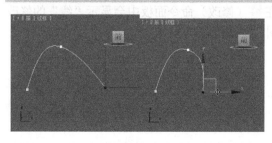
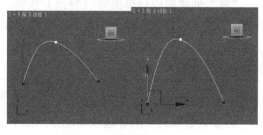

图 3-14　　　　　　　　　　图 3-15

"线"的形体还可以通过调整顶点的类型来修改，操作步骤如下。

（1）执行" （创建）> （图形）> 弧"命令，在"前"视图中创建如图 3-16 所示的样条线。

（2）切换到 （修改）命令面板，将选择集定义为"顶点"，在视图中选择如图 3-17 所示的顶点，如果需要全选顶点可以按快捷键 **Ctrl+A** 组合键。单击鼠标右键，在弹出的快捷菜单中显示了所选顶点的类型，如图 3-18 所示。在菜单中可以看出此时所选择的"顶点"类型为角点。在菜单中选择其他顶点类型命令，顶点的类型会随之改变。

以下是 4 种顶点类型，自左向右分别为 Bezier 角点、Bezier、角点和平滑，如图 3-19 所示，前两种类型的顶点可以通过绿色的控制手柄进行调整，后两种类型的顶点可以直接使用 （选择并移动）工具进行位置调整。

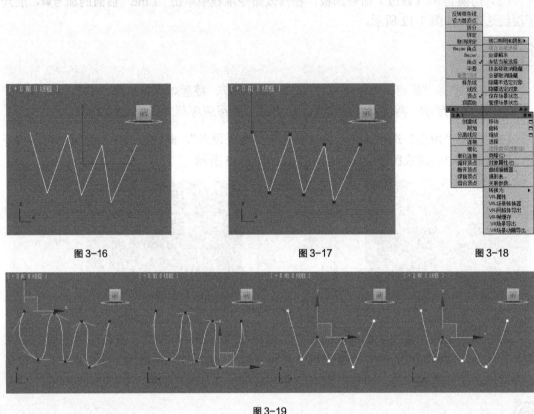

图 3-16　　　　　　　　　　　图 3-17　　　　　　　　　　　图 3-18

图 3-19

3.1.4　线的修改参数

"线"创建完成后单击 （修改）按钮，在 （修改）命令面板中会显示"线"的修改参数，"线"的修改参数分为 6 个卷展栏，如图 3-20 所示。

提示

在选择集定义为"顶点"时没有"曲面属性"卷展栏。

各参数卷展栏中的各选项功能介绍如下。

（1）"选择"卷展栏用于控制顶点、线段和样条线三个次对象级别的选择，如图 3-21 所示。

● 顶点：顶点是样条线次对象的最低一级，因此修改顶点是编辑样条对象的最灵活的方法。

● 线段：线段是中间级别的样条次对象，对它的修改比较少。

- ⋏ 样条线：样条线是对象选择集最高的级别，对它的修改比较多。

以上三个进入子层级的按钮与修改命令堆栈中的选项是相对应的，在使用上有相同的效果。

（2）"几何体"卷展栏中提供了关于样条线大量的几何参数，在建模中对线的修改主要是对该面板的参数进行调节，如图 3-22 所示。

- 线性：新顶点将具有线性切线。
- 平滑：新顶点将具有平滑切线。选中此选项之后，会自动焊接覆盖的新顶点。
- Bezier：新顶点将具有 Bezier 切线。
- Bezier 角点：新顶点将具有 Bezier Conrner（Bezier 角点）切线。
- 创建线：用于创建一条线并把它加入到当前线中，使新创建的线与当前线成为一个整体。
- 断开：用于断开顶点和线段。
- 附加：用于将场景中的二维图形与当前线结合，使它们变为一个整体。场景中存在两个以上的二维图形时才能使用附加功能。

  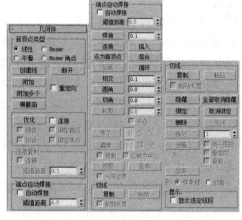

图 3-20   图 3-21   图 3-22

- 附加多个：原理与"附加"相同，区别在于单击该按钮后，将弹出"附加多个"对话框，对话框中会显示出场景中线的名称，如图 3-23 所示，用户可以在对话框中选择多条线，然后单击"附加"按钮，即可将选择的线与当前的线结合为一个整体。
- 横截面：可创建图形之间横截面的外形框架，按下"横截面"按钮，选择一个形状，再选择另一个形状，即可以创建链接两个形状的样条线。
- 优化：用于在不改变线的形态的前提下在线上插入顶点。使用方法为单击"优化"按钮，并在线上单击鼠标左键，线上被插入新的顶点，如图 3-24 所示。

 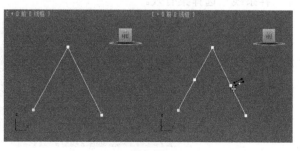

图 3-23   图 3-24

- 连接：启用时，通过连接新顶点创建一个新的样条线子对象。使用优化添加顶点完成后，连接会为每个新顶点创建一个单独的副本，然后将所有副本与一个新样条线相连。
- 阈值距离：用于指定连接复制的距离范围。
- 自动焊接：勾选时，如果两端点属于同一曲线，并且在阈值范围内，将被自动焊接。
- 焊接：焊接同一样条线的两端点或两相邻点为一个点，使用时先移动两端点或相邻点使彼此接近，然后同时选择这两点，按下"焊接"按钮后两个点会被焊接到一起。如果这两个点没有被焊接到一起，可以增大焊接阈值重新焊接。
- 连接：连接两个断开的点。
- 插入：在选择点处按下鼠标，会引出新的点，不断单击鼠标左键可以不断加入新点，单击鼠标右键停止插入。
- 设为首顶点：指定作为样条线起点的顶点，在"放样"时首顶点会确定截面图形之间的相对位置。
- 熔合：移动选择的点到它们的平均中心。熔合会选择点放置在同一位置，不会产生点的连接。
- 反转：颠倒样条线的方向，也就是顶点序号的顺序。
- 循环：用于点的选择，在视图中选择一组重叠在一起的顶点后，单击此按钮，可以选择逐个顶点进行切换，直到选择到需要的点为止。
- 相交：按下此按钮后，在两条相交的样条线交叉处单击，将在这两条样条线上分别增加一个交叉点。但这两曲线必需属于同一曲线对象。
- 圆角：用于在选择的顶点处创建圆角。圆角的使用方法是光在视图中选定需要修改的顶点，然后单击"圆角"按钮，将光标移到被选择的顶点上，按住鼠标左键不放并拖曳光标，顶点会形成圆角，此时原本被选定的一个顶点会变为两个，如图 3-25 所示。
- 切角：功能和操作方法与"圆角"相同，但创建的是切角，如图 3-26 所示。

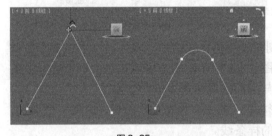

图3-25

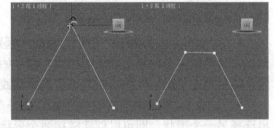

图3-26

- 轮廓：用于给选择的线设置轮廓，用法和"圆角"相同，如图 3-27 所示，该命令仅在"样条线"选择集有效。

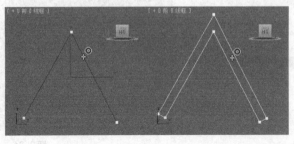

图3-27

● 布尔：提供 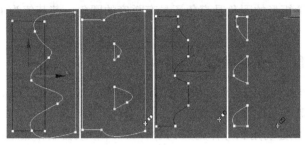（并集）、（差集）、（交集）三种运算方式，如图 3-28 所示依次为原始图形、并集后的图形、差集后的图形、交集后的图形。

图 3-28

（并集）：将两个重叠样条线组合成一个样条线，在该样条线中，重叠的部分被删除，保留两个样条线不重叠的部分，构成一个样条线。

（差集）：从第一个样条线中减去与第二个样条线重叠的部分，并删除第二个样条线中剩余的部分。

（交集）：仅保留两个样条线的重叠部分，删除两者的不重叠部分。

● 镜像：可以对曲线进行 水平、 垂直、 对角镜像。

● 修剪：使用"修剪"可以清理形状中的重叠部分，使端点接合在一个点上。

3.2 创建二维图形

3ds Max 2012 提供了一些具有固定形态的二维图形，这些图形造型比较简单，但都各具特点。通过对二维图形参数的设置能产生很多奇异的新图形。

3.2.1 矩形

"矩形"用于创建矩形和正方形，下面介绍矩形的创建及其参数的设置。

矩形的创建比较简单，操作步骤如下：

（1）在命令面板中执行" （创建）> （图形）>矩形"命令。

（2）将鼠标光标移到视图中，单击并按住鼠标左键不放拖曳光标，视图中生成一个矩形，移动光标调整矩形大小，在适当的位置松开鼠标左键，矩形创建完成，如图 3-29 所示。创建矩形时按住 Ctrl 键，可以创建出正方形。

矩形的修改参数介绍如下：

单击矩形将其选中，然后单击 （修改），参数命令面板中会显示矩形的参数，如图 3-30 所示。

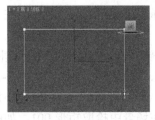

图 3-29

图 3-30

- 长度：设置矩形的长度值。
- 宽度：设置矩形的宽度值。
- 角半径：设置矩形的四角是直角还是有弧度的圆角。若其值为 0，则矩形的 4 个角都为直角。

3.2.2 课堂案例——香蕉果盘

案例学习目标：学习使用切角长方体、切角圆柱体、线、矩形工具，结合使用 FFD4×4×4、编辑多边形修改器制作香蕉果盘模型。

案例知识要点：创建切角长方体施加 FFD4×4×4 修改器制作底座；使用线作为放样路径，矩形作为放样图形制作支架；使用圆柱体制作网兜的支架；使用可渲染的样条线制作网兜,完成的模型效果如图3-31所示。

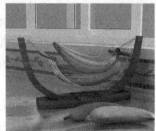

图 3-31

效果所在位置：随书附带光盘\Scene\cha03\香蕉果盘.max。

（1）执行 " （创建）> （几何体）>扩展基本体>切角长方体" 命令，在 "顶" 视图中创建切角长方体，在 "参数" 卷展栏中设置 "长度" 为 30、"宽度" 为 160、"高度" 为 10、"圆角" 为 1、"宽度分段" 为 10，如图 3-32 所示。

（2）为切角长方体施加 "FFD4×4×4" 修改器，将选择集定义为 "控制点"，在 "顶" 视图中框选如图 3-33 所示的控制点，在工具栏中单击 （选择并旋转）按钮，沿 Y 轴缩放控制点。

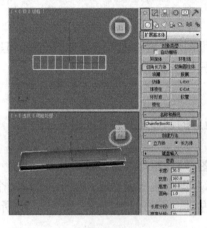

图 3-32

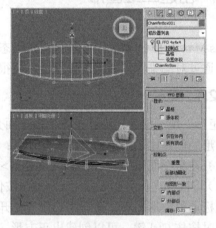

图 3-33

（3）执行 " （创建）> （图形）>线" 命令，在 "前" 视图中创建如图 3-34 所示的线。

（4）切换到 （修改）命令面板，将 "线" 的选择集定义为 "顶点"，按 Ctrl+A 组合键全选顶点，单击鼠标右键，在弹出的快捷菜单中选择 "Bezier 角点" 命令，在 "前" 视图中调整顶点，如图 3-35 所示。

（5）单击 " （创建）> （图形）>矩形" 按钮，在 "顶" 视图中创建圆角矩形，在 "参数" 卷展栏中设置 "长度" 为 15、"宽度" 为 10、"角半径" 为 2，如图 3-36 所示。

（6）在场景中选择线 001，执行 " （创建）> （几何体）>复合对象>放样" 命令，在 "创建方法" 卷展栏中单击 "获取图形" 按钮，在场景中拾取矩形 001，如图 3-37 所示。

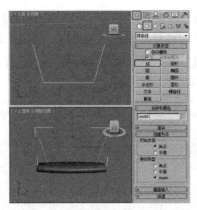

图 3-34

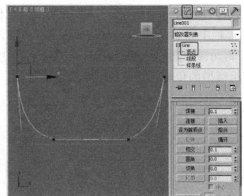

图 3-35

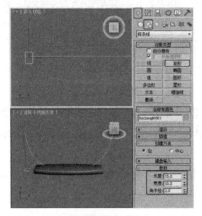

图 3-36

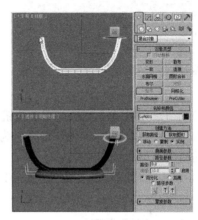

图 3-37

（7）调整放样模型至合适的位置，切换到 ◢（修改）命令面板，为放样出的模型施加"编辑多边形"修改器，将选择集定义为"顶点"，在"软选择"卷展栏中勾选"使用软选择"选项，设置"衰减"为 80，在"前"视图中框选顶部的顶点，在"顶"视图中使用 ◲（选择并均匀缩放）工具缩放顶点，如图 3-38 所示。

（8）执行" ◈（创建）> ◯（几何体）>扩展基本体>纺锤"命令，在"左"视图中创建纺锤，在"参数"卷展栏中设置"半径"为 2、"高度"为 1、"封口高度"为 0.1、"边数"为 6，如图 3-39 所示。

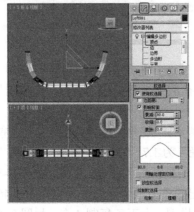

图 3-38

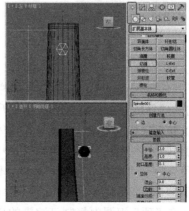

图 3-39

　　（9）执行"　（创建）>　（几何体）>圆柱体"命令，在"左"视图中创建圆柱体，在"参数"卷展栏中设置"半径"为0.6、"高度"为8，调整模型至合适的位置，如图3-40所示。

　　（10）将纺锤和圆柱体模型成组，打开　（角度捕捉切换）按钮，使用　（选择并旋转）工具调整组模型的角度，调整模型至合适的位置，如图3-41所示。

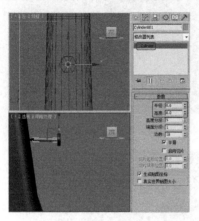
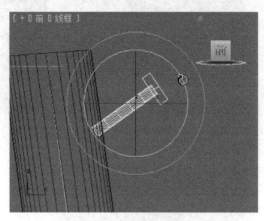

图3-40　　　　　　　　　　　　　　　　　　图3-41

　　（11）在工具栏中单击　（镜像）按钮，在弹出的"镜像：屏幕 坐标"对话框中选择"镜像轴"为X轴、选择"克隆当前选择"为复制，单击"确定"按钮，如图3-42所示，调整复制出的模型至另一侧相同位置。

　　（12）单击"　（创建）>　（图形）>线"按钮，在"前"视图中创建如图 3-43 所示的线。

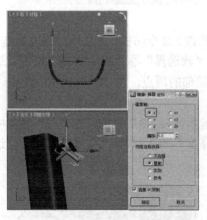

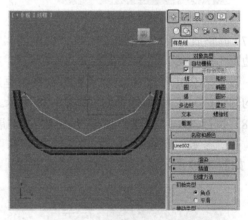

图3-42　　　　　　　　　　　　　　　　　　图3-43

　　（13）切换到　（修改）命令面板，将"线"的选择集定义为"顶点"，使用"Bezier角点"工具调整顶点，在"渲染"卷展栏中勾选"在渲染中启用"、"在视口中启用"选项，设置径向的"厚度"为0.6，如图3-44所示。

　　（14）执行"　（创建）>　（几何体）>扩展基本体>切角圆柱体"命令，在"前"视图中创建切角圆柱体，在"参数"卷展栏中设置"半径"为1.7、"高度"为70、"圆角"为0.2、"高度分段"为1、"圆角分段"为3、"边数"为30，调整模型至合适的位置，如图3-45所示。

　　（15）复制切角圆柱体001模型，并调整复制出的模型至合适的位置，如图3-46所示。

　　（16）在"顶"视图中复制可渲染的样条线002模型，上下各复制4个，如图3-47所示。

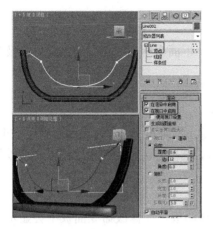

图 3-44

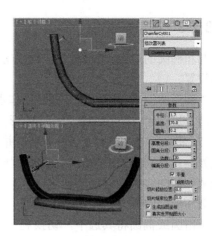

图 3-45

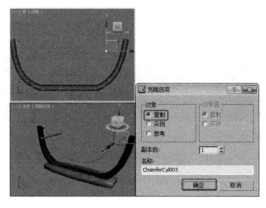

图 3-46

图 3-47

（17）逐个调整可渲染的样条线的顶点，在"顶"视图中调整两边的两个顶点、在"左"视图中调整最下面的顶点，如图 3-48 所示。

（18）调整完成后的模型如图 3-49 所示。

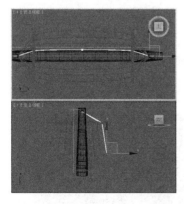

图 3-48

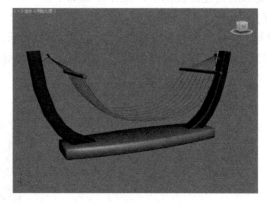

图 3-49

提示

参考效果图场景：随书附带光盘\Scene\cha03\3.2.2 课堂练习——香蕉果盘场景.max。

3.2.3 圆和椭圆

圆和椭圆的形态比较相似，创建方法也基本相同。下面介绍圆和椭圆的创建方法及其参数的设置。

以圆形为例来介绍创建方法，操作步骤如下。

（1）执行" ✱ （创建）> ◯ （图形）>圆"命令。

（2）将鼠标光标移到视图中，单击并按住鼠标左键不放拖曳光标，在视图中生成一个圆，移动光标调整圆的大小，在适当的位置松开鼠标左键，圆创建完成。使用相同方法可以创建出椭圆，如图 3-50 所示。

圆和椭圆的修改参数介绍如下：

单击圆或椭圆将其选中，切换到 ◯ （修改）命令面板，在修改命令面板中会显示它们的参数，如图 3-51 所示为圆的参数，如图 3-52 所示为椭圆的参数。

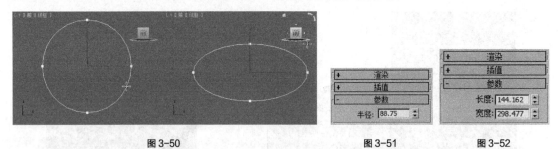

图 3-50   图 3-51   图 3-52

"参数"卷展栏的参数中，圆的参数只有"半径"，椭圆的参数为"长度"和"宽度"，用于调整椭圆的长轴和短轴。

3.2.4 文本

"文本"用于在场景中直接产生二维文字图形或创建三维的文字图形，下面介绍文本的创建方法及其参数的设置。

文本的创建比较简单，操作步骤如下。

（1）执行" ✱ （创建）> ◯ （图形）>文本"命令，在参数面板中设置创建参数，在文本输入区输入要创建的文本内容，如图 3-53 所示。

（2）将光标移到视图中并单击鼠标左键，文本创建完成，如图 3-54 所示。

图 3-53

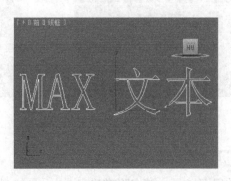

图 3-54

文本的修改参数介绍如下。

单击文本将其选中，切换到 （修改）命令面板，在修改命令面板中会显示文本的参数，如图 3-53 所示。

- 字体下拉列表框：用于选择文本的字体。
- I 按钮：设置斜体字体。
- U 按钮：设置下划线。
- 按钮：向左对齐。
- 按钮：居中对齐。
- 按钮：向右对齐。
- 按钮：两端对齐。
- 大小：用于设置文字的大小。
- 字间距：用于设置文字之间的间隔距离。
- 行间距：用于设置文字行与行之间的距离。
- 文本：用于输入文本内容，同时也可以进行改动。
- 更新：用于设置修改完文本内容后，视图是否立刻进行更新显示。当文本内容非常

复杂时，系统可能很难完成自动更新，此时可选择手动更新方式。

- 手动更新：用于进行手动更新视图。当选择该复选框时，只有当单击"更新"按钮

后，文本输入框中当前的内容才会显示在视图中。

3.2.5　弧

"弧"可用于建立弧线和扇形，下面介绍弧的创建方法及其参数的设置和修改。

弧的创建方法。

弧有两种创建方法：一种是"端点－端点－中央"创建方法（系统默认设置），另一种是"中间－端点－端点"创建方法，如图 3-55 所示。

图 3-55

- "端点－端点－中央"创建方法：建立弧时先引出一条直

线，以直线的两端点作为弧的两个端点，然后移动鼠标光标确定弧的半径。

- "中间－端点－端点"创建方法：建立弧时先引出一条直线作为弧的半径，再移动

鼠标光标确定弧长。

创建弧的操作步骤如下。

（1）执行" （创建）> （图形）>弧"命令。

（2）将鼠标光标移到视图中，单击并按住鼠标左键不放拖曳光标，视图中生成一条直线，如图 3-56 所示，松开鼠标左键并移动光标，调整弧的大小，如图 3-57 所示，在适当的位置单击鼠标左键，弧创建完成，如图 3-58 所示。图中显示的是以"端点－端点－中央"方式创建的弧。

弧的修改参数介绍如下。

单击弧将其选中，单击 （修改）按钮，在修改命令面板中会显示弧的参数，如图 3-59 所示。

- 半径：用于设置弧的半径大小。
- 从：设置建立的弧在其所在圆上的起始点角度。

- 到：设置建立的弧在其所在圆上的结束点角度。
- 饼形切片：勾选该复选框，则分别把弧中心和弧的两个端点连接起来构成封闭的图形，如图 3-60 所示即是图 3-58 勾选该选项后所变。

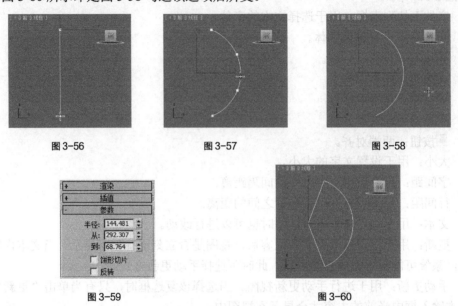

图 3-56　　　　　　　图 3-57　　　　　　　图 3-58

图 3-59　　　　　　　　　　　　　　　　图 3-60

3.2.6　圆环

"圆环"用于制作由两个圆组成的圆环，下面介绍圆环的创建方法及其参数的设置和修改。

圆环的创建方法比圆多一个步骤，操作步骤如下。

（1）执行" ▓ （创建）> ◙ （图形）>圆环"命令。

（2）将鼠标光标移到视图中，单击并按住鼠标左键不放拖曳光标，视图中生成一个圆形，如图 3-61 所示，松开鼠标左键并移动光标，生成另一个圆，在适当的位置单击鼠标左键，圆环创建完成，如图 3-62 所示。

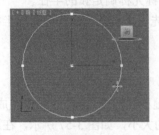

图 3-61

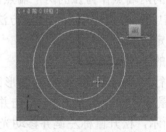

图 3-62

圆环的修改参数介绍如下。

单击圆环将其选中，单击 ◪ （修改）按钮，切换到修改命令面板，在修改命令面板中会显示圆环的参数，如图 3-63 所示。

- 半径 1：用于设置第一个圆形的半径大小。
- 半径 2：用于设置第二个圆形的半径大小。

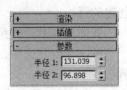

图 3-63

3.2.7　多边形

"多边形"用于任意边数的正多边形的创建，也可以创建圆角多边形，下面就来介绍多边形的创建方法及其参数的设置和修改。

多边形的创建方法与圆相同，操作步骤如下。

（1）执行"（创建）>（图形）>多边形"命令。

（2）将鼠标光标移到视图中，单击并按住鼠标左键不放拖曳光标，视图中生成一个多边形，移动光标调整多边形的大小，在适当的位置松开鼠标左键，多边形创建完成，如图 3-64 所示。

多边形的修改参数介绍如下：

单击多边形将其选中，单击（修改）按钮，切换到修改命令面板，在修改命令面板中会显示多边形的参数，如图 3-65 所示。

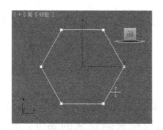

图 3-64

图 3-65

- 半径：设置正多边形的半径。
- 内接：使输入的半径为多边形的中心到其边界的距离。
- 外接：使输入的半径为多边形的中心到其顶点的距离。
- 边数：用于设置正多边形的边数，其范围是 3～100。
- 角半径：用于设置多边形在顶点处的圆角半径。
- 圆形：选择该复选框，设置正多边形为圆形。

3.2.8　星形

"星形"用于创建多角星形，也可以创建齿轮图案，下面就来介绍星形的创建方法及其参数的设置和修改。

创建星形的操作步骤如下。

（1）执行"（创建）>（图形）>星形"命令。

（2）将鼠标光标移到视图中，单击并按住鼠标左键不放拖曳光标，视图中生成一个星形，如图 3-66 所示，松开鼠标左键并移动光标，调整星形的形态，在适当的位置单击鼠标左键，星形创建完成，如图 3-67 所示。

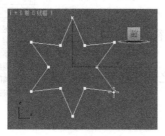

图 3-66

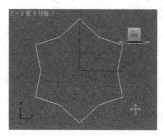

图 3-67

星形的修改参数介绍如下。

单击星形将其选中，单击  （修改）按钮，在修改命令面板中会显示星形的参数，如图 3-68 所示。

- 半径 1：设置星形的内顶点所在圆的半径大小。
- 半径 2：设置星形的外顶点所在圆的半径大小。
- 点：用于设置星形的顶点数。
- 扭曲：用于设置扭曲值，使星形的齿产生扭曲。
- 圆角半径 1：用于设置星形内顶点处的圆滑角的半径。
- 圆角半径 2：用于设置星形外顶点处的圆滑角的半径。

图 3-68

3.2.9　螺旋线

"螺旋线"用于创建各种形态的弧或 3D 螺旋线或螺旋，下面就来介绍螺旋线的创建方法及其参数的设置和修改。

创建螺旋线的操作步骤如下。

（1）执行" （创建）> （图形）>螺旋线"命令。

（2）将鼠标光标移到视图中，单击并按住鼠标左键不放拖曳光标，确定它的半径 1 后释放鼠标左键，如图 3-69 所示，向上或向下移动并单击鼠标来确定它的高度，如图 3-70 所示，再向上或向下移动并单击鼠标来确定它的半径 2，螺旋线创建完成，如图 3-71 所示。

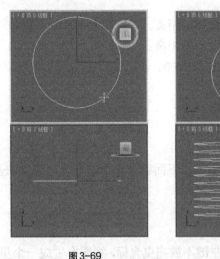
图 3-69

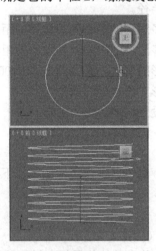
图 3-70

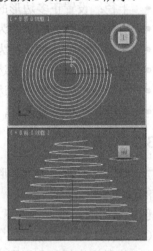
图 3-71

螺旋线的修改参数介绍如下。

单击螺旋线将其选中，单击 （修改）按钮，在修改命令面板中会显示螺旋线的参数，如图 3-72 所示。

- 半径 1、半径 2：定义螺旋线开始圆环的半径。
- 高度：设置螺旋线的高度。
- 圈数：设置螺旋线在起始圆环与结束圆环之间旋转的圈数。
- 偏移：设置螺旋线的偏向。
- 顺时针、逆时针：设置螺旋线的旋转方向。

图 3-72

3.3　课堂练习——果篮

练习知识要点：创建可渲染的圆和可渲染的弧作为果篮的框架模型，创建可渲染的线作为果篮的支架模型，完成的模型效果如图 3-73 所示。

图 3-73

效果所在位置：随书附带光盘\Scene\cha03\果篮.max。

3.4　课后习题——棉棒

习题知识要点：创建纺锤施加编辑多边形、涡轮平滑修改器制作棉头，创建可渲染的线作为棒体，完成的模型效果如图 3-74 所示。

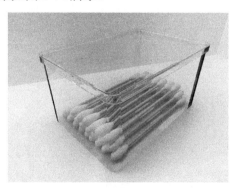

图 3-74

效果所在位置：随书附带光盘\Scene\cha03\棉棒.max。

4 Chapter

第 4 章
三维模型的创建

本章主要对各种常用的修改命令进行介绍，通过修改命令的编辑可以使几何体的形体发生改变。读者通过学习本章的内容，要掌握各种修改命令的属性和作用，通过修改命令的配合使用，制作出完整精美的模型。

课堂学习目标
- 通过修改命令将二维图形转化为三维模型
- 三维模型的修改命令
- "编辑样条线"命令和"编辑多边形"命令的应用

4.1　修改命令面板功能简介

对于修改命令面板，在前面章节中对几何体的修改过程中已经有过接触，通过修改命令面板可以直接对几何体进行修改，还能实现修改命令之间的切换。

创建几何体后，进入修改命令面板，面板中显示的是几何体的修改参数，当对几何体进行修改命令编辑后，修改命令堆栈中就会显示修改命令的参数，如图 4-1 所示。

- 修改器堆栈：用于显示使用的修改命令。
- 修改器列表：用于选择修改命令，单击后会弹出下拉菜单，可以选择要使用的修改命令。
- 　（修改命令开关）：用于开启和关闭修改命令。单击后会变为 图标，表示该命令被关闭，被关闭的命令不再对物体产生影响，再次单击此图标，命令会重新开启。
- 　（从堆栈中移除修改器）：用于删除命令，在修改命令堆栈中选择修改命令，单击塌陷按钮，即可删除修改命令，修改命令对几何体进行过的编辑也会被撤销。
- 　（配置修改器集）：用于对修改命令的布局重新进行设置，可以将常用的命令以列表或按钮的形式表现出来。
- 在修改命令堆栈中，有些命令左侧有一个 图标，表示该命令拥有子层级命令，单击此按钮，子层级就会打开，可以选择子层级命令，如图 4-2 所示。选择子层级命令后，该命令会变为黄色，表示已被启用，如图 4-3 所示。

图 4-1　　　　　　　　　　　图 4-2　　　　　　　　　　　图 4-3

4.2　二维图形转换为三维模型的方法

第 3 章介绍了二维图形的创建，通过对二维图形基本参数的修改，可以创建出各种形状的图形，但如何把二维图形转化为立体的三维图形并应用到建模中呢？本节将介绍通过使用修改器使二维图形转化为三维模型的建模方法。

4.2.1　车削修改器

"车削"修改器将一个二维图形沿一个轴向旋转一周，从而生成一个旋转体。这是非常实用的模型工具，它常用来建立诸如高脚杯、装饰柱、花瓶及一些对称的旋转体模型。旋转的角度可以是 0°～360°之间的任何数值。

1. 选择车削修改器

对于所有修改器命令来说，都必须在物体被选中时才能对修改器命令进行选择。"车削"修改器是用于对二维图形进行编辑的命令，所以只有选择二维形体后才能选择"车削"修改器命令。

在视图中任意创建一个二维图形，如图4-4所示，单击 （修改）按钮，然后单击"修改器列表"，从中选择"车削"修改器，如图4-5所示。

图4-4　　　　　　　　　　　图4-5

2. 车削修改器的参数

选择"车削"修改器命令后，在修改命令面板中会显示"车削"修改器的参数，如图4-6所示。

- 度数：用于设置旋转的角度，如图4-7、4-8所示。

  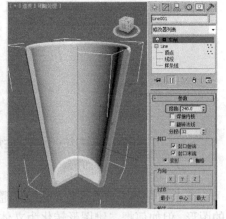

图4-6　　　　　　　　图4-7　　　　　　　　图4-8

- 焊接内核：将旋转轴上重合的点进行焊接精简，以得到结构相对简单的造型，如图4-9所示焊接内核的前后对比。
- 翻转法线：选择该复选框，将会翻转造型表面的法线方向。如果出现如图4-10中左图所示的效果，勾选"翻转法线"选项会变为如图4-10中右图所示翻转法线后的效果。
- 封口始端：将挤出的对象顶端加面覆盖。

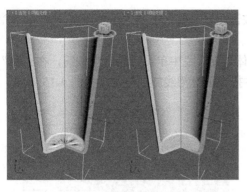
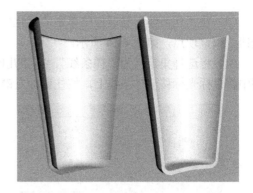

图 4-9 图 4-10

- 封口末端：将挤出的对象底端加面覆盖。
- 变形：选中该按钮，将不进行面的精简计算，以便用于变形动画的制作。
- 栅格：选中该按钮，将进行面的精简计算，但不能用于变形动画的制作。
- 方向选项组："方向"选项组用于设置旋转中心轴的方向。X、Y、Z 分别用于设置不同的轴向。系统默认 Y 轴为旋转中心轴。对齐选项组用于设置曲线与中心轴线的对齐方式。
- 最小：将曲线内边界与中心轴线对齐。
- 中心：将曲线中心与中心轴线对齐。
- 最大：将曲线外边界与中心轴线对齐。

4.2.2 课堂案例——玻璃酒杯

案例学习目标：学习使用线工具，结合使用车削修改器制作玻璃酒杯模型。

案例知识要点：使用线创建二维图形，为图形施加车削修改器，完成的模型效果如图 4-11 所示。

图 4-11

效果所在位置：随书附带光盘\Scene\cha04\玻璃酒杯.max。

（1）单击" （创建）> （图形）>线"按钮，在"前"视图中创建如图 4-12 所示的线。

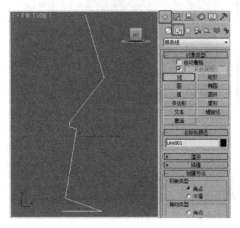

图 4-12 图 4-13

（2）切换到 （修改）命令面板，将"线"的选择集定义为"顶点"，使用"Bezier"、"Bezier 角点"、 （选择并移动）工具调整顶点，如图 4-13 所示。

（3）在"几何体"卷展栏中单击"优化"按钮，在"前"视图中添加顶点。关闭"优化"按钮，调整顶点，如图 4-14 所示。

（4）将选择集定义为"样条线"，在"几何体"卷展栏中单击"轮廓"按钮，在"前"视图中将鼠标光标移至样条线上，按住鼠标左键并拖曳鼠标为线施加轮廓，如图 4-15 所示。

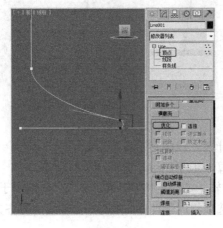

图 4-14   图 4-15

（5）将选择集定义为"顶点"，在"前"视图中删除多余顶点，调整酒杯内侧和顶部顶点，如图 4-16 所示。

（6）在"前"视图中为图形施加"车削"修改器，在"参数"卷展栏中设置"分段"为32，选择"方向"为 Y、"对齐"为最小，如图 4-17 所示。

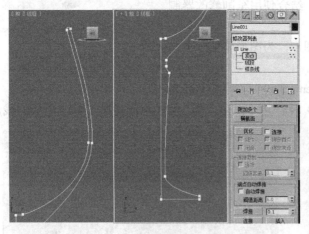
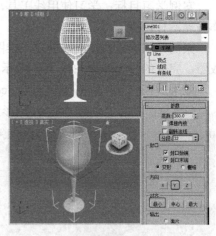

图 4-16   图 4-17

提示

参考效果图场景：随书附带光盘\Scene\cha03\4.2.2 课堂练习——玻璃酒杯.max。

4.2.3 倒角修改器

"倒角"修改器可以使线形模型增长一定的厚度形成立体模型，还可以使生成的立体模型产生一定的线形或圆形倒角。下面介绍"倒角"修改器的用法和命令面板的参数。

选择"倒角"修改器命令的方法与"车削"修改器命令相同，选择时应先在视图中创建二维图形，选中二维图形后再选择"倒角"修改器命令。如图 4-18 所示为施加"倒角"修改器的前后对比。

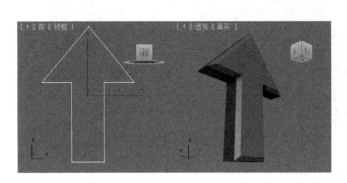
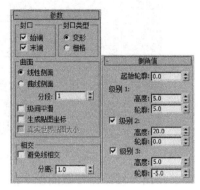

图 4-18   图 4-19

"倒角"修改器的参数面板中的各选项功能介绍如下：

选择"倒角"修改器命令后修改命令面板中会显示其参数，如图 4-19 所示。

（1）"参数"卷展栏。

● "封口"选项组：用于对造型两端进行加盖控制，如果对两端都进行加盖处理，则成为封闭实体。

● 始端：将开始截面封顶加盖。

● 末端：将结束截面封顶加盖。

● "封口类型"选项组：用于设置封口表面的构成类型。

● 变形：不处理表面，以便进行变形操作，制作变形动画。

● 栅格：进行表面网格处理，它产生的渲染效果要优于 Morph 方式。

● "曲面"选项组：用于控制侧面的曲率、光滑度并指定贴图坐标。

● 线性侧面：设置倒角内部片段划分为直线方式。

● 曲线侧面：设置倒角内部片段划分为弧形方式。

● 分段：设置倒角内部的段数。其数值越大，倒角越圆滑。

● 级间平滑：选中该复选框，将对倒角进行光滑处理，但总是保持顶盖不被光滑。

● 生成贴图坐标：为造型指定贴图坐标。

● "相交"选项组：用于在制作倒角时，改进因尖锐的折角而产生的突出变形。

● 避免线相交：选中该复选框，可以防止尖锐折角产生的突出变形。

● 分离：设置两个边界线之间保持的距离间隔，以防止越界交叉。

（2）"倒角值"卷展栏用于设置不同倒角级别的高度和轮廓。

● 起始轮廓：设置原始图形的外轮廓大小。

● 级别 1/级别 2/级别 3：分别设置三个级别的高度和轮廓大小。

4.2.4 挤出修改器

"挤出"修改器的作用是使二维图形沿着其局部坐标系的 Z 轴方向给它增加一个厚度，还可以沿着挤出方向为它指定段数，如果二维图形是封闭的，可以指定挤出的物体是否有顶面和底面。下面介绍"挤出"修改器的使用方法和命令面板参数。

在场景中选择需要施加"挤出"修改器的图形，在"修改器列表"中选择"挤出"修改器。如图 4-20 所示为施加"挤出"修改器的前后对比。

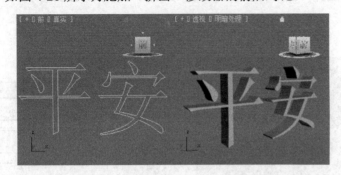

图 4-20　　　　　　　　　　　　　　　　　　　图 4-21

"挤出"修改器参数面板中的各选项功能介绍如下：

选择"挤出"修改器命令后修改命令面板中会显示其参数，如图 4-21 所示。

- 数量：用于设置挤出的高度。
- 分段：用于设置在挤出高度上的段数。
- 封口始端：将挤出的对象顶端加面覆盖。
- 封口末端：将挤出的对象底端加面覆盖。
- 变形：选中该按钮，将不进行面的精简计算，以便用于变形动画的制作。
- 栅格：选中该按钮，将进行面的精简计算，不能用于变形动画的制作。
- 面片：将挤出的对象输出为面片造型。
- 网格：将挤出的对象输出为网格造型。
- NURBS：将挤出的对象输出为 NURBS 曲面造型。

"挤出"修改器的用法比较简单，一般情况下大部分修改参数保持为默认设置即可，只对"数量"的数值进行设置就能满足一般建模的需要。

4.3　三维变形修改器

前面介绍二维图形转换为三维模型的常用修改器，下面介绍将三维模型变形的修改器。

4.3.1　锥化修改器

"锥化"修改器通过缩放对象几何体的两端产生锥化轮廓，一段放大而另一端缩小。可以在两组轴上控制锥化的量和曲线，也可以对几何体的一段限制锥化。下面介绍"锥化"修改器的使用方法和命令面板参数。

在场景中选择需要施加"锥化"修改器的几何体，在"修改器列表"中选择"锥化"修改器，设置合适的参数。如图 4-22 所示为施加"锥化"修改器的前后对比。

"锥化"修改器参数面板中的各选项功能介绍如下：

选择"锥化"修改器命令后修改命令面板中会显示其参数面板，如图 4-23 所示。

- 数量：用来控制对物体锥化的倾斜程度，正值向外，负值向里。这个量是一个相对值，最大为 10。

- 曲线：用来控制曲线轮廓的曲度，正值向外，负值向里。值为 0 时，侧面不变。默认值为 0。
- 主轴：锥化的中心轴或中心线，有 X、Y、Z 轴三种选择，默认为 Z。
- 效果：用于影响锥化效果的轴向。影响轴可以是剩下两个轴的任意一个，或者是它们的合集。如果主轴是 X，影响轴可以是 Y、Z 或 YZ，默认设置为 XY。
- 对称：围绕主轴产生对称轴化，锥化始终围绕影响轴对称，默认设置为禁用状态。
- 限制效果：勾选此复选框并设置其参数可以控制变形效果的影响范围。
- 上限：设置锥化的上限，在此限度以上的区域将不受到锥化影响。
- 下限：设置锥化的下限，在此限度与上限之间的区域都会受到锥化的影响。

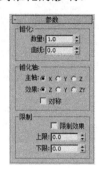

图 4-22   图 4-23

4.3.2 弯曲修改器

"弯曲"命令是一个比较简单的命令，可以使物体产生弯曲效果。弯曲命令可以调节弯曲的角度和方向以及弯曲所依据的坐标轴向，还可以将弯曲修改限制在一定的区域之内。

在场景中选择需要施加"弯曲"修改器的模型，在"修改器列表"中选择"弯曲"修改器，设置合适的参数。如图 4-24 所示为施加"弯曲"修改器的前后对比。

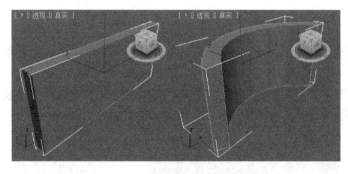

图 4-24   图 4-25

"弯曲"修改器参数面板中的各选项功能介绍如下：

选择"弯曲"修改器命令后修改命令面板中会显示其参数面板，如图 4-25 所示。

- 角度：用于设置沿垂直面弯曲的角度大小。
- 方向：用于设置弯曲相对于水平面的方向。
- X、Y、Z 用于指定将被弯曲的轴。
- 限制效果：选中该复选框，将对对象指定限制影响的范围，其影响区域将由下面的上、下限的值确定。

- 上限：设置弯曲的上限，在此限度以上的区域将不会受到弯曲影响。
- 下限：设置弯曲的下限，在此限度与上限之间的区域将都受到弯曲影响。

4.3.3 扭曲修改器

"扭曲"修改器在对象几何体中产生一个旋转效果（就像拧湿抹布）。可以控制任意三个轴上扭曲的角度，并设置偏移来压缩扭曲相对于轴点的效果，也可以对几何体的一段限制扭曲。

在场景中选择需要施加"扭曲"修改器的模型，在"修改器列表"中选择"扭曲"修改器，设置合适的参数。如图 4-26 所示为施加"扭曲"修改器的前后对比。

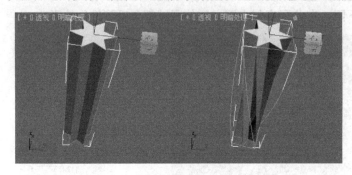
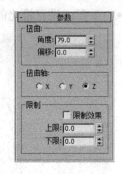

图 4-26   图 4-27

"扭曲"修改器参数面板中的各选项功能介绍如下：

选择"扭曲"修改器命令后修改命令面板中会显示其参数面板，如图 4-27 所示。

- 角度：用来控制围绕垂直轴扭曲的程度。
- 偏移：使扭曲旋转在对象的任意末端聚团。数值范围为 100 至-100，默认认为 0。
- 扭曲轴：用于选择执行扭曲所沿着的轴。默认设置为 Z。
- 上限：设置扭曲效果的上限。默认值为 0。
- 下限：设置扭曲效果的下限。默认值为 0。

4.3.4 噪波修改器

"噪波"修改器是一种能使物体表面凸起、破碎的工具，一般来创建地面、山石和水面的波纹等不平整的场景。

在场景中选择需要施加"噪波"修改器的模型，并在"修改器列表"中选择"噪波"修改器，设置合适的参数。如图 4-28 所示为施加"噪波"修改器的前后对比。

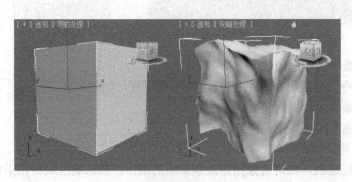

图 4-28   图 4-29

"噪波"修改器参数面板中的各选项功能介绍如下：

选择"噪波"修改器命令后修改命令面板中会显示其参数面板，如图 4-29 所示。

- "澡波"选项组：控制噪波的出现，及其由此引起的在对象的物理变形上的影响。默认情况下，控制处于非活动状态直到更改设置。
- 种子：从设置的数中生成一个随机起始点。在创建地形时尤其有用，因为每种设置都可以生成不同的配置。
- 比例：设置噪波影响（不是强度）的大小。较大的值产生更为平滑的噪波，较小的值产生锯齿现象更严重的噪波。
- 分形：根据当前设置产生分形效果。默认设置为禁用状态。
- 粗糙度：决定分形变化的程度。
- 迭代次数：控制分形功能所使用的迭代（或是八度音阶）的数目。较小的迭代次数使用较少的分形能量并生成更平滑的效果。
- "强度"选项组：控制噪波效果的大小。
- X、Y、Z：分别沿着三条轴设置噪波效果的强度。
- "动画"选项组：通过为噪波图案叠加一个要遵循的正弦波形，控制噪波效果的形状。这使得噪波位于边界内，并加上完全随机的阻尼值。启用"动画噪波"后，这些参数影响整体噪波效果。但是，可以分别设置"噪波"和"强度"参数动画；这并不需要在设置动画或播放过程中启用"动画噪波"。
- 动画噪波：调节"噪波"和"强度"参数的组合效果。
- 频率：设置正弦波的周期，调节噪波效果的速度。较高的频率使得噪波振动得更快，较低的频率产生较为平滑和更温和的噪波。
- 相位：移动基本波形的开始和结束点。

4.4 编辑样条线修改器

"编辑样条线"修改器为选定的图形提供了三种显示类型的编辑工具，即顶点、线段和样条线。"编辑样条线"修改器匹配基础"可编辑样条线"对象的所有功能。

通过使用"线"工具创建的图形本身就具有编辑样条线命令的所有功能。因此除了"线"工具创建的图形外，所有二维图形想要编辑样条线只有以下两种方法：

（1）选择图形，切换到 ⬚（修改）命令面板，在"修改器列表"中选择"编辑样条线"修改器，如图 4-30 所示。

（2）在创建的图形上单击鼠标右键，在弹出的快捷菜单中选择"转换为">"转换为可编辑样条线"命令，如图 4-31 所示。

 提示

"编辑样条线"的命令与"线"中的修改命令相同，这里就不再重复介绍了。

图 4-30

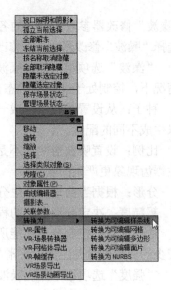

图 4-31

4.5 编辑多边形修改器

"编辑多边形"对象也是一种网格对象,它在功能和使用上几乎和"编辑网格"是一致的。不同的是"编辑网格"是由三角形面构成的框架结构,而多边形对象既可以是三角网格模型,也可以是四边形也可能是更多。其功能也比"编辑网格"强大。

1. "编辑多边形"修改器与"可编辑多边形"的区别

"编辑多边形"修改器(如图 4-32 所示)与"可编辑多边形"(如图 4-33 所示)大部分功能相同,但卷展栏功能有不同之处。

图 4-32

图 4-33

"编辑多边形"修改器与"可编辑多边形"之间的区别如下:

- "编辑多边形"是一个修改器,具有修改器状态所说明的所有属性。其中包括在堆栈中将"编辑多边形"放到基础对象和其他修改器上方,在堆栈中将修改器移动到不同位置以及对同一对象应用多个"编辑多边形"修改器(每个修改器包含不同的建模或动画操作)

的功能。

- "编辑多边形"有两个不同的操作模式："模型"和"动画"。

- "编辑多边形"中不再包括始终启用的"完全交互"开关功能。

- "编辑多边形"提供了两种从堆栈下部获取现有选择的新方法：使用堆栈选择和获取堆栈选择。

- "编辑多边形"中缺少"可编辑多边形"的"细分曲面"和"细分置换"卷展栏。

- 在"动画"模式中，通过单击"切片"而不是"切片平面"来开始切片操作。也需要单击"切片平面"来移动平面。可以设置切片平面的动画。

2. "编辑多边形"修改器的子物体层级

图 4-34

为模型施加"编辑多边形"修改器后，在修改器堆栈中可以查看"编辑多边形"修改器的子物体层级，如图 4-34 所示。

"编辑多边形"子物体层级的介绍如下：

- 顶点：顶点是位于相应位置的点。它们定义构成多边形对象的其他子对象的结构。当移动或编辑顶点时，它们形成的几何体也会受影响。顶点也可以独立存在；这些孤立顶点可以用来构建其他几何体，但在渲染时，它们是不可见的。当定义为"顶点"时可以选择单个或多个顶点，并且使用标准方法移动它们。

- 边：边是连接两个顶点的直线，它可以形成多边形的边。边不能由两个以上的多边形共享。另外，两个多边形的法线应相邻。如果不相邻，应卷起共享顶点的两条边。当定义为"边"选择集时选择一条和多条边，然后使用标准方法变换它们。

- 边界：边界是网格的线性部分，通常可以描述为孔洞的边缘。它通常是多边形仅位于一面时的边序列。例如，长方体没有边界，但茶壶对象有若干边界：壶盖、壶身和壶嘴上有边界，还有两个在壶把上。如果创建圆柱体，然后删除末端多边形，相邻的一行边会形成边界。当将选择集定义为"边界"时可选择一个和多个边界，然后使用标准方法变换它们。

- 多边形：多边形是通过曲面连接的三条或多条边的封闭序列。多边形提供"编辑多边形"对象的可渲染曲面。当将选择集定义为"多边形"时可选择单个或多个多边形，然后使用标准方法变换它们。

- 元素：元素是两个或两个以上可组合为一个更大对象的单个网格对象。

3. 公共参数卷展栏

无论当前处于何种选择集，它们都具有公共的卷展栏参数，下面我们来介绍这些公共卷展栏中的各种命令和工具的应用。在参数卷展栏中选择子物体层级后，相应的命令就会被激活。

"编辑多边形模式"卷展栏中的选项功能介绍如下（如图 4-35 所示）：

图 4-35

- 模型：用于使用"编辑多边形"功能建模。在"模型"模式下，不能设置操作的动画。

- 动画：用于使用"编辑多边形"功能设置动画。

提示

除选择"动画"外，必须启用"自动关键点"或使用"设置关键点"才能设置子对象变换和参数更改的动画。

- 标签：显示当前存在的任何命令。否则，它显示"无当前操作"。
- 提交：在"模型"模式下，使用小盒接受任何更改并关闭小盒（与小盒上的确定按钮相同）。在"动画"模式下，冻结已设置动画的选择在当前帧的状态，然后关闭对话框，会丢失所有现有关键帧。
- 设置：切换当前命令的小盒。
- 取消：取消最近使用的命令。
- 显示框架：在修改或细分之前，切换显示编辑多边形对象的两种颜色线框的显示。框架颜色显示为复选框右侧的色样。第一种颜色表示未选定的子对象，第二种颜色表示选定的子对象。通过单击其色样更改颜色。"显示框架"切换只能在子对象层级使用。

"选择"卷展栏中的选项功能介绍如下（如图 4-36 所示）：

- （顶点）：访问"顶点"子对象层级，可从中选择光标下的顶点，区域选择将选择区域中的顶点。
- （边）：访问"边"子对象层级，可从中选择光标下的多边形的边，也可框选区域中的多条边。
- （边界）：访问"边界"子对象层级，可从中选择构成网格中孔洞边框的一系列边。
- （多边形）：访问"多边形"子对象层级，可选择光标下的多边形。区域选择选中区域中的多个多边形。

图 4-36

- （元素）：访问"元素"子对象层级，通过它可以选择对象中所有相邻的多边形。区域选择用于选择多个元素。
- 使用堆栈选择：启用时，编辑多边形自动使用在堆栈中向上传递的任何现有子对象选择，并禁止您手动更改选择。
- 按顶点：启用时，只有通过选择所用的顶点，才能选择子对象。单击顶点时，将选择使用该选定顶点的所有子对象。该功能在"顶点"子对象层级上不可用。
- 忽略背面：启用后，选择子对象将只影响朝向您的那些对象。
- 按角度：启用时，选择一个多边形会基于复选框右侧的角度设置同时选择相邻多边形。该值可以确定要选择的邻近多边形之间的最大角度。仅在多边形子对象层级可用。
- 收缩：通过取消选择最外部的子对象，缩小子对象的选择区域。如果不再减少选择大小，则可以取消选择其余的子对象，如图 4-37 所示。
- 扩大：朝所有可用方向外侧扩展选择区域，如图 4-38 所示。

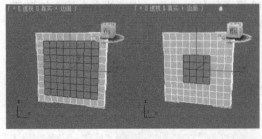
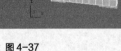
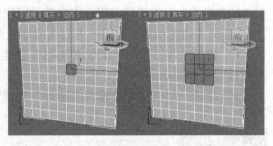

图 4-37　　　　　　　　　　　　图 4-38

- 环形：环形按钮旁边的微调器允许您在任意方向将选择移动到相同环上的其他边，即相邻的平行边，如图 4-39 所示。如果您选择了循环，则可以使用该功能选择相邻的循环。

只适用于边和边界子对象层级。

- 循环：在与所选边对齐的同时，尽可能远地扩展边选定范围。循环选择仅通过四向连接进行传播，如图 4-40 所示。

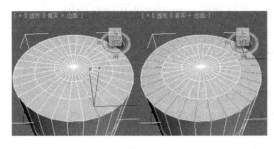
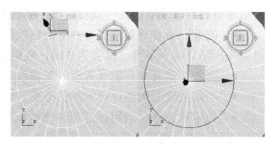

图 4-39　　　　　　　　　　图 4-40

- 获取堆栈选择：使用在堆栈中向上传递的子对象选择替换当前选择。然后，可以使用标准方法修改此选择。
- 预览选择：提交到子对象选择之前，该选项允许预览它。根据鼠标的位置，您可以在当前子对象层级预览，或者自动切换子对象层级。
- 关闭：预览不可用。
- 子对象：仅在当前子对象层级启用预览，如图 4-41 所示。
- 多个：像子对象一样起作用，但根据鼠标的位置，也在顶点、边和多边形子对象层级级别之间自动变换。
- 选定整个对象：选择卷展栏底部是一个文本显示，提供有关当前选择的信息。如果没有子对象选中，或者选中了多个子对象，那么该文本给出选择的数目和类型。

软选择卷展栏中的选项功能介绍如下（如图 4-42 所示）：

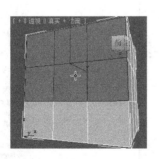
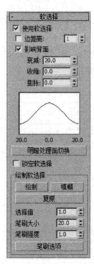

图 4-41　　　　　　　　　　图 4-42

- 使用软选择：启用该选项后，3ds Max 会将样条线曲线变形应用到所变换的选择周围的未选定子对象。要产生效果，必须在变换或修改选择之前启用该复选框。
- 边距离：启用该选项后，将软选择限制到指定的面数，该选择在进行选择的区域和软选择的最大范围之间。

- 影响背面：启用该选项后，那些法线方向与选定子对象平均法线方向相反的、取消选择的面就会受到软选择的影响。
- 衰减：用以定义影响区域的距离，它是用当前单位表示的从中心到球体的边的距离。使用越高的衰减设置，就可以实现更平缓的斜坡，具体情况取决于您的几何体比例。
- 收缩：沿着垂直轴提高并降低曲线的顶点。设置区域的相对"突出度"。为负数时，将生成凹陷，而不是点。设置为 0 时，收缩将跨越该轴生成平滑变换。
- 膨胀：沿着垂直轴展开和收缩曲线。
- 明暗处理面切换：显示颜色渐变，它与软选择权重相适应。
- 锁定软选择：启用该选项将禁用标准软选择选项，通过锁定标准软选择的一些调节数值选项，避免程序选择对它进行更改。
- 绘制软选择：可以通过鼠标在视图上指定软选择，绘制软选择可以通过绘制不同权重的不规则形状来表达想要的选择效果。与标准软选择相比而言，绘制软选择可以更灵活地控制软选择图形的范围，让我们不再受固定衰减曲线的限制。
- 绘制：选择该选项，在视图中拖动鼠标，可在当前对象上绘制软选择。
- 模糊：选择该选项，在视图中拖动鼠标，可复原当前的软选择。
- 复原：选择该选项，在视图中拖动鼠标，可复原当前的软选择。
- 选择值：绘制或复原软选择的最大权重，最大值为 1。
- 笔刷大小：绘制软选择的笔刷大小。
- 笔刷强度：绘制软选择的笔刷强度，强度越高，达到完全值的速度越快。

> **提示**
>
> *通过 Ctrl+Shift+鼠标左键可以快速调整笔刷大小，通过 Alt+Shift+鼠标左键可以快速调整笔刷强度，绘制时按住 Ctrl 键可暂时恢复启用复原工具。*

- 笔刷选项：可打开绘制笔刷对话框来自定义笔刷的形状、镜像、敏压设置等相关属性，如图 4-43 所示。

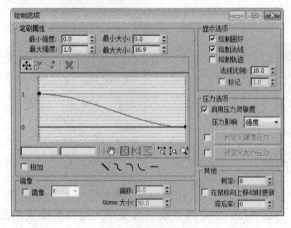

图 4-43

图 4-44

"编辑几何体"卷展栏中的选项功能介绍如下（如图 4-44 所示）：

- 重复上一个：重复最近使用的命令。

- 约束：可以使用现有的几何体约束子对象的变换。
- 无：没有约束。这是默认选项。
- 边：约束子对象到边界的变换。
- 面：约束子对象到单个面的变换。
- 法线：约束每个子对象到其法线（或法线平均）的变换。
- 保持 UV：启用此选项后，可以编辑子对象，而不影响对象的 UV 贴图。
- 创建：创建新的几何体。
- 塌陷：通过将其顶点与选择中心的顶点焊接，使连续选定子对象的组产生塌陷，如图 4-45 所示。
- 附加：用于将场景中的其他对象附加到选定的多边形对象。单击■（附加列表）按钮，在弹出的对话框中可以选择一个或多个对象进行附加。

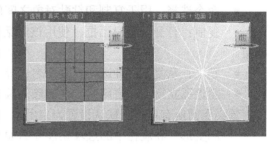

图 4-45

- 分离：将选定的子对象和附加到子对象的多边形作为单独的对象或元素进行分离。单击■（设置）按钮，打开分离对话框，使用该对话框可设置多个选项。
- 切片平面：为切片平面创建 Gizmo，可以定位和旋转它，来指定切片位置。同时启用切片和重置平面按钮；单击切片可在平面与几何体相交的位置创建新边。
- 分割：启用时，通过快速切片和分割操作，可以在划分边的位置处的点创建两个顶点集。
- 切片：在切片平面位置处执行切片操作。只有启用切片平面时，才能使用该选项。
- 重置平面：将切片平面恢复到其默认位置和方向。只有启用切片平面时，才能使用该选项。
- 快速切片：可以将对象快速切片，而不操纵 Gizmo。进行选择，并单击快速切片，然后在切片的起点处单击一次，再在其终点处单击一次。激活命令时，可以继续对选定内容执行切片操作。要停止切片操作，请在视口中右键单击，或者重新单击快速切片将其关闭。
- 切割：用于创建一个多边形到另一个多边形的边，或在多边形内创建边。单击起点，并移动鼠标光标，然后再单击，再移动和单击，以便创建新的连接边。右键单击一次退出当前切割操作，然后可以开始新的切割，或者再次右键单击退出切割模式。
- 网格平滑：使用当前设置平滑对象。
- 细化：根据细化设置细分对象中的所有多边形。单击■（设置）按钮，以便指定平滑的应用方式。
- 平面化：强制所有选定的子对象成为共面。该平面的法线是选择的平均曲面法线。
- X、Y、Z：平面化选定的所有子对象，并使该平面与对象的局部坐标系中的相应平面对齐。例如，使用的平面是与按钮轴相垂直的平面，因此，单击"X"按钮时，可以使该对象与局部 YZ 轴对齐。
- 视图对齐：使对象中的所有顶点与活动视口所在的平面对齐。在子对象层级，此功能只会影响选定顶点或属于选定子对象的那些顶点。
- 栅格对齐：使选定对象中的所有顶点与活动视图所在的平面对齐。在子对象层级，只会对齐选定的子对象。

- 松弛：使用当前的松弛设置将松弛功能应用于当前选择。松弛可以规格化网格空间，方法是朝着邻近对象的平均位置移动每个顶点。单击 ▣（设置）按钮，以便指定松弛功能的应用方式。
- 隐藏选定对象：隐藏选定的子对象。
- 全部取消隐藏：将隐藏的子对象恢复为可见。
- 隐藏未选定对象：隐藏未选定的子对象。
- 命令选择：用于复制和粘贴对象之间的子对象的命名选择集。
- 复制：打开一个对话框，使用该对话框，可以指定要放置在复制缓冲区中的命名选择集。
- 粘贴：从复制缓冲区中粘贴命名选择。
- 删除孤立顶点：启用时，在删除连续子对象的选择时删除孤立顶点。禁用时，删除子对象会保留所有顶点。默认设置为启用。

"绘制变形"卷展栏中的选项功能介绍如下（如图 4-46 所示）：

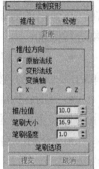

图 4-46

- 推/拉：将顶点移入对象曲面内（推）或移出曲面外（拉）。推拉的方向和范围由推/拉值设置所确定。
- 松弛：将每个顶点移到由它的邻近顶点平均位置所计算出来的位置上，来规格化顶点之间的距离。松弛与松弛修改器的使用方法相同。
- 复原：通过绘制可以逐渐擦除或反转推/拉或松弛的效果。仅影响从最近的提交操作开始变形的顶点。如果没有顶点可以复原，复原按钮就不可用。
- 推/拉方向：此设置用以指定对顶点的推或拉是根据曲面法线、原始法线或变形法线进行，还是沿着指定轴进行。
- 原始法线：选择此项后，对顶点的推或拉会使顶点以它变形之前的法线方向进行移动。重复应用绘制变形总是将每个顶点以它最初移动时的相同方向进行移动。
- 变形法线：选择此项后，对顶点的推或拉会使顶点以它现在的法线方向进行移动，也就是说，在变形之后的法线。
- 变换轴：X、Y、Z：选择此项后，对顶点的推或拉会使顶点沿着指定的轴进行移动。
- 推/拉值：确定单个推/拉操作应用的方向和最大范围。正值将顶点拉出对象曲面，而负值将顶点推入曲面。
- 笔刷大小：设置圆形笔刷的半径。
- 笔刷强度：设置笔刷应用推/拉值的速率。低的强度值应用效果的速率要比高的强度值来得慢。
- 笔刷选项：单击此按钮以打开绘制选项对话框，在该对话框中可以设置各种笔刷相关的参数。
- 提交：使变形的更改永久化，将它们烘焙到对象几何体中。在使用提交后，就不可以将复原应用到更改上。
- 取消：取消自最初应用绘制变形以来的所有更改，或取消最近的提交操作。

4．子物体层级卷展栏

在"编辑多边形"中有许多参数卷展栏是根据子物体层级相关联的，选择子物体层级时，相应的卷展栏将出现，下面我们对这些卷展栏进行详细的介绍。

（1）选择集为"顶点"时在修改器列表中出现的卷展栏。

"编辑顶点"卷展栏中的选项功能介绍如下（如图 4-47 所示）：

  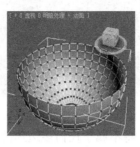 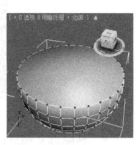

图 4-47　　　　　　图 4-48　　　　　　图 4-49　　　　　　图 4-50

● 移除：删除选中的顶点，并接合起使用这些顶点的多边形。

 提示

选中需要删除的顶点，如图 4-48 所示。如果直接按 Delete 键，此时网格中会出现一个或多个洞，如图 4-49 所示。如果按"移除"键则不会出现孔洞，如图 4-50 所示。

● 断开：在与选定顶点相连的每个多边形上，都创建一个新顶点，这可以使多边形的转角相互分开，使它们不再相连于原来的顶点上。如果顶点是孤立的或者只有一个多边形使用，则顶点将不受影响。

● 挤出：可以手动挤出顶点，方法是在视口中直接操作。单击此按钮，然后垂直拖动到任何顶点上，就可以挤出此顶点。挤出顶点时，它会沿法线方向移动，并且创建新的多边形，形成挤出的面，将顶点与对象相连。挤出对象的面的数目，与原来使用挤出顶点的多边形数目一样。通过■（设置）按钮打开挤出顶点助手，以便通过交互式操纵执行挤出。

● 焊接：对焊接助手中指定的公差范围内选定的连续顶点进行合并。所有边都会与产生的单个顶点连接。通过■（设置）按钮打开焊接顶点助手以便设定焊接阈值。

● 切角：单击此按钮，然后在活动对象中拖动顶点。如果想准确地设置切角，先单击■（设置）按钮，然后设置切角量值，如图 4-51 所示。如果选定多个顶点，那么它们都会被施加同样的切角。

● 目标焊接：可以选择一个顶点，并将它焊接到相邻目标顶点，如图 4-52 所示。目标焊接只焊接成对的连续顶点，也就是说，顶点有一个边相连。

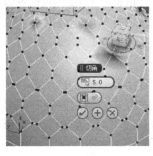 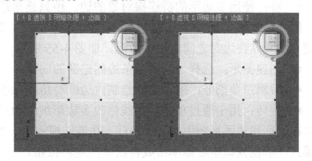

图 4-51　　　　　　　　　　　　图 4-52

● 连接：在选中的顶点对之间创建新的边，如图 4-53 所示。

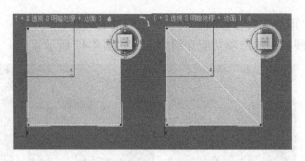

图 4-53

● 移除孤立顶点：将不属于任何多边形的所有顶点删除。

● 移除未使用的贴图顶点：某些建模操作会留下未使用的（孤立）贴图顶点，它们会显示在展开 UVW 编辑器中，但是不能用于贴图。可以使用这一按钮，来自动删除这些贴图顶点。

（2）选择集为"边"时在修改器列表中出现的卷展栏。

"编辑边"卷展栏中的选项功能介绍如下（如图 4-54 所示）：

● 插入顶点：用于手动细分可视的边。启用插入顶点后，单击某边即可在该位置处添加顶点。

图 4-54

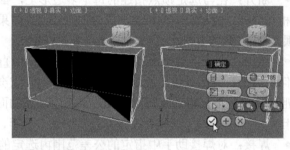

图 4-55

● 移除：删除选定边并组合使用这些边的多边形。

● 分割：沿着选定边分割网格。对网格中心的单条边应用时，不会起任何作用。影响边末端的顶点必须是单独的，以便能使用该选项。例如，因为边界顶点可以一分为二，所以，可以在与现有的边界相交的单条边上使用该选项。另外，因为共享顶点可以进行分割，所以，可以在栅格或球体的中心处分割两个相邻的边。

● 桥：使用多边形的桥连接对象的边。桥只连接边界边，也就是只在一侧有多边形的边。创建边循环或剖面时，该工具特别有用。单击□（设置）按钮打开跨越边助手，以便通过交互式操纵在边对之间添加多边形，如图 4-55 所示。

● 创建图形：选择一条或多条边创建新的曲线。

● 编辑三角剖分：用于修改绘制内边或对角线时多边形细分为三角形的方式。

● 旋转：用于通过单击对角线修改多边形细分为三角形的方式。激活旋转时，对角线可以在线框和边面视图中显示为虚线。在旋转模式下，单击对角线可更改其位置。要退出旋转模式，请在视口中右键单击或再次单击旋转按钮。

（3）选择集为"边界"时在修改器列表中出现的卷展栏。

"编辑边界"卷展栏中的选项功能介绍如下（如图 4-56 所示）：

图 4-56

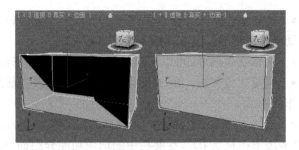

图 4-57

- 封口：使用单个多边形封住整个边界环，如图 4-57 所示。
- 创建图形：选择边界创建新的曲线。
- 编辑三角剖分：用于修改绘制内边或对角线时多边形细分为三角形的方式。
- 旋转：用于通过单击对角线修改多边形细分为三角形的方式。

（4）选择集为"多边形"时在修改器列表中出现的卷展栏。

"编辑多边形"卷展栏中的选项功能介绍如下（如图 4-58 所示）：

图 4-58

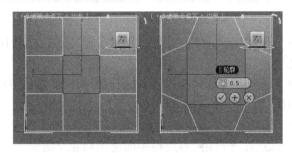

图 4-59

- 轮廓：用于增加或减小每组连续的选定多边形的外边，单击 ▣（设置）按钮打开多边形加轮廓助手，以便通过数值设置施加轮廓操作，如图 4-59 所示。
- 倒角：通过直接在视口中操纵执行手动倒角操作。单击 ▣（设置）按钮打开倒角助手，以便通过交互式操纵执行倒角处理，如图 4-60 所示。

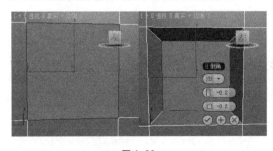

图 4-60

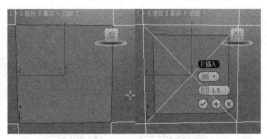

图 4-61

- 插入：执行没有高度的倒角操作，如图 4-61 所示即在选定多边形的平面内执行该操作。单击"插入"按钮，然后垂直拖动任何多边形，以便将其插入。单击 ▣（设置）按钮打开插入助手，以便通过交互式操纵插入多边形。
- 翻转：翻转选定多边形的法线方向。
- 从边旋转：通过在视口中直接操纵执行手动旋转操作。单击 ▣（设置）按钮打开从边旋转助手，以便通过交互式操纵旋转多边形。

● 沿样条线挤出：沿样条线挤出当前的选定内容。单击▣（设置）按钮打开沿样条线挤出助手，以便通过交互式操纵沿样条线挤出。

● 编辑三角剖分：可以通过绘制内边修改多边形细分为三角形的方式，如图 4-62 所示。

● 重复三角算法：允许 3ds Max 对多边形或当前选定的多边形自动执行最佳的三角剖分操作。

● 旋转：用于通过单击对角线修改多边形细分为三角形的方式。

"多边形：材质 ID"卷展栏中的选项功能介绍如下（如图 4-63 所示）：

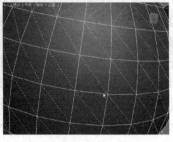
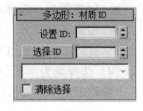

图 4-62   图 4-63

● 设置 ID：用于向选定的面片分配特殊的材质 ID 编号，以供多维/子对象材质和其他应用使用。

● 选择 ID：选择与相邻 ID 字段中指定的材质 ID 对应的子对象。键入或使用该微调器指定 ID，然后单击选择 ID 按钮。

● 清除选择：启用时，选择新 ID 或材质名称会取消选择以前选定的所有子对象。

"多边形：平滑组"卷展栏中的选项功能介绍如下（如图 4-64 所示）：

● 按平滑组选择：显示说明当前平滑组的对话框。

● 清除全部：从选定片中删除所有的平滑组分配多边形。

● 自动平滑：基于多边形之间的角度设置平滑组。如果任何两个相邻多边形的法线之间的角度小于阈值角度（由该按钮右侧的微调器设置），它们会包含在同一平滑组中。

图 4-64

 提示

"元素"选择集的卷展栏中的相关命令与"多边形"选择集功能相同，这里就不重复介绍了，具体命令参考"多边形"选择集即可。

4.6 课堂练习——电视柜

练习知识要点：创建圆角矩形施加倒角修改器制作电视柜的玻璃模型，创建圆角矩形施加挤出修改器制作电视柜的抽屉模型，创建长方体制作抽屉装饰模型，完成的模型效果如图 4-65 所示。

效果所在位置：随书附带光盘\Scene\cha04\电视柜.max。

图 4-65

4.7　课后习题——杯子架

　　习题知识要点：创建切角圆柱体施加锥化修改器制作旋转柱模型，使用可渲染的样条线制作挂钩模型，使用圆角矩形施加编辑样条线和倒角修改器制作木质框架模型，完成的模型效果如图 4-66 所示。

　　效果所在位置：随书附带光盘\Scene\cha04\杯子架。

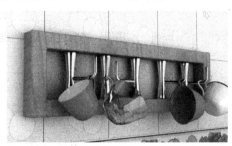

图 4-66

5 Chapter

第 5 章
复合对象的创建

本章将介绍复合对象的创建方法，对布尔运算和放样变形命令的使用进行详细的讲解。读者通过学习本章内容，要了解并掌握使用两种复合对象创建工具制作模型的方法和技巧。通过本章的学习，希望读者可以融会贯通，掌握复合对象的创建技巧，制作出具有想像力的图像效果。

课堂学习目标
- 布尔运算建模
- 放样命令建模

5.1　复合对象创建工具简介

复合对象是将两个以上的物体通过特定的合成方式结合为一个物体，在合成过程中还可以对物体的形体进行调节。在某些复杂建模中复合对象是快速建模方法的首选，尤其是"布尔"和"放样"工具，这两种复合对象创建工具在 3ds Max 较早的版本中就被使用。

在创建命令面板中单击下拉列表框，从中选择"复合对象"选项，如图 5-1 所示，进入复合对象的创建面板，3ds Max 2012 提供了 12 种复合对象的创建工具，如图 5-2 所示。

图 5-1　　　　　　　　　　　　　　　图 5-2

* 变形：通过两个或两个以上物体之间的形状转换来制作动画。
* 散布：可以将某一物体无序地散布在另一物体上，通过它可以制作头发、胡须、草地等物体。
* 一致：将一个物体的顶点投射到另一个物体上，使被投射的物体产生变形。
* 连接：在两个或两个以上表面有开口的物体之间建立封闭的表面，将它们焊接在一起，并且产生光滑的过渡。
* 水滴网格：是一种实体球，具有将距离近的水滴球融合在一起的特性，水滴球是 3ds Max 6 新增的复合对象。
* 图形合并：可以将二维造型融合在三维网格物体上。
* 布尔：通过对两个以上的物体进行并集、差集、交集的运算，从而得到新的物体形态。
* 地形：用于建立地形物体。
* 放样：用于将两个或两个以上的二维图形组合成三维图形。
* 网格化：可以使自身形状变成任何网格物体，主要配合粒子系统制作动画。
* ProBoolean：将大量功能添加到传统的 3ds Max 布尔对象中，如拥有每次使用不同的布尔运算，立刻组合多个对象的功能。
* ProCutter：用于爆炸、断开、装配、建立截面或将对象（如 3D 拼图）拟合在一起的工具。

5.2　布尔运算建模

在建模过程中，经常会遇到两个或多个物体需要相加、相减的情况，这时就会用到布尔运算工具。

5.2.1 布尔工具的使用

"布尔"工具通过对两个对象执行布尔运算将它们组合起来。在 3ds max 中，布尔型对象是由两个重叠对象生成的。原始的两个对象是操作对象（A 和 B），而布尔对象自身是运算的结果。

引用几何学中的布尔运算的操作原理，将两个交叠在一起的物体结合成一个布尔复合对象，完成布尔运算操作。最初的两个物体称为操作对象，而布尔物体本身就是布尔运算的结果。

在视图中首先创建两个三维物体，并确认两个物体充分相交。选择其中的一个物体，在创建命令面板中单击下拉列表框，从中选择"复合对象"选项，单击"对象类型"卷展栏下的"布尔"按钮，此时弹出如图 5-3 所示的参数面板。

图5-3

"拾取布尔"卷展栏的各选项功能介绍如下：

* "拾取操作对象 B"：此按钮用于选择用以完成布尔操作的第二个对象。

* 参考：选中该单选项后，参考复制一个当前选定的物体作为布尔运算 B 物体，对原始物体进行编辑后，布尔运算 B 物体同时被修改。

* 复制：选中该单选项后，复制一个当前选定的物体作为布尔运算 B 物体，对原始物体进行编辑后，布尔运算 B 物体不会被修改。

* 移动：选中该单选项后，将当前选定的物体作为布尔运算 B 物体。

* 实例：选中该单选项后，以关联方式复制一个选定的物体作为布尔运算 B 物体，对原始物体进行编辑后，布尔运算 B 物体同时被修改。

* 操作对象：显示当前进行布尔运算操作的物体 A 和物体 B 的名称。

* 名称：在操作列表中选择一个物体后，在该区域中可以对其进行重命名操作。

* "拾取操作对象"按钮：提取选中操作对象的副本或实例。在列表窗口中选择一个操作对象即可启用此按钮。

此按钮仅在"修改"命令面板中可用。如果当前为"创建"命令面板，则无法提取操作对象。

* 实例、复制：指定提取操作对象的方式，即作为实例或副本提取。

* 并集：选中该单选项后，将两个物体合并到一起，物体之间的相交部分被移除。

* 交集：选中该单选项后，保留两个物体之间的相交部分。

* 差集：选中该单选项后，用于从一个物体中减去与另一个物体的重叠部分，在相减运算过程中必须指明哪个是物体 A 和物体 B，它包含两种相减运算方式"差集（A－B）"和"差集（B－A）"，物体的顺序直接影响相减运算的结果。

* 切割：选中该选项后，用于使用一个物体剪切另一个物体，类似于相减运算。但运算物体 B 不为运算物体 A 增加任何新的栅格面，而在差集运算方式中，运算物体 B 为运算物体 A 增加起封闭作用的栅格面。其中，切割的方式有 4 种，分别为"优化"、"分割"、"移除内部"和"移除外部"。

"显示/更新"卷展栏的各选项功能介绍如下：

- 结果：显示布尔操作的结果，即布尔对象。
- 操作对象：显示操作对象，而不是布尔结果。

提示

如果操作对象在视口中难以查看，则可以使用"操作对象"列表选择一个操作对象。单击操作对象 A 或 B 的名称即可选中它。

- 结果+隐藏的操作对象：将"隐藏"的操作对象显示为线框。
- 始终：更改操作对象（包括实例化或引用的操作对象 B 的原始对象）时立即更新布尔对象。这是默认设置。
- 渲染时：仅当渲染场景或单击"更新"按钮时才更新布尔对象。如果采用此选项，则视口中并不始终显示当前的几何体，但在必要时可以强制更新。
- 手动：仅当单击"更新"按钮时才更新布尔对象。如果采用此选项，则视口和渲染输出中并不始终显示当前的几何体，但在必要时可以强制更新。
- 更新：更新布尔对象。如果选择了"始终"单选项，则"更新"按钮不可用。

5.2.2　课堂案例——垃圾箱

案例学习目标：学习标准基本体、扩展基本体、样条线和复合对象搭建模型。

案例知识要点：创建圆柱体、球体、长方体调整合适的位置和参数，结合使用"圆、文本、线、布尔和放样"工具和"编辑多边形、挤出"修改器，完成垃圾箱模型的制作，如图 5-4 所示。

效果所在位置：随书附带光盘\Scene\cha05\垃圾箱.max。

图 5-4

（1）执行" （创建）> （几何体）>标准基本体>圆柱体"命令，在"顶"视图中创建圆柱体，在"参数"卷展栏中设置"半径"为 100、"高度"为10、"高度分段"为 5、"端面分段"为 1、"边数"为 30，如图 5-5 所示。

（2）切换到 （修改）命令面板，在"修改器列表"中选择"编辑多边形"修改器，将选择集定义为"顶点"，在"前"视图中对顶点进行缩放，并调整顶点至合适的位置，如图 5-6 所示。

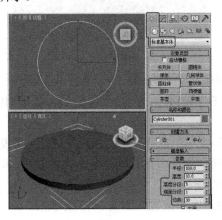
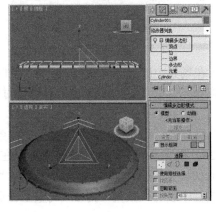

图 5-5　　　　　　　　　　　　图 5-6

（3）继续在"顶"视图中创建圆柱体，在"参数"卷展栏中设置"半径"为 120、"高度"为 450、"高度分段"为 1、"边数"为 30，如图 5-7 所示。

（4）切换到 （修改）命令面板，在"修改器列表"中选择"编辑多边形"修改器，将选择集定义为"顶点"，在"前"视图中对底部定点进行缩放，如图 5-8 所示。

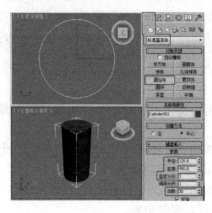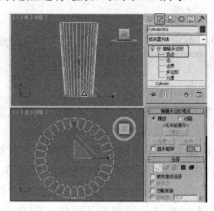

图 5-7　　　　　　　　　　　　　　图 5-8

（5）执行" （创建）> （几何体）>标准基本体>球体"命令，在"顶"视图中创建球体，在"参数"卷展栏中设置"半径"为 120、"半球"为 0.45，调整至合适的位置，如图 5-9 所示。

（6）执行" （创建）> （几何体）>标准基本体>长方体"命令，在"前"视图中创建长方体，在"参数"卷展栏中设置"长度"为150、"宽度"为260、"高度"为40，调整至合适的角度和位置，如图 5-10 所示。

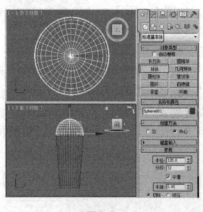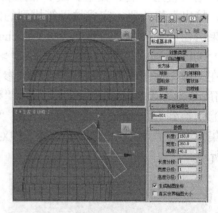

图 5-9　　　　　　　　　　　　　　图 5-10

（7）在场景中选择球体模型，执行" （创建）> （几何体）>复合对象>布尔"命令，在"拾取布尔"卷展栏中单击"拾取操作对象 B"按钮，拾取场景中的长方体，如图 5-11 所示。

（8）执行" （创建）> （图形）>样条线>文本"命令，在"参数"卷展栏中设置"大小"为 20、在文本框中输入合适的文本，在"前"视图中创建文本，如图 5-12 所示。

（9）切换到 （修改）命令面板，在"修改器列表"中选择"挤出"修改器，在"参数"卷展栏中设置"数量"为 2，调整至合适的角度和位置，如图 5-13 所示。

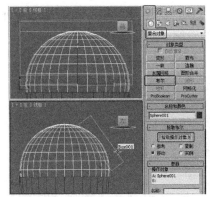 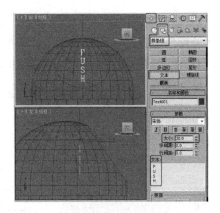

图 5-11　　　　　　　　　　　　　　　图 5-12

（10）执行"　（创建）>　（图形）>样条线>圆"命令，在"顶"视图中创建圆，在"参数"卷展栏中设置"半径"为 120，如图 5-14 所示。

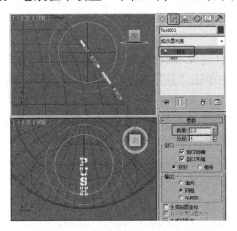 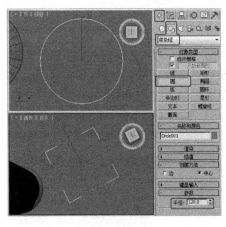

图 5-13　　　　　　　　　　　　　　　图 5-14

（11）将选择集定义为"分段"，选择所有分段，在"几何体"卷展栏中设置"拆分"为 4，单击"拆分"按钮，如图 5-15 所示。

（12）将选择集定义为"顶点"，调整顶点至合适的位置，如图 5-16 所示。

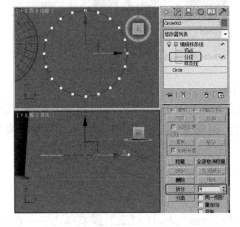 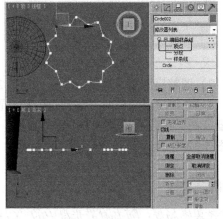

图 5-15　　　　　　　　　　　　　　　图 5-16

（13）使用同样的方法继续创建圆，将选择集定义为"样条线"，在"几何体"卷展栏中单击"轮廓"按钮，在场景中拖曳样条线设置合适的轮廓，如图 5-17 所示。

（14）在"前"视图中创建样条线作为路径，如图 5-18 所示。

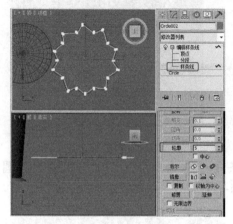
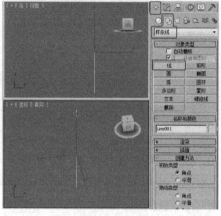

图 5-17　　　　　　　　　　　　　　　　图 5-18

（15）执行"（创建）>◯（几何体）>复合对象>放样"命令，在"路径参数"卷展栏中设置"路径"为 0，在"创建方法"卷展栏中单击"获取图形"按钮，获取场景中的第二个图形，如图 5-19 所示。

（16）在"路径参数"卷展栏中设置"路径"为 100，在"创建方法"卷展栏中单击"获取图形"按钮，获取场景中的第一个图形，调整模型的位置，如图 5-20 所示。

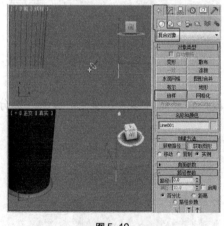
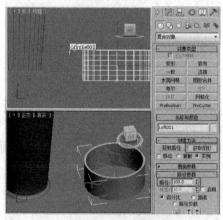

图 5-19　　　　　　　　　　　　　　　　图 5-20

（17）调整模型至合适的大小，如图 5-21 所示。

（18）继续使用同样的方法创建圆并设置合适的轮廓，在"修改器列表"中选择"挤出"修改器，在"参数"卷展栏中设置"数量"为 2，调整至合适的角度和位置，完成的模型效果如图 5-22 所示。

提示

参考效果图场景：随书附带光盘中的"CDROM>Scene>cha05>5.2.2 课堂练习——垃圾箱场景.max"文件。

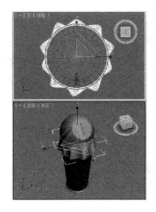

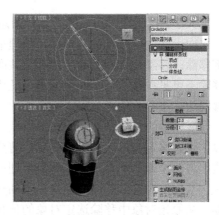

图 5-21　　　　　　　　　　　　　　　图 5-22

5.2.3　ProBoolean 工具的使用

ProBoolean 复合对象在执行布尔运算之前，它采用了 3ds max 网格并增加了额外的职能。首先它组合了拓扑，然后确定共面三角形并移除附带的边。然后不是在这些三角形上而是在 N 多边形上执行布尔运算。完成布尔运算之后，对结果执行重复三角算法，然后在共面的边隐藏的情况下将结果发送回 3ds Max 中。这样额外工作的结果有双重意义：布尔对象的可靠性非常高，因为有更少的小边和三角形，因此结果输出更清晰。

在视图中首先创建两个三维物体，并确认两个物体充分相交。选择其中的一个物体，在创建命令面板中单击下拉列表框，从中选择"复合对象"选项，单击"对象类型"卷展栏下的 ProBoolean 按钮，此时弹出如图 5-23 所示的参数面板。

"拾取布尔对象"卷展栏中的各选项功能介绍如下：

* 开始拾取：在场景中拾取操作对象。

"高级选项"卷展栏中的各选项功能介绍如下：

* 始终：只要您更改了布尔对象，就会进行更新。
* 手动：仅在单击"更新"按钮后进行更新。
* 仅限选定时：不论何时，只要选定了布尔对象，就会进行更新。
* 仅限渲染时：仅在渲染或单击"更新"时才将更新应用于布尔对象。
* 更新：这些选项确定在进行更改后，何时在布尔对象上执行更新。
* 消减%：从布尔对象中的多边形上移除边从而减少多边形数目的边百分比。

图 5-23

* 四边形镶嵌：这些选项启用布尔对象的四边形镶嵌。
* 设为四边形：启用时，会将布尔对象的镶嵌从三角形改为四边形。

提示

当启用"设为四边形"之后，对"消减%"设置没有影响。"设为四边形"可以使用四边形网格算法重设平面曲面的网格。将该工具与"网格平滑"、"涡轮平滑"和"可编辑多边形"中的细分曲面工具结合使用可以产生动态效果。

- 四边形大小%：确定四边形的大小作为总体布尔对象长度的百分比。
- 移除平面上的边：此选项确定如何处理平面上的多边形。
- 全部移除：移除一个面上的所有其他共面的边，这样该面本身将定义多边形。
- 只移除不可见：移除每个面上的不可见边。
- 不移除边：不移除边。

"参数"卷展栏中的选项功能介绍如下：

- 运算：设置确定布尔运算对象实际如何交互。
- 并集：将两个或多个单独的实体组合到单个布尔对象中。
- 交集：从原始对象之间的物理交集中创建一个新对象，移除未相交的体积。
- 差集：从原始对象中移除选定对象的体积。
- 合集：将对象组合到单个对象中，而不移除任何几何体。在相交对象的位置创建新边。
- 附加（无交集）：将两个或多个单独的实体合并成单个布尔型对象，而不更改各实体的拓扑。实质上，操作对象在整个合并成的对象内仍为单独的元素。
- 插入：先从第一个操作对象减去第二个操作对象的边界体积，然后再组合这两个对象。
- 盖印：将图形轮廓（或相交边）打印到原始网格对象上。
- 切面：切割原始网格图形的面，只影响这些面。选定运算对象的面未添加到布尔结果中。
- 显示：选择下面一个显示模式。
- 结果：只显示布尔运算而非单个运算对象的结果。
- 运算对象：显示定义布尔结果的运算对象。使用该模式编辑运算对象并修改结果。
- 应用材质：选择下面一个材质应用模式。
- 应用运算对象材质：布尔运算产生的新面获取运算对象的材质。
- 保留原始材质：布尔运算产生的新面保留原始对象的材质。
- 子对象运算：这些函数对在层次视图列表中高亮显示的运算对象进行运算。
- 提取所选对象：对在层次视图列表中高亮显示的运算对象应用运算。
- 移除：从布尔结果中移除在层次视图列表中高亮显示的运算对象。它本质上撤消了加到布尔对象中的高亮显示的运算对象。提取的每个运算对象都再次成为顶层对象。
- 复制：提取在层次视图列表中高亮显示的一个或多个运算对象的副本。原始的运算对象仍然是布尔运算结果的一部分。
- 实例：提取在层次视图列表中高亮显示的一个或多个运算对象的一个实例。对提取的这个运算对象的后续修改也会修改原始的运算对象，因此会影响布尔对象。
- 重排运算对象：在层次视图列表中更改高亮显示的运算对象的顺序。将重排的运算对象移动到"重排运算对象"按钮旁边的文本字段中列出的位置。
- 更改运算：为高亮显示的运算对象更改运算类型。
- 层次视图：显示定义选定网格的所有布尔运算的列表。

5.3　放样命令建模

放样对象是沿着第三个轴挤出的二维图形。从两个或多个现有样条线对象中创建放样对象。这些样条线之一会作为路径。其余的样条线会作为放样对象的横截面或图形。对于很多复杂的模型，很难用基本的几何体组合或修改来得到，这时就要使用放样命令来实现。放样建模是指先创建一个二维截面，然后使它沿着一个预先设定好的路径进行变形，从而得到三维物体的过程。放样建模是一种非常重要的建模方式。

5.3.1　放样命令的基本用法

放样命令的用法分为两种，一种是单截面放样变形，只用一次放样变形即可制作出所需要的形体；另一种是多截面放样变形，用于制作较为复杂的几何形体，在制作过程中要进行多个路径的放样变形。

1．单截面放样变形

本节先来介绍单截面放样变形，它是放样命令的基础，也是使用比较普遍的放样方法。

（1）在视图中创建一个星形和一条线，如图 5-24 所示。这两个二维图形可以随意创建。

（2）执行"   （创建）>   （几何体）"命令，在创建命令面板中单击下拉列表框，从中选择"复合对象"选项，如图 5-25 所示。

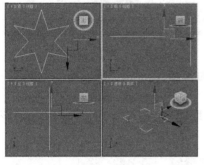

图 5-24　　　　　　　　图 5-25　　　　　　　　图 5-26

（3）在"视图"中单击线将其选中，在命令面板中单击"放样"按钮，如图 5-26 所示，命令面板中会显示放样的修改参数，如图 5-27 所示。

（4）单击"获取图形"按钮，在视图中获取星形，线会以星形为截面生成三维形体，如图 5-28 所示。

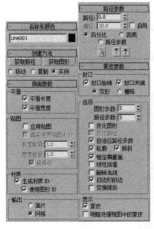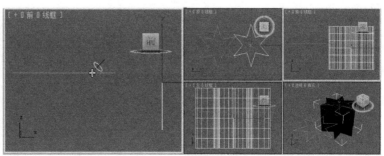

图 5-27　　　　　　　　　　　　　　　图 5-28

2. 多截面放样变形

在实际制作过程中，有一部分模型只用单截面放样是不能完成的，复杂的造型由不同的截面结合而成，所以就要用到多截面放样。

（1）在"顶"视图中分别创建圆、多边形和星形，如图 5-29 所示。执行" （创建）> 　（图形）>线"命令，按住 Shift 键，在"前"视图中创建一条直线，如图 5-30 所示，这几个二维图形可以随意创建。

（2）单击线将其选中，执行" （创建）> （几何体）"命令，在创建命令面板中单击下拉列表框，从中选择"复合对象"选项，在命令面板中单击"放样"按钮，然后在参数面板中单击"获取图形"按钮，在视图中单击圆，这时直线变为圆柱体，如图 5-31 所示。

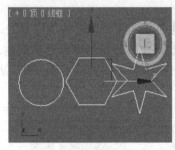
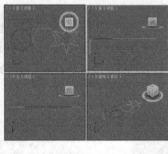
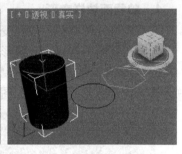

图 5-29　　　　　　　　　图 5-30　　　　　　　　　图 5-31

（3）在放样命令面板中将"路径"的数值设置为"45"，单击"获取图形"按钮，在视图中单击多边形，如图 5-32 所示。

（4）将"路径"的数值设置为"80"，单击"获取图形"按钮，在视图中单击星形，如图 5-33 所示。

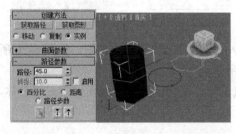

图 5-32　　　　　　　　　　　　　　图 5-33

（5）单击 （修改）按钮，在修改命令堆栈中单击" >图形"选项，这时命令面板中会出现新的命令参数，如图 5-34 所示。单击"比较"按钮，弹出"比较"窗口，如图 5-35 所示。

图 5-34　　　　　　　　　图 5-35

（6）在"比较"窗口中单击 （拾取图形）按钮，在视图中分别在放样物体三个截面的位置上单击，将三个截面拾取到"比较"窗口中，如图 5-36 所示。

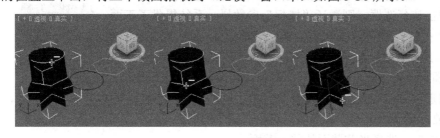

图 5-36

在"比较"窗口中，可以看到三个截图形的起始点，如果起始点没有对齐，可以使用 ⟳（选择并旋转）工具手动调整，使之对齐。

5.3.2　放样物体的参数修改

放样命令的参数由 5 部分组成，其中包括创建方法、曲面参数、路径参数、蒙皮参数和变形，如图 5-37 所示。放样变形工具将在下一节中介绍，本节主要介绍放样命令的参数。

1．创建方法卷展栏

创建方法卷展栏用于决定在放样过程中使用哪一种方式来进行放样，如图 5-38 所示。

图 5-37　　　　　　　　　　图 5-38

- 获取路径：如果已经选择了路径，则单击该按钮，到视图中拾取将要作为截面图形的图形。
- 获取图形：如果已经选择了截面图形，则单击该按钮，到视图中拾取将要作为路径的图形。
- 移动：直接用原始二维图形进入放样系统。
- 复制：复制一个二维图形进入放样系统，而其本身并不发生任何改变，此时原始二维图形和复制图形之间是完全独立的。
- 实例：原来的二维图形将继续保留，进入放样系统的只是它们各自的关联物体。可以将它们进行隐藏，在以后需要对放样造型进行修改时，可以直接去修改它们的关联物体。

> 对于是先指定路径，再拾取截面图形，还是先指定截面图形，再拾取路径，本质上对造型的形态没有影响，只是因为位置放置的需要而选择的不同方式。

2．路径参数卷展栏

路径参数卷展栏用于设置沿放样物体路径上各个截面图形的间隔位置，如图 5-39 所示。

- 路径：通过调整微调器或输入一数值设置插入点在路径上的位置。其路径的值取决于所选定的测量方式，并随着测量方式的改变而产生变化。

- 捕捉：设置放样路径上截面图形固定的间隔距离。捕捉的数值也是取决于所选定的测量方式，并随着测量方式的改变而产生变化。
- 启用：单击该复选框，则激活"捕捉"参数栏，系统提供了下面3种测量方式。百分比：将全部放样路径设为 100%，以百分比形式来确定插入点的位置。距离：以全部放样路径的实际长度为总数，以绝对距离长度形式来确定插入点的位置。路径步数：以路径的分段形式来确定插入点的位置。

图 5-39

- 拾取图形：单击该按钮，在放样物体中手动拾取放样截面，此时"捕捉"关闭，并把所拾取到的放样截面的位置作为当前"路径"栏中的值。
- 上一个图形：选择当前截面的前一截面。
- 下一个图形：选择当前截面的后一截面。

5.4　课堂练习——蜡烛

练习知识要点：创建切角长方体、长方体、管状体和圆柱体调整至合适的位置和参数，结合使用"线、布尔"工具和"编辑多边形"修改器，完成蜡烛模型的制作，如图 5-40 所示。

效果所在位置：随书附带光盘\Scene\cha05\蜡烛.max。

图 5-40

5.5　课后习题——菜篮

习题知识要点：创建"线、圆、弧"调整为合适的形状和参数，结合使用"放样"工具和"编辑样条线、车削"修改器，完成菜篮模型的制作，如图 5-41 所示。

效果所在位置：随书附带光盘\Scene\cha05\菜篮.max。

图 5-41

6 Chapter

第 6 章
几何体的形体变化

　　本章将主要讲解几何体的形体变化，包括 FFD 自由形式变形和 NURBS 高级建模。通过本章的学习，读者可以融会贯通，掌握几何体形体变化的应用技巧，制作出具有想像力的图像效果。

课堂学习目标
- FFD4×4×4 建模
- NURBS 曲线和曲面
- NURBS 工具面板

6.1　FFD 自由形式变形

FFD 代表"自由形式变形"，它的效果用于类似舞蹈汽车或坦克的计算机动画中，也可将它用于构建类似椅子和雕塑这样的图形。

6.1.1　FFD 自由形式变形命令介绍

FFD 自由变形提供三种晶格解决方案和两种形体解决方案。控制点相对原始晶格源体积的偏移位置会引起受影响对象的扭曲，如图 6-1 所示。

三种晶格包括 FFD2×2×2、FFD3×3×3 与 FFD4×4×4，提供具有相应数量控制点的晶格对几何体进行形状变形。

图 6-1

两种形体包括 FFD（长方体）和 FFD（圆柱体），使用 FFD（长方体/圆柱体）修改器，可在晶格上设置任意数目的点，使它们比基本修改器功能更强大。

6.1.2　FFD4×4×4 的控制

FFD4×4×4 是自由变形命令中比较常用的修改器，可以通过 4×4×4 控制点对几何体进行变形。

在视图中创建一个几何体，单击 ![修改] （修改）按钮。在"修改器列表"中选择"FFD4×4×4"命令，可看到几何体上出现"FFD4×4×4"控制点，如图 6-2 所示。在修改命令堆栈中选择 ![+] 选项，显示出子层级选项，如图 6-3 所示。

* 控制点：可以选择并操纵晶格的控制点，可以一次处理一个或以组为单位处理多个几何体。操纵控制点将影响基本对象的形状。
* 晶格：可从几何体中单独地摆放、旋转或缩放晶格框。当首次应用 FFD 时，默认晶格是一个包围几何体的边界框。移动或缩放晶格时，仅位于体积内的顶点子集合可应用局部变形。
* 设置体积：此时晶格控制点变为绿色，可以选择并操作控制点而不影响修改对象。这使晶格更精确地符合不规则形状对象，当变形时这将提供更好的控制。

在对几何体进行 FFD 自由变形命令编辑时，必须考虑到几何体的分段数，如果几何体的分段数很低，自由变形命令的效果也不会明显，如图 6-4 所示。当增加几何体的分段数后，形体变化的几何体变得圆滑，如图 6-5 所示。

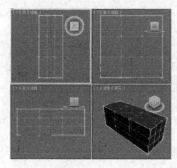
图 6-2

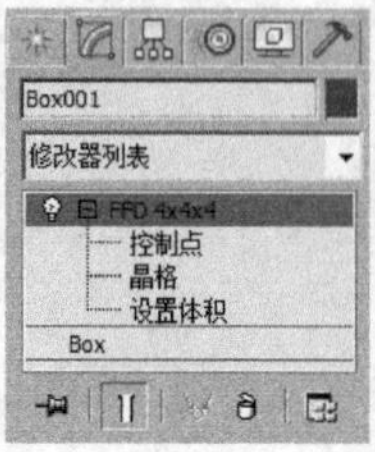

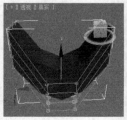
图 6-4

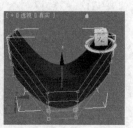
图 6-5

图 6-3

6.2 NURBS 元素的创建方式

NURBS 是一种先进的建模方式，通过 NURBS 工具制作的物体模型具有光滑的表面，常用来制作非常圆滑而且具有复杂表面的物体，比如：汽车、动物、人物以及其他流线型的物体。在 MAYA、Rhino 等各种三维软件中，都使用了 NURBS 建模技术，基本原理非常相似。

6.2.1 NURBS 曲面

NURBS 的造型系统也包括点、曲线、曲面 3 种元素，其中曲线和曲面又分为标准型和 CV（可控）型两种。

NURBS 曲面包括点曲面和 CV 曲面两种，如图 6-6 所示。

- 点曲面：显示为绿色的点阵列组成的曲面，这些点都依附在曲面上，对控制点进行移动，曲面会随之改变形态。
- CV 曲面：具有控制能力的点组成的曲面，这些点不依附在曲面上，对控制点进行移动，控制点会离开曲面，同时影响曲面的形态。

1．NURBS 曲面的选择

单击"　（创建）>　（几何体）>标准基本体>NURBS 曲面"按钮，如图 6-7 所示，即可进入 NURBS 曲面的创建命令面板，如图 6-8 所示，NURBS 曲面有两种创建方式。

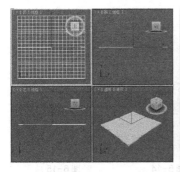
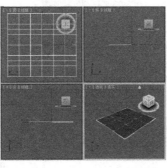

图 6-6　　　　　　　　　　　　　　　　图 6-7　　　　　　图 6-8

2．NURBS 曲面的创建和修改

NURBS 曲面的创建方法与标准几何体中平面的创建方法是相同的。

单击"点曲面"按钮，在顶视图中创建一个点曲面，单击　（修改）按钮，在修改命令堆栈中单击"点"选项，如图 6-9 所示，选择曲面上的一个控制点，使用　（移动）工具移动节点位置，曲面会改变形态，但这个节点始终依附在曲面上，如图 6-10 所示。

单击"CV 曲面"按钮，在顶视图中创建一个可控点曲面，单击　（修改）按钮，在修改命令堆栈中单击"曲面 CV"选项，如图 6-11 所示，选择曲面上的一个控制点，使用　（移动）工具移动节点位置，曲面会改变形态，但节点不依附在曲面上，如图 6-12 所示。

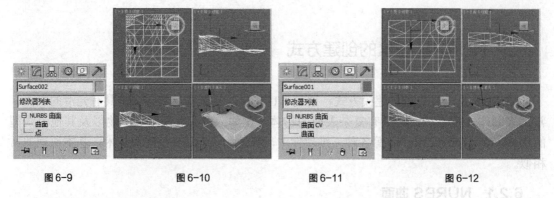

图6-9　　　　　　　　图6-10　　　　　　　　图6-11　　　　　　　　图6-12

6.2.2　NURBS 曲线

NURBS 曲线包括点曲线和 CV 曲线两种，如图 6-13 所示。

- 点曲线：显示为绿色的点弯曲构成的曲线。
- CV 曲线：由可控制点弯曲构成的曲线。

这两种类型的曲线上控制点的性质与前面介绍的 NURBS 曲面上控制点的性质是相同的。点曲线的控制点都依附在曲线上，CV 曲线的控制点不依附在曲线上，但控制着曲线的形状。

1. NURBS 曲线的选择

执行"　（创建）>　（图形）>NURBS 曲线"命令，如图 6-14 所示，即可进入 NURBS 曲线的创建命令面板，如图 6-15 所示。

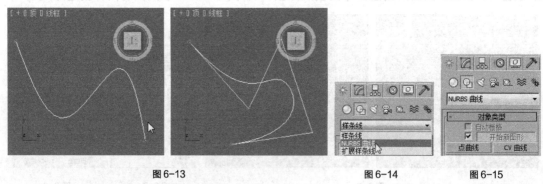

图6-13　　　　　　　　　　　　　　　图6-14　　　　　　图6-15

2. NURBS 曲线的创建和修改

NURBS 曲线的创建方法与二维线型的创建方法相同，但 NURBS 曲线可以直接生成圆滑的曲线。两种类型的 NURBS 曲线上的点对曲线形状的影响方式也是不同的。

单击"点曲面"按钮，在顶视图中创建一条点曲线，单击　（修改）按钮，在修改命令堆栈中单击"点"选项，如图 6-16 所示，选择曲线上的一个控制点，使用　（移动）工具移动控制点位置，曲线会改变形态，被选择的控制点始终依附在曲线上，如图 6-17 所示。

单击"CV 曲面"按钮，在顶视图创建一条控制点曲线，单击　（修改）按钮，在修改命令堆栈中单击"曲面 CV"选项，如图 6-18 所示，选择曲线上的一个控制点，使用　（移动）工具移动控制点位置，曲线会改变形态，选择的控制点不会依附在曲线上，如图 6-19 所示。

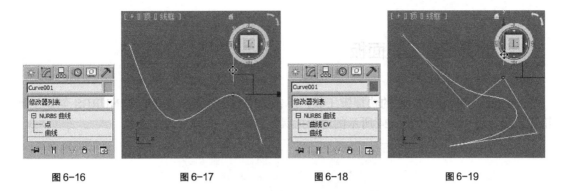

图 6-16   图 6-17   图 6-18   图 6-19

6.2.3 基本几何体转化 NURBS 物体

在 3ds Max 2012 中，所有的标准几何体都可以转化成 NURBS 曲面物体，操作步骤如下：

（1）执行"■（创建）>○（几何体）>长方体"命令，在场景中创建一个长方体。

（2）将长方体选中，单击鼠标右键，在弹出的快捷菜单中选择"转换为>转换为 NURBS"命令，长方体转化为 NURBS 曲面物体，如图 6-20 所示。

标准几何体被转化为 NURBS 曲面物体后，自身的参数会被去除，变为 NURBS 曲面物体的参数。

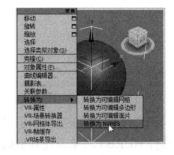

图 6-20

6.2.4 挤出、车削、放样物体转化 NURBS 物体

在前面的章节中介绍过将二维图形通过挤出、车削、放样命令转化为三维物体的方法，这些通过转化的物体同样可以转化为 NURBS 曲面物体。下面以"挤出"命令为例，介绍转化为 NURBS 物体的方法，操作步骤如下。

（1）单击"■（创建）>○（图形）> 矩形"按钮，在视图中创建一条矩形，单击▨（修改）按钮，单击"修改器列表"从中选择"挤出"命令，如图 6-21 所示。

（2）在"参数"卷展栏中将"输出>网格"单选项改为"NURBS"单选项，如图 6-22 所示。

（3）在物体上单击鼠标右键，在弹出的菜单中选择"转换为>转换为 NURBS"命令，完成最终转化，如图 6-23 所示。

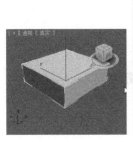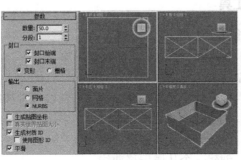

图 6-21   图 6-22   图 6-23

挤压和放样物体用相同的方法也可以转化为 NURBS 曲面物体。

6.3 NURBS 工具面板

3ds max 还提供了大量的快捷键工具，单击"常规"卷展栏中的按钮，可以打开如图 6-24 所示的面板工具。

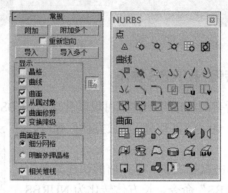

图 6-24

工具箱中包含用于创建 NURBS 子对象的按钮。启用按钮后，只要选择 NURBS 对象或子对象，并切换到修改命令面板中，就可以看到工具箱。只要取消选择 NURBS 对象或使其他的面板处于活动状态，工具箱就会消失。当返回到修改命令面板，并选择 NURBS 对象之后，工具箱又会再次出现。

6.3.1 NURBS 点工具

NURBS 点工具选项功能介绍如下：

- ：创建单独的点。
- ：创建从属偏移点。
- ：创建从属的曲线点。
- ：创建从属曲线—曲线相交点。
- ：创建从属曲面点。
- ：创建从属曲面—曲线相交点。

6.3.2 NURBS 曲线工具

NURBS 曲线工具选项功能介绍如下：

- ：创建一个独立 CV 曲线子对象。
- ：创建一个独立点曲线子对象。
- ：创建一个从属拟合曲线（与曲线拟合按钮相同）。
- ：创建一个从属变换曲线。
- ：创建一个从属混合曲线。
- ：创建一个从属偏移曲线。
- ：创建一个从属镜像曲线。
- ：创建一个从属切角曲线。

- ⌐ （创建圆角曲线）：创建一个从属圆角曲线。
- ⬚ （创建曲面—曲面相交曲线）：创建一个从属曲面—曲面相交曲线。
- ⬚ （创建 U 向等参曲线）：创建一个从属 U 向等参曲线。
- ⬚ （创建 V 向等参曲线）：创建一个从属 V 向等参曲线。
- ⬚ （创建法相投影曲线）：创建一个从属法相投影曲线。
- ⬚ （创建向量投影曲线）：创建一个从属矢量投影曲线。
- ⬚ （创建曲面上的 CV 曲线）：创建一个从属曲面上的 CV 曲线。
- ⬚ （创建曲面上的点曲线）：创建一个从属曲面上的点曲线。
- ⬚ （创建曲面偏移曲线）：创建一个从属曲面偏移曲线。
- ⬚ （创建曲面边曲线）：创建一个从属曲面边曲线。

6.3.3　NURBS 曲面工具

NURBS 创建工具箱中的 NURBS 曲面工具选项功能介绍如下：

- ⬚ （创建 CV 曲面）：创建独立的 CV 曲面子对象。
- ⬚ （创建点曲面）：创建独立的点曲面子对象。
- ⬚ （创建变换曲面）：创建从属变换曲面。
- ⬚ （混合曲面）：创建从属混合曲面。
- ⬚ （创建偏移曲面）：创建从属偏移曲面。
- ⬚ （创建镜像曲面）：创建从属镜像曲面。
- ⬚ （创建挤出曲面）：创建从属挤出曲面。
- ⬚ （创建车削曲面）：创建从属车削曲面。
- ⬚ （创建规则曲面）：创建从属规则曲面。
- ⬚ （创建封口曲面）：创建从属封口曲面。
- ⬚ （创建 U 向放样曲面）：创建从属 U 向放样曲面。
- ⬚ （创建 UV 放样曲面）：创建从属 UV 放样曲面。
- ⬚ （创建单轨扫描）：创建从属单轨扫描曲面。
- ⬚ （创建双轨扫描）：创建从属双轨扫描曲面。
- ⬚ （创建多边混合曲面）：创建从属多边混合曲面。
- ⬚ （创建多重曲线修剪曲面）：创建从属多重曲线修剪曲面。
- ⬚ （创建圆角曲面）：创建从属圆角曲面。

6.3.4　课堂案例——时尚落地灯

案例学习目标：学习使用 NURBS 曲线搭建模型。

案例知识要点：创建 NURBS "点曲线" 调整至合适的形状，并结合使用 NURBS 创建工具箱中的 ⬚ （创建车削曲面），完成时尚落地灯模型的制作，如图 6-25 所示。

效果所在位置：随书附带光盘\Scene\cha06\时尚落地灯.max。

图 6-25

（1）执行 " ⬚ （创建）> ⬚ （图形）>NURBS 曲线>点曲线" 命令，在 "前" 视图中创建点曲线，如图 6-26 所示。

（2）切换到 ![] （修改）命令面板，将选择集定义为"点"，在场景中对点进行调整，如图 6-27 所示。

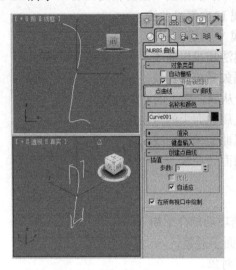
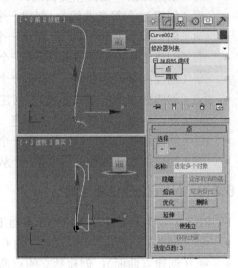

图 6-26　　　　　　　　　　　　　　　　　　图 6-27

（3）关闭选择集，在"常规"卷展栏中单击 ![] （NURBS 创建工具箱）按钮，弹出 NURBS 对话框，如图 6-28 所示。

（4）在 NURBS 对话框中单击 ![] （创建车削曲面）按钮，在场景中选择点曲线，完成的场景模型如图 6-29 所示。

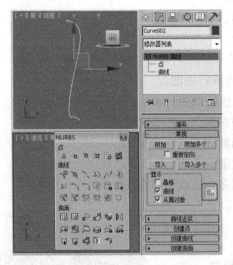
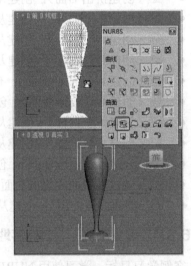

图 6-28　　　　　　　　　　　　　　　　　　图 6-29

提示

参考效果图场景：随书附带光盘中的"CDROM>Scene>cha06>6.3.4 课堂练习——时尚落地灯场景.max"文件。

6.4 课堂练习——抱枕

练习知识要点：创建切角长方体设置合适的参数，结合使用 FFD（长方体）修改器，通过对其"控制点"进行调整，完成抱枕模型的制作，如图 6-30 所示。

效果所在位置：随书附带光盘\Scene\cha06\抱枕.max。

图 6-30

6.5 课后习题——苹果

习题知识要点：创建"球体"调整参数，结合使用"编辑多边形"修改器，将"顶点"进行"软选择"对其顶点进行调整，完成苹果的制作；创建"圆柱体"结合使用"FFD4×4×4"修改器，通过调整"控制点"，完成苹果把模型的制作，如图 6-31 所示。

效果所在位置：随书附带光盘\Scene\cha06\苹果.max。

图 6-31

7 Chapter

第 7 章
材质和纹理贴图

本章将重点介绍 3ds Max 的材质编辑器，对各种常用的材质类型进行详细的讲解。通过本章的学习，希望读者可以融会贯通，对材质类型的特性要有较深入的认识和了解，制作出具有想像力的图像效果。

课堂学习目标

- 材质编辑器
- 材质类型
- 标准材质的编辑
- 设置纹理贴图
- 反射和折射贴图

7.1　材质概述

真实世界中的物体都有自身的表面特征，例如透明的玻璃，不同的金属具有不同的光泽度，石材和木材有不同的颜色和纹理等。

在 3ds Max 中创建好模型后，如何准确、逼真地表现物体不同的颜色、光泽和质感特性，可以使用材质编辑器来实现。

贴图的主要材质是位图，在实际应用中主要用到下面几种位图形式：

● BMP 位图格式：它有 Windows 和 OS/2 两种格式，该种文件几乎不能压缩，占用磁盘空间较大，它的颜色存储格式有 1 位、4 位、8 位及 24 位，是当今应用比较广泛的一种文件格式。

● GIF 格式：Compuseve 提供的 GIF 是一种图形变换格式（Graphics Interchange Format），这是一种经过压缩的格式，它使用 LZW（Lempel-ZIV And Welch）压缩方式，该格式在 Internet 上被广泛地应用，其原因主要是 256 种颜色已经较能满足主页图形的需要，且文件较小，适合网络环境下的传输和浏览。

● JPG 格式：JPG 格式是由 Joint Photographic Experts Group 发展出来的标准，可以用不同的压缩比例对这种文件进行压缩，且压缩技术十分先进，对图像质量影响较小，因此可以用最少的磁盘空间得到较好的图像质量。由于它性能优异，所以应用非常广泛，是目前 Internet 上主流的图形格式，但 JPG 格式是一种有损压缩。

● PSD 格式：PSD 是 Adobe Photoshop 的专用格式，在该软件所支持的各种格式中，PSD 格式的存取速度比其他格式快很多。由于 Photoshop 软件越来越广泛地应用，所以这个格式也逐步流行起来。用 PSD 格式存档时会将文件压缩，以节省空间，但不会影响图像质量。

● TIF 格式：这是由 Commode Amga 电脑所采用的文件格式，它是 Interchange File Format 的缩写，有许多绘图或图像处理软件使用 TIF 格式来进行文件交换。TIF 格式具有图形格式复杂、存储信息多的特点。3DS、3ds Max 中的大量贴图就是 TIF 格式的。TIF 最大色深为 32bit，可采用 LZW 无损压缩方案存储。

● PNG 格式：PNG（Portable Network Graphics）是一种新兴的网络图形格式，结合了 GIF 和 JPEG 的优点，具有存储形式丰富的特点。PNG 最大色深为 48bit，采用无损压缩方案存储。著名的 Macromedia 公司的 Fireworks 的默认格式就是 PNG。

7.2　Slate 材质编辑器

"Slate 材质编辑器"是一种材质编辑器界面，它在设计和编辑材质时使用节点和关联以图形方式显示材质的结构。

"Slate 材质编辑器"的界面是具有多个元素的面板界面，如图 7-1 所示。

1．菜单栏

菜单栏中包含带有创建和管理场景中材质的各种菜单选项。

图 7-1

在"模式"菜单中可以选择"精简材质编辑器"和"Slate 材质编辑器"两种材质编辑器界面,如图7-2所示。

图 7-2

2. 工具栏

使用"Slate 材质编辑器"工具栏可以快速访问许多常用工具和命令。工具栏中的部分工具按钮下还包含隐藏按钮,单击该按钮右下角的"小三角"标记并按住鼠标左键不放,会展开隐藏的按钮,向下移动光标到相应的按钮上,即可选择该按钮。

工具栏中工具的功能介绍如下:

• （从对象拾取材质）:单击该按钮后,鼠标光标变为 形状,将光标移到具有材质的物体上,光标变为 形状,单击鼠标左键,该物体的材质会被选择到当前的材质球中,可对该材质进行修改编辑。

• （将材质指定给选定对象）:将示例窗中的材质赋予被选择的物体,赋予后该材质会变为同步材质。

• （删除选定对象）:将当前编辑的材质恢复到初始状态。

• （视口中显示明暗处理材质）:单击该按钮,可在场景中显示该材质的贴图效果。

• （在预览中显示背景）:单击该按钮,可在预览窗口中显示方格背景。

• （移动子对象）:激活此按钮后,移动节点时其子节点也会随其一起移动。禁用此选项后,移动节点将仅移动该节点。

• （布局全部—垂直）:在自动布局中沿垂直轴排列所有节点。

• （布局子对象）:自动布置选定节点的子节点。

3. 材质/贴图浏览器

"材质/贴图浏览器"中的每个库和组都有一个带有打开/关闭（+/−）图标的标题栏,

该图标可用于展开或收起列表。组可以有子组，子组有自己的标题栏，某些子组可以有更深层次的子组。

4. 活动视图

在"视图"中显示材质和贴图节点，可以在节点之间创建关联。

5. 状态栏

显示当前是否完成预览窗口的渲染。

6. 视图导航

"视图导航"中的工具用于调整活动"视图"的位置和大小等。

7. 参数编辑器

材质和贴图上有各种可以调整的参数。要查看某个位图或节点的参数，双击此节点，参数就会出现在"参数编辑器"中。

8. 导航器

"导航器"用于浏览活动"视图"的控件，与 3ds Max 视口中用于浏览几何体的控件类似。

7.3　材质类型

在 3ds Max 中材质的制作占有很重要的位置，它是真实表现三维场景的关键。3ds Max 中的材质用于设置场景中物体的反射或光线传输的属性，可以赋予不同的物体，使用不同类型的材质或贴图。

7.3.1　3ds Max 默认材质

在"材质/贴图浏览器"面板中打开"材质>标准"卷展栏，如图 7-3 所示。3ds Max 2012 提供了 16 种材质类型，常用的材质并不是很多，只有标准、混合、多维/子对象、光线跟踪和无光/投影。

1. 标准材质

标准材质是材质的最基本形式。标准材质的参数设置主要包括明暗器基本参数、Blinn 基本参数、扩展参数、贴图、超级采样、mental ray 连接。按 M 键打开"材质编辑器"，在"材质/贴图浏览器"面板中打开"材质>标准"卷展栏，再双击"标准"材质，在活动"视图"中双击"标准"材质名称，此时在"参数编辑器"中即会显示"标准"材质设置面板。

"标准"材质设置面板的各卷展栏功能介绍如下：

● 明暗器基本参数："明暗器本参数"卷展栏主要是选择材质的质感、物体是否以线框的方式进行渲染等功能，如图 7-4 所示。

图 7-3

 提示

如图 7-5 所示为"着色模式"下拉列表，可以在列表中选择不同的材质渲染着色模式，也就是确定材质的基本性质。不同着色模式的参数面板会有所不同。材质的着色模式是指材质在渲染过程中处理光线照射下物体表面的方式。3ds Max 提供了 8 种明暗类型。

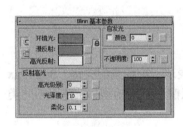

图7-4   图7-5

- Blinn 基本参数：不同的着色类型，相应地有不同的基本参数，但基本上相差不大。Blinn 基本参数包括 Blinn（胶性）、金属、Oren-Nayar-Blinn（砂面凹凸胶性）和 Phong（塑性），参数如图 7-6 所示。

- 扩展参数：主要是对材质的透明、反射和线框属性作进一步设置，如图 7-7 所示。

- 贴图：选择不同的明暗类型，可以设置的贴图方式的数目也不同。很多贴图方式在效果制作中用得很少，在本节中仅介绍效果图制作中经常用到的漫反射颜色、自发光、不透明度、凹凸、反射和折射 6 种贴图方式。参数面板如图 7-8 所示。

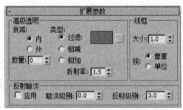

图7-6   图7-7   图7-8

2. 混合材质

混合材质可以将两种不同的材质融合在一起，根据融合度的不同，控制两种材质表现出的强度，并且可以制作成材质变形的动画；另外还可以指定一张图像作为融合的遮罩，利用它本身的明暗度来决定两种材质融合的程度。

按 M 键打开"材质编辑器"，在"材质/贴图浏览器"面板中打开"材质>标准"卷展栏，再双击"混合"材质，在活动"视图"中双击"混合"材质名称，此时在"参数编辑器"中即会显示"混合"材质设置面板，如图 7-9 所示。

3. 多维/子对象材质

此材质类型可以将多个材质组合到一个材质中,这样可以使一个物体根据其子物体的ID号同时拥有多个不同的材质。也可以通过为物体加入"材质"修改命令，在一组不同的物体之间分配 ID 号，从而享有同一"多维/子对象"材质的不同子材质。

按 M 键打开"材质编辑器"，在"材质/贴图浏览器"面板中打开"材质>标准"卷展栏，再双击"多维/子对象"材质，在活动"视图"中双击"多维/子对象"材质名称，此时在"参数编辑器"中即会显示"多维/子对象"材质设置面板，如图 7-10 所示。

4. 无光/投影材质

使用"无光/投影"材质可将整个对象（或面的任何子集）转换为显示当前背景颜色或环境贴图的无光对象。也可以从场景中的非隐藏对象中接收投射在照片上的阴影。使用此技术，通过在背景中建立隐藏代理对象并将它们放置于简单形状对象前面，可以在背景上投射阴影。

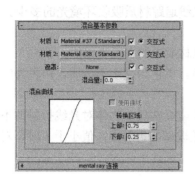  

图 7-9　　　　　　　　　　图 7-10　　　　　　　　　　图 7-11

按 M 键打开"材质编辑器"，在"材质/贴图浏览器"面板中双击"无光/投影"材质，在活动"视图"中双击"无光/投影"材质名称即可进入"无光/投影"材质设置面板，如图 7-11 所示。

5. 光线跟踪材质

"光线跟踪"材质是一种比"标准"材质更高级的材质类型，它不仅包括了"标准"材质具备的全部特性，还可以创建真实的反射和折射效果，并且还支持雾、颜色浓度、半透明、荧光等其他特殊效果，如图 7-12 所示为玻璃效果。

当光线在场景中移动时，通过跟踪对象来计算材质颜色，这些光线可以穿过透明对象，在光亮的材质上反射，得到逼真的效果。光线跟踪材质产生的反射和折射的效果要比光线追踪贴图更逼真，但渲染速度会变得更慢。

图 7-12

按 M 键打开"材质编辑器"，在"材质/贴图浏览器"面板中双击"光线跟踪"材质，在活动"视图"中双击"光线跟踪"材质名称即可进入"光线跟踪"材质设置面板，如图 7-13 所示。

"光线跟踪基本参数"卷展栏功能介绍如下：

● 明暗处理：单击明暗处理方式下拉列表框，会发现"光线跟踪"材质有 5 种明暗方式，分别是"Phong"、"Blinn"、"金属"、"Oren-Nayar-Blinn"和"各向异性"，如图 7-14 所示，这 5 种方式的属性和用法与标准材质中的相同。

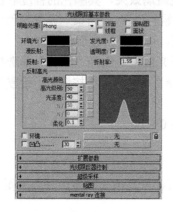 

图 7-13　　　　　　　　　　　　图 7-14

- 环境光：与标准材质不同，此处的阴影色将决定光线追踪材质吸收环境光的多少。
- 漫反射：决定物体高光反射的颜色。
- 发光度：依据自身颜色来规定发光的颜色。同标准材质中的自发光相似。
- 透明度：光线追踪材质通过颜色过滤表现出的颜色。黑色为完全不透明，白色为完全透明。
- 折射率：决定材质折射率的强度。准确调节该数值能真实反映物体对光线折射的不同折射率。值为 1 时，表示空气的折射率；值为 1.5 时，是玻璃的折射率；值小于 1 时，对象沿着它的边界进行折射。
- 反射高光组：用于设置物体反射区的颜色和范围。
- 高光颜色：用于设置高光反射的颜色。
- 高光级别：用于设置反射光区域的范围。
- 光泽度：用于决定发光强度，数值在 0～200 之间。
- 柔化：用于对反光区域进行柔化处理。
- 环境：选中时，将使用场景中设置的环境贴图；未选中时，将为场景中的物体指定一个虚拟的环境贴图，这会忽略掉在 Environment 对话框中设置的环境贴图。
- 凹凸：设置材质的凹凸贴图，与标准类型材质中"贴图"卷展栏中的"凹凸"贴图相同。

"扩展参数"卷展栏功能介绍如下：

"扩展参数"卷展栏中的参数用于对光线追踪材质类型的特殊效果进行设置，参数如图 7-15 所示。

- 附加光：这项功能像环境光一样，能用于模拟从一个对象放射到另一个对象上的光。

- 半透明：可用于制作薄对象的表面效果，有阴影投在薄对象的表面。当用在厚对象上时，可以用于制作类似于蜡烛或有雾的玻璃效果。

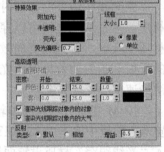

图 7-15

- 荧光和荧光偏移："荧光"使材质发出类似黑色灯光下的荧光颜色，它将引起材质被照亮，就像被白光照亮，而不管场景中光的颜色。而"荧光偏移"决定亮度的程度，1.0 表示最亮，0 表示不起作用。

- 密度和颜色：可以使用颜色密度创建彩色玻璃效果，其颜色的程度取决于对象的厚度和"数量"参数设置，"开始"参数设置颜色开始的位置，"结束"设置颜色达到最大值的距离。"雾"与"颜色"相似，都是基于对象厚度，可用于创建烟状效果。

- 反射选项组：决定反射时漫反射颜色的发光效果。选择"默认"单选按钮时，反射被分层，把反射放在当前漫反射颜色的顶端；选择"相加"单选按钮时，给漫反射颜色添加反射颜色。

- 增益：用于控制反射的亮度，取值范围为 0～1。

7.3.2 VRay 材质

VRay 是目前最优秀的渲染插件之一，可以说在产品渲染和室内外效果图制作中 VRay 的渲染速度和效果是数一数二的。

VRay 渲染器的材质类型较多，是 3ds Max 2012 材质系统中的标准材质，通过 VRay 材质也可以进行漫反射、反射、折射、透明、双面等基本设置，但该材质类型必需在当前渲染器类型为 VRay 时才可使用。

在进入 3ds Max 中设置使用 VRay 渲染器之前，首先介绍一下如何加载和设置 VRay 渲染器。

首先在工具栏中单击 （渲染设置）按钮，在弹出的"渲染设置"窗口中选择"公用"选项卡，单击"指定渲染器"卷展栏中"产品级"后的灰色按钮，在弹出的对话框中选择 VRay 渲染器，如图 7-16 所示。这样场景就可以使用 VRay 渲染器了，如图 7-17 所示为 VRay 的渲染设置。

图 7-18 所示为 VRay 中自带的材质类型，其中 VRayMtl、VR_材质包裹器、VR_发光材质是比较常用的。

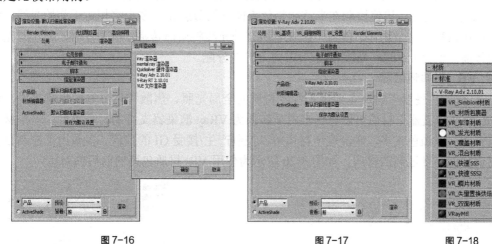

图 7-16　　　　　　　　　图 7-17　　　　　　　　　图 7-18

1. VRayMtl

"VRayMtl"材质是 VRay 渲染系统的专用材质。使用这个材质能在场景中得到更好的和正确的照明（能量分布），更快的渲染，更方便控制的反射和折射参数。在 VRayMtl 里你能够应用不同的纹理贴图，更好的控制反射和折射。

VRayMtl 材质的"基本参数"卷展栏中常用的各选项参数介绍如下：

打开材质编辑器，将材质转换为"VRayMtl"材质，看一下"基本参数"卷展栏，如图 7-19 所示。相同的命令选项设置参照前面 3ds Max 中默认材质的介绍。

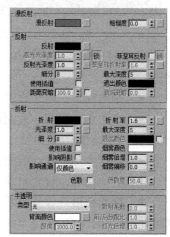

图 7-19

● 反射：设置反射颜色可以设置材质的反射效果，黑色表示没反射，白色为镜面，根据反射的情况设置反射的明暗程度。

● 反射光泽度：当该值为 0 时表示完全反射。当值为 1 时则关闭材质的反射光泽度。

● 细分：设置材质的细分，参数越高渲染的材质越细腻，参数越低渲染模型材质越粗糙。

● 菲涅尔反射：当该选项打开时，反射将具有真实世界的玻璃反射，这意味着当角度在光线和表面法线之间角度值接近 0 度时，反射将衰减。当光线几乎平行于表面时，反射可见性最大,当光线垂直于表面时几乎没反射发生。

- 折射:一个折射倍增器,可以在贴图凹槽里使用一个贴图替换这个倍增器,通过折射的明暗程度可以设置透明度,当折射为 0 时表现出水或玻璃效果等。
- 折射率:这个值确定材质的折射率。设置适当的数值能做出很好的折射效果如水、玻璃、钻石等。
- 烟雾颜色:VRay 允许用雾来填充折射的颜色。
- 烟雾倍增:雾的颜色倍增器,较小的值产生更透明的雾。
- 半透明组中的厚度:打开半透明时这个值确定半透明层的厚度。当光线跟踪深度达到这个值时,VRay 不会跟踪光线更下面的面。
- 散射系数:该值控制在半透明物体的表面下散射光线的方向。
- 前/后分配比:该值控制在半透明物体表面下的散射光线多少将相对于初始光线,向前或向后传播穿过这个物体。值为 1 意味着所有的光线将向前传播;值为 0 时,所有的光线将向后传播;值为 0.5 时,光线在前/后方向上等向分配。

2. VR_材质包裹器

"VR_材质包裹器"材质主要用于控制材质的全局光照、焦散和不可见。也就是说,通过"VR_材质包裹器"材质可以将标准材质转换为 VRay 渲染器支持的材质类型。一个材质在场景中太亮或溢色太多,嵌套这个材质可以控制产生/接受 GI 的数值。多数用于控制自发光的材质和饱和度过高的材质,如图 7-20 所示为使用 VR_材质包裹器前后的对比。

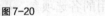
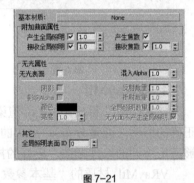

图 7-20   图 7-21

VR_材质包裹器的"VR_材质包裹器参数"卷展栏(如图 7-21 所示)中常用的各选项介绍如下:

- 基本材质:用于设置嵌套的材质。
- 产生全局照明:后面数值越大物体产生的光照效果越强。可使物体变成光源,同时也可以控制场景中的溢色。
- 接受全局照明:后面数值越大物体接受的光照效果越强,可使物体更亮。
- 产生焦散:设置材质是否产生焦散效果。
- 接收焦散:设置材质是否接收焦散效果,后面参数设置焦散的倍增,设置产生或接收焦散效果的强度。

3. VR_发光材质

"VR_发光材质"是一种自发光材质,通过设置不同的倍增值可以在场景中产生不同的明暗效果,可以用来做自发光的物件,比如灯带、电视机屏幕、灯箱等,只要你能让那物体发光就可以做,如图 7-22 所示为使用 VR_发光材质前后的对比。

VR_发光材质的"参数"卷展栏（如图 7-23 所示）中常用的各选项介绍如下：

- 颜色：用于设置发光材质的颜色，如果有贴图，则以贴图的颜色为准，此值无效。
- 倍增器：用于设置自发光材质的亮度，相当于灯光的倍增器。
- 不透明度：用于指定贴图作为自发光。
- 背面发光：用于设置材质是否两面都产生自发光。

图 7-22　　　　　　　　　　　　　　　　　　　　图 7-23

7.3.3　课堂案例——玻璃杯材质

案例学习目标：学习使用 VRayMtl 材质设置玻璃杯材质的效果。

案例知识要点：通过设置 VRayMtl 材质的反射参数使玻璃杯有反射的效果，通过设置折射参数可以设置玻璃杯模型的透明效果，通过为玻璃杯指定衰减贴图使玻璃材质的效果更加真实，完成后的效果如图 7-24 所示。

效果所在位置：随书附带光盘 \Scene\cha07\ 玻璃杯材质.max。

（1）打开"随书附带光盘\Scene\cha07\玻璃杯材质 O.max"文件，场景如图 7-25 所示。

（2）按 M 键打开材质编辑器，在菜单栏中选择"模式>精简材质编辑器"命令，将材质面板转换为以前版本中的精简模式。选择一个新的样本球，将其命名为"b 玻璃_玻璃杯"，将材质转换为"VRayMtl"材质。在"基本参数"卷展栏中的"反

图 7-24

射"组中设置"反射"的红绿蓝值均为 52，设置"细分"为 15，在"折射"组中设置"折射"的红绿蓝值均为 255，设置"细分"为 15、"折射率"为 1.5、"烟雾倍增"为 0，勾选"影响阴影"选项，如图 7-26 所示。

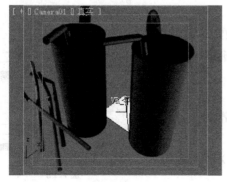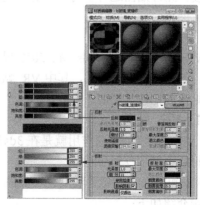

图 7-25　　　　　　　　　　　　　　　　　　　　图 7-26

（3）在"选项"卷展栏中取消勾选"雾系统单位缩放"选项，如图 7-27 所示。

（4）在"贴图"卷展栏中单击"反射"后的"None"按钮，在弹出的"材质/贴图浏览器"中选择"衰减"贴图，进入"衰减"贴图设置面板，在"衰减参数"卷展栏中设置第一个色块的红绿蓝值均为 8，设置第二个色块的红绿蓝值均为 96，如图 7-28 所示。

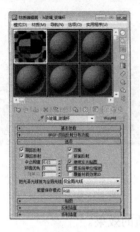
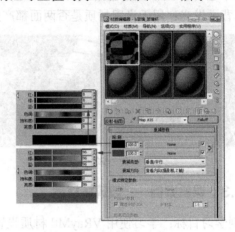

图 7-27　　　　　　　　　　　　图 7-28

（5）单击 （转到父对象）按钮返回主材质面板，在场景中选择需要指定材质的两个玻璃杯模型，在"材质编辑器"中单击 （将材质指定给选定对象）按钮将材质指定给模型，渲染出的场景模型效果如图 7-24 所示。

提示

参考效果图场景：随书附带光盘\Scene\cha07\7.3.3 课堂练习——玻璃杯材质.max。

7.4 纹理贴图

　　贴图是使用二维的图像贴在物体表面或使用环境贴图作为场景的背景图像，贴图能够在不增加物体几何结构复杂程度的基础上增加物体的细节程度，它可以最大程度地提高材质的真实度，此外贴图还可以用于创建环境或灯光投影效果。

7.4.1 VRay 贴图

　　VRay 贴图类似于 3ds Max2012 贴图系统中的光线跟踪贴图，但是功能更加强大，其中 VR_贴图、VR_HDRI、VR_线框贴图是比较常用的。

1．VR_贴图

　　"VR_贴图"的主要作用就是在 3ds Max 中标准材质或第三方材质中增加反射/折射。

　　VR_贴图的"参数"卷展栏（如图 7-29 所示）中常用的各选项介绍如下：

图 7-29

- 反射：开启贴图的反射功能，同时将折射的功能关闭。
- 折射：开启贴图的折射功能。

2. VR_ HDRI

"VR_ HDRI"贴图是一种特殊的图形文件格式，它的每一个像素除了含有普通的 RGB 信息以外还包含有该点的实际亮度信息，所以它在作为环境贴图的同时，还能照亮场景，为真实再现场景所处的环境奠定了基础，如图 7-30 所示为使用"VR_ HDRI"贴图前后的效果对比。

图 7-30

下面介绍"VR_ HDRI"贴图的使用方法：

（1）在工具栏中单击 （渲染设置）按钮，在弹出的"渲染设置：VRay"面板中选择"VR_基项"选项卡，在"V-Ray 环境"卷展栏中打开"全局照明环境（天光）覆盖"，为其指定"VR_ HDRI"贴图，打开"反射/折射环境覆盖"，在"全局照明环境（天光）覆盖"组中实例复制"VR_ HDRI"贴图，如图 7-31 所示。

（2）按 M 键打开材质编辑器，将"VR_ HDRI"贴图实例复制到一个新的样本球上，在"参数"卷展栏中选择"贴图类型"为球体，如图 7-32 所示。

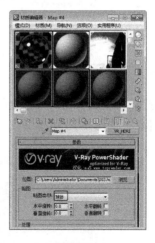

图 7-31   图 7-32

3. VR_线框贴图

"VR_线框贴图"可以制作白膜线框效果，如图 7-33 所示。

下面介绍"VR_线框贴图"的使用方法：

（1）打开"渲染设置"面板，在"VR_基项"选项卡的"V-Ray 全局开关"卷展栏中勾选"替代材质"选项，单击后面的"None"按钮，在弹出的"材质/贴图浏览器"对话框中选择"VRayMtl"材质，单击"确定"按钮，如图 7-34 所示。

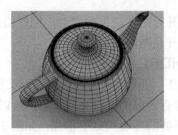

图 7-33

 提示

替代材质可以用指定的替代材质替代场景所有模型的材质，一般在测试渲染的时候该选项比较常用，其实现了减少反射和折射的缓存，并对场景进行快速渲染，快速看到场景的层次效果。

图 7-34

（2）打开材质编辑器，将指定的替代材质拖曳到新的材质样本球上，在弹出的对话框中选择"实例"，如图 7-35 所示。

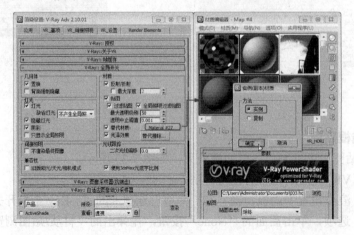

图 7-35

（3）在"基本参数"卷展栏中将"漫反射"的颜色设置为白色，如图 7-36 所示。

（4）单击"漫反射"后的灰色按钮，为漫反射指定"VR_线框贴图"，进入"VR_线框贴图"设置面板，在"VR_线框贴图参数"卷展栏中设置色块的颜色为黑色，如图 7-37 所示。对场景进行渲染即可得到线框图。

"VR_线框贴图参数"卷展栏中常用的各选项介绍如下：

- 颜色：设置线框的颜色。
- 隐藏边线：开启该选项后可以渲染隐藏的边。
- 厚度：设置边框的精细。
- 世界单位：使用世界单位设置线框的宽度。
- 像素：使用像素单位设置线框的宽度。

图 7-36　　　　　　　　　　　　　图 7-37

7.4.2　贴图坐标

贴图在空间上是有方向的，当为对象指定一个二维贴图材质时，对象必须使用贴图坐标。贴图坐标指明了贴图投射到材质上的方向，以及是否被重复平铺或镜像等，它使用 UVW 坐标轴的方式来指明对象的方向。

在贴图通道中选择纹理贴图后，材质编辑器会进入纹理贴图的编辑参数，二维贴图与三维贴图的参数窗口非常相似，大部分参数都是相同的，如图 7-38 所示。下图分别是"位图"和"噪波"贴图的编辑参数。

图 7-38

- 偏移：在选择的坐标平面中移动贴图的位置。
- 瓷砖：设置沿着所选坐标的方向贴图被平铺的次数。
- 镜像：设置是否沿着所选坐标轴镜像贴图。
- 瓷砖复选框：激活或禁用贴图平铺。

- 角度：设置贴图沿着各个坐标轴方向旋转的角度。
- 旋转：单击此按钮，打开一个旋转贴图对话框，可以对贴图的旋转进行控制。
- 模糊：根据贴图与视图的距离来模糊贴图。
- 模糊偏移：用于对贴图增加模糊效果，但是它与距离视图远近没有关系。
- UV > VW > WU：用于选择 2D 贴图的坐标平面，默认为 UV 平面，VW 和 WU 平面都与对象表面垂直。

通过贴图坐标参数的修改，可以使贴图在形态上发生改变，如表 7-1 所示。

表 7-1

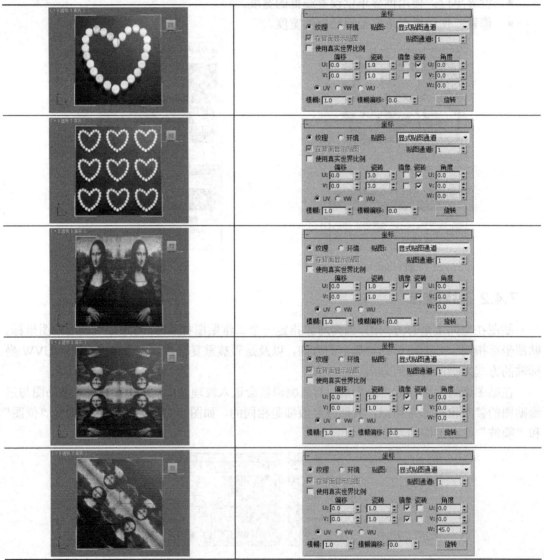

7.4.3 二维贴图

二维贴图是使用二维的图像贴在物体表面或使用环境贴图为场景创建背景图像，其他二维贴图都属于程序贴图。程序贴图是由计算机生成的贴图图像效果。

3ds Max 中比较常用的默认二维贴图有位图、棋盘格、渐变等贴图。

1. 位图

位图贴图是最简单也是最常用的二维贴图，它是在物体表面形成一个平面的图案。位图支持包括 JPG、TIF、TGA、BMP 的静帧图像以及 AVI、FLC、FLI 等动画文件。

打开材质编辑器，选择样本球，在"贴图"卷展栏中单击"漫反射颜色"后的"None"按钮，在弹出的"材质/贴图浏览器"窗口中双击"位图"选项，在弹出的"选择位图图像文件"窗口中选择贴图文件，进入"位图"的设置面板，如图 7-39 所示。

图 7-39

"位图参数"卷展栏中的各选项功能介绍如下：

● 位图：用于设定一个位图，选择的位图文件名称将出现在按钮上面，需要改变位图文件也可以单击该按钮重新选择。

● 重新加载：单击此按钮将重新载入所选的位图文件。

● 过滤：过滤选项组用于选择对位图应用反走样的计算方法。有四棱锥、总面积和无三个选项可以选择。"总面积"选项要求更多的内存，但是会产生更好的效果。

● RGB 通道输出：该选项组使位图贴图的 RGB 通道是彩色的，Alpha 作为灰度选项基于 Alpha 通道显示灰度级色调。

● Alpha 来源：该选项组用于控制在输出 Alpha 通道组中的 Alpha 通道的来源。

● 图像 Alpha：以位图自带的 Alpha 通道作为来源。

● RGB 强度：将位图中的颜色转换为灰度色调值并将它们用于透明度。黑色为透明，白色为不透明。

● 无（不透明）：不适用不透明度。

● 裁剪/放置：该选项组用于裁剪或放置图像的尺寸。裁剪也就是选择图像的一部分区域，它不会改变图像的缩放。放置是在保持图像完整的同时进行缩放。裁剪和放置只对贴图有效，并不会影响图像本身。

● 应用：启用/禁用裁剪或放置设置。

● 查看图像：单击此按钮，将打开一个虚拟缓冲器，用于显示和编辑要裁剪或放置的图像。

● 裁剪：选中时，表示对图像进行裁剪操作。

● 放置：选中时，表示对图像进行放置操作。

● U/V：调节图像的坐标位置。

● W/H：调节图像或裁剪区的宽度和高度。

● 抖动放置：当选中放置时，它使用一个随机值来设定放置图像的位置，在虚拟缓冲器窗口中设置的值将被忽略。

2. 棋盘格

"棋盘格"贴图类型是一种程序贴图，可以生成两种颜色的方格图像，如果使用了重复平铺则与棋盘相似，如图 7-40 所示。

打开材质编辑器，选择样本球，为"漫反射"指定"棋盘格"贴图，进入"棋盘格"贴图设置面板，如图 7-41 所示。

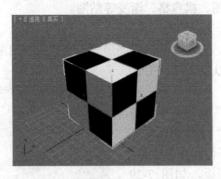

图 7-40

图 7-41

"棋盘格"贴图的参数非常简单，可以自定义颜色和贴图。

- 柔化：用于模糊柔和方格之间的边界。
- 交换：用于交换两种方格的颜色。使用后面的颜色样本可以为方格设置颜色，还可以单击后面的按钮来为每个方格指定贴图。

3. 渐变

"渐变"贴图可以混合 3 种颜色以形成渐变效果，如图 7-42 所示。

打开材质编辑器，选择样本球，为"漫反射"指定"渐变"贴图，进入"渐变"贴图的设置面板，如图 7-43 所示。

图 7-42

图 7-43

"渐变参数"卷展栏中各选项功能介绍如下：

- 颜色#1~3：设置渐变所需的 3 种颜色，也可以为它们指定一个贴图。颜色#2 用于设置两种颜色之间的过渡色。
- 颜色 2 位置：设定颜色 2（中间颜色）的位置，取值范围 0~1.0。当值为 0 时，颜色 2 取代颜色 3；当值为 1 时，颜色 2 取代颜色 1。
- 渐变类型：设定渐变是线性方式还是从中心向外的放射方式。
- 噪波："噪波"选项组用于应用噪波效果。
- 数量：当值大于 0 时，给渐变添加一个噪波效果。有规则、分形和湍流 3 种类型可以选择。
- 大小：用于缩放噪波的效果，Phase 控制设置动画时噪波变化的速度，Levels 设定噪波函数应用的次数。
- 噪波阈值："噪波阈值"选项组用于在高与低中设置噪波函数值的界限，平滑参数使噪波变化更光滑，值为"0"表示没有使用光滑。

7.4.4　三维贴图

三维贴图属于三维程序贴图，它是由数学算法生成的，属于这一类的贴图类型最多，在三维空间中贴图使用最频繁。当投影共线时，它们紧贴对象并且不会像二维贴图那样发生褶皱，而是均匀覆盖一个表面。如果对象被切掉一部分，贴图会沿着剪切的边对齐。

3ds Max 中比较常用的默认三维贴图有衰减、噪波等贴图方式。

1. 衰减

"衰减"贴图用于表现颜色的衰减效果。"衰减"贴图定义了一个灰度值，是以被赋予材质的对象表面的法线角度为起点渐变的。通常把"衰减"贴图用在"不透明度"贴图通道，用于对对象的不透明程度进行控制，如图 7-44 所示。

选择"衰减"贴图后，材质编辑器中会显示"衰减"贴图的设置面板，如图 7-45 所示。

图 7-44　　　　　　　　　　　　　　　　图 7-45

"衰减参数"卷展栏介绍如下：

- 前:侧：两个色块用于设置进行衰减的两种颜色，当选择不同的衰减类型时，其代表的意思也不同。在后面的数值框中可设定颜色的强度，还可以为每种颜色指定纹理贴图。
- 衰减类型：用于选择衰减类型，包括垂直/平行、朝向/背离、Fresnel（基于折射率）、阴影/灯光和距离混合，如图 7-46 所示。
- 衰减方向：用于选择衰减的方向，包括查看方向（摄影机 Z 轴）、摄像机 X/Y 轴、对象、局部 X/Y/Z 轴和世界 X/Y/Z 轴等，如图 7-47 所示。

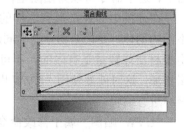

图 7-46　　　　　　　　　　图 7-47　　　　　　　　　　图 7-48

"混合曲线"卷展栏用于精确地控制衰减所产生的渐变，如图 7-48 所示。

在混合曲线控制器中可以为渐变曲线增加控制点、移动控制点位置等，与其他曲线控制器的操作方法相同。

2. 噪波

"噪波"贴图可以使物体表面产生起伏而不规则的噪波效果，在建模中经常会在"凹凸"贴图通道中使用，如图 7-49 所示。

在贴图通道中选择"噪波"贴图后，材质编辑器中会显示"噪波"贴图的设置面板，如图 7-50 所示。

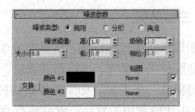

图 7-49 图 7-50

"噪波参数"卷展栏中的各选项功能介绍如下：

- 噪波类型：可分为规则、分形和湍流 3 种类型，如图 7-51 所示。

（a）规则 （b）分形 （c）湍流

图 7-51

- 噪波阈值：通过高/低值来控制两种颜色的限制。
- 大小：用于控制噪波的大小。
- 级别：用于控制分形运算时迭代的次数，数值越大，噪波越复杂。
- 颜色#1/2：分别设置噪波的两种颜色，也可以指定为两个纹理贴图。

在其他纹理贴图的参数卷展栏中都会有噪波的参数，可见噪波是一种非常重要的贴图类型。

7.4.5 UVW 贴图

对纹理贴图的坐标进行编辑，还有一个更快捷、直观的方法——"UVW 贴图"修改器命令，这个命令可以为贴图坐标的设定带来更多的灵活性。

在建模中会经常遇到这样的问题，同一种材质要赋予不同的物体，要根据物体的不同形态调整材质的贴图坐标。由于材质球数量是有限的，不可能按照物体的数量分别编辑材质，这时就要使用"UVW 贴图"修改器对物体的贴图坐标进行编辑。

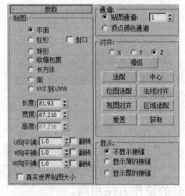

"UVW 贴图"属于修改命令的一种，在修改命令的下拉列表框中就可以选择使用。首先在视图中创建一个物体，赋予物体材质贴图，在修改命令面板中选择"UVW 贴图"修改器，其参数面板如图 7-52 所示。

"参数"卷展栏中的各选项功能介绍如下：

图 7-52

（1）贴图选项组

- 贴图类型：用于确定如何给对象应用 UVW 坐标，共有 7 个选项。
- 平面：该贴图类型以平面投影方式向对象上贴图。它适合于平面的表面，如纸和墙等。
- 柱形：此贴图类型使用圆柱投影方式向对象上贴图，例如螺丝钉、钢笔、电话筒和药瓶都适用于圆柱贴图，如图 7-53 所示。

- 封口：勾选此复选框后，圆柱的顶面和底面放置的是平面贴图投影，如图 7-54 所示。

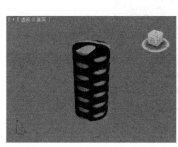
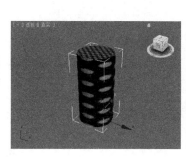

图 7-53　　　　　　　　　　　　　　　　　　　　图 7-54

- 球形：该类型围绕对象以球形投影方式贴图，会产生接缝。在接缝处，贴图的边汇合在一起，如图 7-55 所示。
- 收缩包裹：像球形贴图一样，它使用球形方式向对象投影贴图，但是收缩包裹将贴图所有的角拉到一个点，消除了接缝，只产生一个奇异点，如图 7-56 所示。

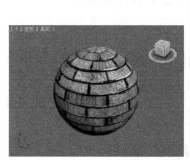
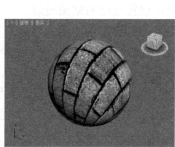

图 7-55　　　　　　　　　　　　　　　　　　　　图 7-56

- 长方体：以 6 个面的方式向对象投影。每个面是一个"平面"贴图。面法线决定不规则表面上贴图的偏移，如图 7-57 所示。
- 面：该类型为对象的每一个面应用一个平面贴图。其贴图效果与几何体面的多少有很大关系，如图 7-58 所示。

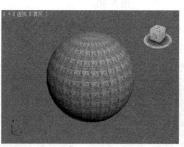

图 7-57　　　　　　　　　　　　　　　　　　　　图 7-58

- XYZ 到 UVW：此类贴图设计用于三维贴图，可以使三维贴图"粘贴"在对象的表面上，如图 7-59 所示。此种贴图方式的作用是使纹理和表面相配合，表面拉长，贴图也会随之拉长。

图 7-59

- 长度、宽度、高度：分别指定代表贴图坐标的 Gizmo 物体的尺寸。
- U/V/W 方向平铺：分别设置三个方向上贴图的重复次数。
- 翻转：将贴图方向进行前后翻转。

（2）通道选项组

系统为每个物体提供了 99 个贴图通道。默认使用的通道为 1，使用此选项组，可将贴图发送到任意一个通道中。通过通道用户可以为一个表面设置多个不同的贴图。

- 贴图通道：设置使用的贴图通道。
- 顶点颜色通道：指顶点使用的通道。

单击修改命令堆栈中"UVW 贴图"命令左侧的加号图标，可以选择"UVW 贴图"命令的子层级命令，如图 7-60 所示。

"Gizmo"套框命令可以在视图中对贴图坐标进行调节，将纹理贴图的接缝处的贴图坐标对齐。启用该子命令后，物体上会显示黄色的套框，如图 7-61 所示。

图 7-60

图 7-61

利用移动、旋转、缩放工具都可以对贴图坐标进行调整，套框也会随之改变，如图 7-62 所示。

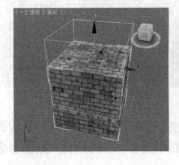

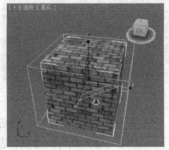

图 7-62

7.5 课堂练习——多维子材质

练习知识要点：通过可编辑多边形修改器为模型分配 ID，通过多维/子对象材质分别为相应的 ID 设置材质，完成后的效果如图 7-63 所示。

效果所在位置：随书附带光盘\Scene\cha07\多维子材质.max。

图 7-63

7.6 课后习题——红酒、玻璃材质

习题知识要点：使用 VR_材质包裹器和 VRayMtl 材质结合设置玻璃材质，其中 VR_材质包裹器是控制该材质自身的曝光和溢色的控制材质，主要通过 VRayMtl 材质的反射和折射参数设置出玻璃的效果；红酒和玻璃材质设计基本相同，只是设置了烟雾颜色，烟雾颜色通过烟雾倍增设置红酒颜色的强弱或深浅，完成后的效果如图 7-64 所示。

效果所在位置：随书附带光盘\Scene\cha07\红酒、玻璃材质.max。

图 7-64

3ds Max 2012

8 Chapter

第 8 章
灯光和摄像机及环境特效
的使用

使用灯光的主要目的是对场景产生照明、烘托场景气氛和产生视觉冲击，产生照明是由灯光的亮度决定的，烘托气氛是由灯光的颜色、衰减和阴影决定的，产生视觉冲击是结合前面的建模和材质并配合灯光摄影机的运用来实现的。

一幅好的效果图需要好的观察角度，让人一目了然，因此调节摄影机是进行工作的基础。

课堂学习目标

* 场景的布光
* 摄影机的创建

8.1　灯光的使用和特效

灯光的重要作用是配合场景营造气氛，所以应该和所照射的物体一起渲染来体现效果，如果将暖色的光照射在冷色调的场景中，就会让人感到不舒服了。

8.1.1　标准灯光

3ds Max 2012 中灯光可以分为标准、光度学和 VRay 三种类型。标准灯光是 3ds Max 的传统灯光，系统提供了 8 种标准灯光，分别是：目标聚光灯、Free Spot、目标平行光、自由平行光、泛光灯和天光，还有两种新增的灯光物体 mr 区域泛光灯和 mr 区域聚光灯，如图 8-1 所示。

下面分别对标准灯光进行简单介绍。

图 8-1

1. 目标聚光灯

目标聚光灯产生锥形的照明区域，在照射区以外的对象不受灯光影响。"目标聚光灯"投射点和目标点两个图标均可调，方向性非常好，加入投影设置可以产生优秀的静态仿真效果，缺点是在进行动画照射时不易控制方向，两个图标的调节经常使发射范围改变，也不易进行跟踪照射。"目标聚光灯"在静态场景中主要作为主光源进行设置。

创建目标聚光灯的步骤：

（1）选择"目标聚光灯"工具，在场景中拖动，拖动的初始点是聚光灯的位置，释放鼠标的点就是目标位置，如图 8-2 所示。

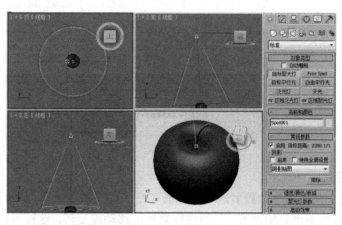

图 8-2

（2）在"参数"卷展栏中设置聚光灯的参数。

（3）使用" ✥ （选择并移动）"工具，在场景中调整目标聚光等的位置和角度。

2. Free Spot（自由聚光灯）

"Free Spot（自由聚光灯）"产生锥形的照明区域，它其实是一种受限制的目标聚光灯，如图 8-3 所示。因为只能控制它的整个图标，而无法在视图中对发射点和目标点分别调节，它的优点是不会在视图中改变投射范围，投射一些动画的灯光，如摆晃的船桅等、晃动的手电筒，舞台上的投射灯等。

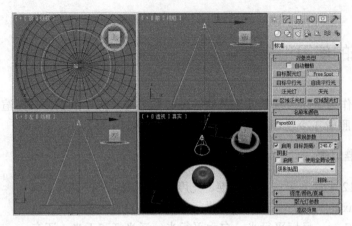

图 8-3

3. 目标平行光

"目标平行光"产生单方向的平行照射区域，它与目标聚光灯的区别是照射区域呈圆柱形或矩形，而不是锥形。平行光的主要用途是模拟阳光照射，对于户外场景尤为适用，如果制作体积光源，它可以产生一个光柱，常用来模拟探照灯、激光光束等特殊效果。与目标聚光灯一样，它也被系统自动指定一个目标点，可以在运动面板中改变注视目标。如图 8-4 所示，场景中只有一盏目标聚光灯。

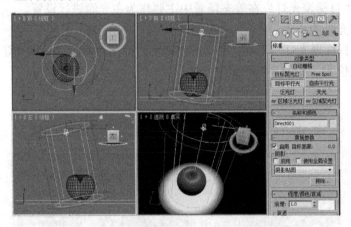

图 8-4

4. 自由平行光

"自由平行光"产生平行的照射区域。它其实是一种受限制的目标平行光，在视图中，它的投射点和目标点不可分别调节，只能进行整体的移动或旋转，这样可以保证照射范围不发生改变。如果你对灯光的范围有固定要求，尤其是在灯光的动画中，这是一个非常优秀的选择。

5. 泛光灯

"泛光灯"为正八面体图标，向四周发散光线。标准的泛光灯用来照亮场景，它的优点是易于建立和调节，不用考虑是否有对象在范围外部被照射，缺点是不能创建太多，否则效果显得平淡而无层次，泛光灯的参数与聚光灯参数大致相同。它与聚光灯的差别在于照射范围，一盏投影泛光灯相当于 6 盏聚光灯所产生的效果。另外，泛光灯还常用来模拟灯泡、台灯等光源对象。

6．天光

"天光"可以模拟日照效果，如图 8-5 所示。在 3ds Max 中，有好几种模拟日照效果的方法，但如果配合"光跟踪器"渲染方式的话，"天光"对象往往能产生最生动的效果，如图 8-6 所示。

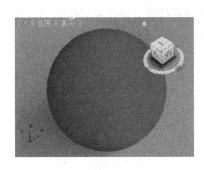

图 8-5

图 8-6

7．mr 区域泛光灯和 mr 区域聚光灯

"mr 区域泛光灯"在使用 mental ray 渲染器时可以模拟球形或圆柱形灯光的照射效果，产生照明和阴影效果。当使用 3ds Max 的默认扫描线渲染时，虽然也可以产生照明效果，但它的功能等同于标准泛光灯，只能得到点光源的照明效果。

"mr 区域聚光灯"在使用 mental ray 渲染器进行渲染时，可以从矩形或圆形区域发射光线，产生柔和的照明和阴影。而在使用 3ds Max 默认扫描线渲染时，其效果等同于标准的聚光灯。

8.1.2　标准灯光的参数

下面介绍标准灯光的一些公用参数。

1．常规参数

图 8-7

"常规参数"卷展栏可控制灯光的开启与关闭，排除或包含场景中的对象，选择阴影方式。在修改命令面板中"常规参数"卷展栏中还有控制灯光目标对象，改变灯光类型。如图 8-7 所示，"常规参数"卷展栏的各选项功能介绍如下：

- 灯光类型：用于改变当前灯光的类型，可以在列表中选择。
- 启用：设置灯光的开关。如果暂时不需要此灯光的照射，可以先关闭该灯光。
- 目标：勾选时，灯光作为目标灯，投射点与目标点之间的距离显示在右侧的复选框中。对于自由灯，通过设置该参数来限定照射范围；对于目标灯，可以在视图中通过调节透射点或目标点来改变照射范围，或先取消该选项的勾选，然后通过右侧的数值来改变照射范围。
- 阴影：从中设置阴影属性。
- 启用：勾选该选项可以启用阴影。
- 使用全局设置：勾选此项，将会把下面的阴影参数应用到场景中的全部投影灯上。

- 阴影类型下拉列表框：在 3ds Max 中产生的阴影有高级光线追踪、mental ray 阴影贴图、区域阴影、阴影贴图、光线跟踪阴影、VRayshadow、VR_阴影贴图 7 种类型。
- 排除：指定对象不受灯光的照射影响。图 8-8 所示为正常场景照射，单击"排除"按钮，在弹出的"排除包含"对话框中选择不需要照射的模型，单击 按钮，将其指定到右侧的排除列表中，如图 8-9 所示，在渲染场景中可以看到被排除照射的灯光变黑了，如图 8-10 所示。系统默认使用的是"排除"灯光模型，所以在右侧对话框中的对象都会被排除当前灯光的照明或投影；但如果选择了对话框右上角的"包含"模式，所有在右侧对话框中的对象将成为受此灯光单独照明或投影的对象，而左侧对话框中的所有对象都不会受此灯光的任何影响，如图 8-11 所示。在右侧对象栏的上方还可以设置排除、包含和以什么方式排除、包含。

图 8-8　　　　　　　　　　　　　　　　　　　　　　图 8-9

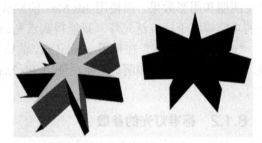

图 8-10　　　　　　　　　　　　　　　　　　　　　　图 8-11

2. 阴影参数

如图 8-12 所示，"阴影参数"卷展栏的各选项功能介绍如下：

- 颜色：显示颜色选择器以便选择此灯光投影的阴影的颜色。默认颜色为黑色。
- 密度：调整阴影的密度。如图 8-13 所示，从左到右的阴影密度依次为 2、1、0.5。
- 贴图：启用该复选框可以使用贴图按钮指定的贴图。将贴图指定给阴影。贴图颜色与阴影颜色混合起来。

图 8-12　　　　　　　　　　　　　　　　　　　　　　图 8-13

- 灯光影响阴影颜色：启用此选项后，将灯光颜色与阴影颜色（如果阴影已设置贴图）混合起来。
- 大气阴影：使用这些控制，诸如体积雾这样的大气效果也投影阴影。
- 启用不透明度：启用此选项后，大气效果如灯光穿过它们一样投影阴影。调整阴影的不透明度，此值为百分比。
- 颜色量：调整大气颜色与阴影颜色混合的量。

3. 聚光灯参数

当用户创建了目标聚光灯、自由聚光灯或是以聚光灯方式分布的光学灯光对象后，就会出现"聚光灯参数"卷展栏，用于控制灯光的聚光区和衰减区，如图 8-14 所示，"聚光灯参数"卷展栏的各选项功能介绍如下：

- 光锥：这些参数控制聚光灯的聚光区/衰减区。
- 显示光锥：启用或禁用圆锥体的显示。
- 泛光化：启用泛光化后，灯光在所有方向上投影灯光。但是，投

影和阴影只发生在其衰减圆锥体内。

- 聚光区/光束：调整灯光聚光区的角度。聚光区值以度为单位进行

图 8-14

测量。

- 衰减区/区域：调整灯光衰减区的角度。衰减区值以度为单位进行测量。
- 圆、矩形：确定聚光区和衰减区的形状。如果想要一个标准圆形的灯光，应设置为"圆"。如果想要一个矩形的光束（如灯光通过窗户或门口投影），应设置为"矩形"。
- 纵横比：设置矩形光束的纵横比。使用位图适配按钮可以使纵横比匹配特定的位图。
- 位图拟合：如果灯光的投影纵横比为矩形，应设置纵横比以匹配特定的位图。当灯光用作投影灯时，该选项非常有用。

4. 高级效果

"高级效果"卷展栏提供影响灯光影响曲面方式的控件，也包括很多微调和投影灯的设置，如图 8-15 所示。

- 对比度：调节对象高光区与漫反射区之间表面的对比度，值为 0 时是正常效果，对有些特殊效果如外层空间中刺目的反光，需要增大对比度值，如图 8-16 所示为调整该参数的前后对比。

图 8-15

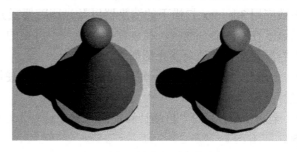

图 8-16

- 柔化漫反射边：增加柔化漫反射边的值可以柔化曲面的漫反射部分与环境光部分之间的边缘。
- 漫反射：启用此选项后，灯光将影响对象曲面的漫反射属性。禁用此选项后，灯光在漫反射曲面上没有效果。

- 高光反射：启用此选项后，灯光将影响对象曲面的高光属性。禁用此选项后，灯光在高光属性上没有效果。
- 仅环境光：启用此选项后，灯光仅影响照明的环境光组件。

如图 8-17 所示，从左到右依次为只启用了"漫反射"、"高光反射"和"仅环境光"选项后的效果。

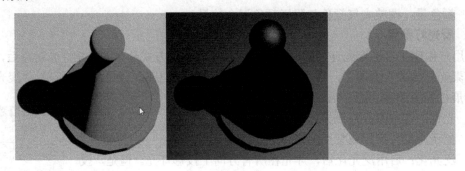

图 8-17

- 投影贴图：使用这些控件制作投影。"贴图"用于投影的贴图。如图 8-18 所示，左侧为指定的贴图，右侧为渲染的效果。

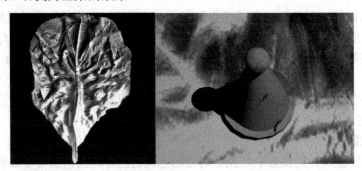

图 8-18

5. mental ray 间接照明

在该卷展栏下的参数用于 mental ray 渲染器对间接照明（即全局照明和焦散）进行控制。通过设置光子的数量、能量等参数就可以调节全局光照明和/或焦散的精度和强度。该卷展栏的参数应用 3ds max 扫描下的渲染器以及光跟踪器或光能传递进行渲染不起作用，且该卷展栏只显示在修改命令面板，在创建面板中是不可见的。如图 8-19 所示，"mental Ray 间接照明"卷展栏的各选项功能介绍如下：

- 自动计算能量与光子：勾选此项，mental Ray 使用全局间接照明设置进行渲染。
- 全局倍增：只有"自动计算能量与光子选项"勾选时，该参数组才有效。
- 能量：光子能量倍增系数，默认为 1。
- 焦散光子：产生焦散的光子数量倍增系数，默认为 1。
- GI 光子：产生全局照明的光子数量倍增系数，默认为 1。
- 手动设置：只有在"自动计算能量与光子"勾选时，该参数才有效。

图 8-19

- 启用：勾选此项，灯光可以产生间接照明。

- 能量：定义间接照明中的光能强度。该参数与直接照明强度是相互独立的，它只影响全局照明和焦散的强度。
- 衰退：距离光源越远，光子的能量越小，该参数定义光子能量衰退的速度，值越大，能量衰退越快。
- 焦散光子：灯光发射出的用于产生焦散的光子能量。值越高产生越精细的焦散效果，但是会增加内存占用和渲染时间。
- GI 光子：灯光发射出的用于产生全局照明的光子数量，越高的值会产生越精细的全局照明效果，但是会增加内存占用和渲染时间。

6. mental ray 灯光明暗器

只有在"首选项"设置面板的 mental ray 选项卡下勾选"启用 mental ray 扩展"选项时，如图 8-20 所示，才会出现此卷展栏，并且此卷展栏不会在创建面板中出现，只出现在修改命令面板中，如图 8-21 所示。在这里可以将 mental ray 明暗器指定给灯光，但 mental ray 灯光明暗器只适用于 mental ray 渲染器。

当启用 mental ray 灯光明暗器，使用 mental ray 渲染器进行渲染时，灯光的照明效果包括亮度、颜色、阴影等，将由灯光明暗器控制，如果要调节灯管的效果，可以将灯光明暗器调入到材质编辑面板中进行编辑。

7. 强度/颜色/衰减

使用"强度/颜色/衰减"卷展栏可以设置灯光的颜色和强度，也可以定义灯光的衰减。如图 8-22 所示，"强度/颜色/衰减"卷展栏的各选项功能介绍如下：

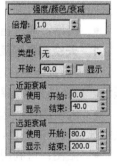

图 8-20　　　　　　　　　　图 8-21　　　　　　　　　图 8-22

- 倍增：将灯光的功率放大一个正或负的量。如果将倍增设置为 2，灯光将亮两倍。负值可以减去灯光，这对于在场景中有选择地放置黑暗区域非常有用。
- 色块：显示灯光的颜色。单击色样将显示颜色选择器，用于选择灯光的颜色。
- 衰退：衰退是使远处灯光强度减小的另一种方法。
- 类型：选择要使用的衰退类型；无：不应用衰退，从其源到无穷大灯光仍然保持全部强度，除非启用远距衰减；"反向"：应用反向衰退；"平方反比"：应用平方反比衰退。
- 开始：衰退开始的点取决于是否使用衰减。
- 显示：在视口中显示远距衰减范围设置。

- 使用：启用灯光的近距衰减。
- 开始：设置灯光开始淡入的距离。
- 显示：在视口中显示近距衰减范围设置。对于聚光灯，衰减范围看起来好像圆锥体的镜头形部分。对于平行光，范围看起来好像圆锥体的圆形部分。
- 结束：设置灯光达到其全值的距离。
- 远距衰减：设置远距衰减范围可有助于大大缩短渲染时间。

8. 大气和效果

"大气和效果"卷展栏中的各选项功能介绍如下（如图 8-23 所示）：

- 添加：显示添加大气或效果对话框，使用该对话框可以将大气或渲染效果添加到灯光中。
- 删除：删除在列表中选定的大气或效果。
- 设置：使用此选项可以设置在列表中选定的大气或渲染效果。

图 8-23

8.1.3　天光的特效

天光在标准灯光中是比较特殊的一种灯光，主要用于模拟自然光线，能表现全局光照的效果。在真实世界中，由于空气中存在灰尘等介质，即使阳光照不到的地方也不会觉得暗，物体也能够看到。但在 3ds Max 2012 中，光线就好像在真空中一样，光照不到的地方是黑暗的，所以在创建灯光时，一定要让光照射在物体上。

天光可以不考虑位置和角度，在视图中任意位置创建，都会有自然光的效果。下面先来介绍天光的参数。

执行"（创建）>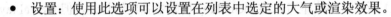（灯光）>天光"命令，在任意视图中单击鼠标左键，即可创建一盏天光。"天光参数"卷展栏显示天光的参数，如图 8-24 所示。

- 启用：用于打开或关闭天光。选中该复选框，将在阴影和渲染计算的过程中利用天光来照亮场景。
- 倍增：通过指定一个正值或负值来放大或缩小灯光的强度。

1. 天空颜色选项组

使用场景环境：选中该选项，将利用"环境和效果"对话框中的环境设置来设定灯光的颜色。只有当光线追踪处于激活状态时该设置才有效。

- 天空颜色：选中该选项，可通过单击颜色样本框以显示"颜色选择器"对话框，并从中选择天光的颜色，一般使用天光保持默认的颜色即可。
- 贴图：可利用贴图来影响天光的颜色，复选框用于控制是否激活贴图，右侧的微调器用于设置使用贴图的百分比，小于 100%时，贴图颜色将与天空颜色混合，None 按钮用于指定一个贴图。只有当光线追踪处于激活状态时贴图才有效。

2. 渲染选项组

- 投影阴影：选中复选框时，天光可以投射阴影，默认是关闭的。
- 每采样光线数：设置用于计算照射到场景中给定点上的天光的光线数量，默认值为"20"。
- 光线偏移：设置对象可以在场景中给定点上投射阴影的最小距离。

使用天光一定要注意一点：天光必须配合高级灯光使用才能起作用，否则，即使创建了天光，也不会有自然光的效果。下面先来介绍如何使用天光表现全局光照效果。操作步骤如下：

（1）执行"（创建）>（几何体）>茶壶"命令，在透视图中创建一个茶壶，单击"（创建）>（灯光）>天光"按钮，在视图中创建一盏天光，单击工具栏中的（渲染产品）按钮，渲染效果如图 8-25 所示。可以看出，渲染后的效果并不是真正的天光效果。

（2）单击工具栏中的（渲染设置）按钮，弹出"渲染设置：默认扫描线渲染器"窗口，如图 8-26 所示。

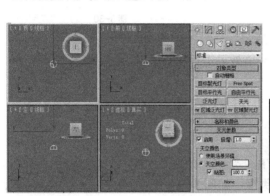

图 8-24   图 8-25   图 8-26

（3）单击"高级照明"选项卡，进入高级灯光控制面板，在下拉列表框中选择"光跟踪器"渲染器，如图 8-27 所示。

图 8-27

（4）关闭"渲染设置：默认扫描线渲染器"参数控制面板，单击（渲染产品）按钮，对视图中的茶壶再次进行渲染，天光效果如图 8-28 所示。

8.1.4 灯光的特效

在标准灯光的参数中的"大气和效果"卷展栏，用于制作灯光特效，如图 8-29 所示。

- 添加：用于添加特效，单击该按钮后会弹出"添加大气或效果"对话框，可以从中选择"体积光"和"镜头效果"，如图 8-30 所示。

图 8-28

图 8-29

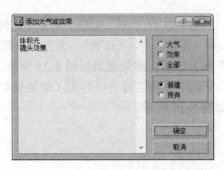

图 8-30

- 删除：删除列表框中所选定的大气效果。
- 设置：用于对列表框中选定的大气或环境效果进行参数设定。

8.2　VRay 灯光

　　VRay 中自带的灯光，系统提供了 4 种 VRay 灯光，分别是：VR_
光源、VR_IES、VR_环境光和 VR_太阳四种类型，如图 8-31 所示。

　　下面就对常用的 VRay 灯光进行简单介绍。

1. VR_光源

　　VR_光源的"参数"卷展栏中常用的各选项功能介绍如下（如图 8-32
所示）：

图 8-31

- 开：打开灯光的照射，控制灯光的开关。
- 类型：从中可以选择灯光的平面、穿顶、球体、网格体四种类型。
- 单位：从中选择以哪种单位来设置灯光的倍增。
- 倍增器：设置灯光的强弱。
- 模式：从中选择灯光的颜色和色温，通过两种参数设置灯光的颜色。
- 大小：在平面灯光的情况下显示为"半长度"和"半宽度"，通过设置该参数来确定
灯光的大小。
- 选项组：从中确定灯光的启用效果。
- 投射阴影：向物体投射阴影。
- 双面：可决定灯光的光线是否从面光源的两面发送出来，不勾选它则表示只从灯光
箭头的方向发送光线。
- 不可见：决定灯光自身能否显示，如果不勾选即可在渲染时显示灯光本身。
- 忽略灯光法线：选项可以决定是否让用户获取控制 Vray 计算发光的方法。一般是默
认的勾选状态，以得到比较平滑的渲染效果。
- 不衰减：表示光线衰减，如果该选项被选中，那么 VRay 所产生的光将不会随着距
离的增加而衰减。通常，在效果设置时都需要展现光线的衰减效果，因此应保持该参数的未
勾选状态。
- 采样组：设置灯光的采样。
- 细分：设置灯光的细分参数，细分越大渲染的灯光越细腻，用的渲染时间也较长。

图 8-32　　　　　　　　　　　　　　　　　图 8-33

2. VR_太阳

"VR_太阳参数"卷展栏中常用的各选项功能介绍如下（如图 8-33 所示）：

- 开启：阳光的开启。
- 混浊度：设置空气的混浊度，值越大，空气越不透明，光线会越暗，色调会变暖。早晨和黄昏的混浊度较大，中午的混浊度较低。有效值为 2～20。
- 臭氧：设置臭氧层的稀薄程度，值越小，臭氧层越稀薄。到达地面的光能越多，光的漫射效果越强。有效值为 0～1。
- 强度 倍增：设置阳光的强度。
- 尺寸 倍增：设置太阳的尺寸，值越大，太阳的阴影越模糊。
- 阴影 细分：设置阴影的细致程度。

8.3　摄像机的使用及特效

摄像机是制作三维场景不可缺少的重要工具，就像场景中不能没有灯光一样。3ds Max 2012 中的摄像机与现实生活中使用的摄像机十分相似，摄像机的视角、位置都可以自由调整，还可以利用摄像机的移动制作浏览动画，系统还提供了景深、运动模糊等特殊效果的制作。

8.3.1　摄像机创建

3ds Max 2010 中提供了 2 种摄像机，包括目标摄像机和自由摄像机，与前面章节中介绍的灯光有相似的地方，下面对这 2 种摄像机进行介绍。

1. 目标摄像机

目标摄像机可以将目标点链接到运动的物体上，用于表现目光跟随的效果。目标摄像机适用于拍摄下面几种画面：静止画面、漫游画面、追踪跟随画面或从空中拍摄的画面。

目标摄像机的创建方法与目标聚光灯相同，执行"█ （创建）>█ （摄影机）>目标"摄影机命令，在视图中按住鼠标左键不放并拖曳光标，在合适的位置松开鼠标左键即完成创建，如图 8-34 所示。

2. 自由摄像机

自由摄像机可以绑定在运动目标上，随目标在运动轨迹上一起运动，还可以进行跟随和倾斜。自由摄像机适合处理游走拍摄、基于路径的动画。

自由摄像机的创建方法与自由聚光灯相同，执行" ![] （创建）> ![] （摄影机）>自由摄影机"命令，直接在视图中单击鼠标左键即可完成创建，如图 8-35 所示，在创建时应该选择合适的视图。

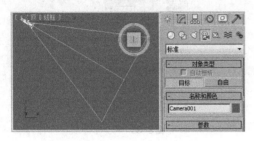
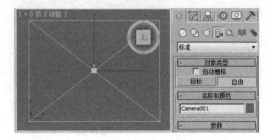

图 8-34   图 8-35

3. 视图控制工具

创建摄像机后，在任意一个视图中，按 C 键，即可将该视图转换为摄像机视图，此时视图控制区的视图控制工具也会转换为摄像机视图控制工具，如图 8-36 所示。这些视图控制工具是专用于摄像机视图的，如果激活其他视图，控制工具会转换为标准工具。

- ![] 推拉摄像机：沿着摄像机的视线移动摄像机。摄像机的视线是摄像机和它的目标点之间的连线。在移动摄像机的时候，它的镜头长度保持不变。

图 8-36

- ![] 推拉目标：沿着视线移动摄像机的目标点，镜头参数和场景构成不变，当使用目标摄像机时，可激活该按钮。

- ![] 推拉摄像机+目标点：沿着视线移动摄像机和目标点。

- ![] 透视：移动摄像机使其靠近目标点，同时改变摄像机的透视效果，从而导致镜头长度的变化。

- ![] 侧滚摄像机按钮：使摄像机绕着它的视线旋转。

- ![] 视野：拉近或推远摄像机视图，摄像机的位置不发生改变。

- ![] 环游摄像机：绕摄像机的目标点旋转摄像机。

- ![] 摇移摄像机：使摄像机的目标点绕摄像机旋转。

8.3.2 摄像机的参数

目标摄像机和自由摄像机的参数是相同的，摄像机创建后就被指定了默认的参数，但是在实际工作中经常需要改变这些参数。摄像机的参数面板如图 8-37 所示。

图 8-37

1. 参数卷展栏

- 镜头：设置摄像机的焦距长度，48mm 为标准人眼的焦距，近焦造成鱼眼镜头的夸张效果，长焦用于观测较远的景色，保证物体不变形。

- 和视野：设定摄像机的视野角度。系统默认值为 45°，是摄像机视锥的水平角，接近人眼的聚焦角度。 按钮中还有另外的隐藏按钮： 垂直和 对角，用于控制视野角度值的显示方式。
- 正交投影：选中复选框后，摄像机会以正面投影的角度面对物体进行拍摄。

备用镜头选项组提供了9种常用镜头供快速选择，只要单击它们就可以选择要使用的镜头。

- 类型：可以自由转换摄像机的类型，可以将目标摄像机转换成自由摄像机，也可以将自由摄像机转换成目标摄像机。
- 显示圆锥体：选中复选框，即使取消了这个摄像机的选定，在视图中也能够显示摄像机视野的锥形区域。
- 显示地平线：选中复选框，在摄像机视图显示一条黑色的线来表示地平线，它只在摄像机视图中显示。

剪切平面选项组：剪切平面是平行于摄像机镜头的矩形平面，以红色带交叉的矩形表示。它用于设置 3ds Max 中渲染对象的范围，在范围外的对象不会被渲染。

- 手动剪切：选中复选框，将使用下面的数值控制水平面的剪切。未选中复选框，距离摄像机 3 个单位内的对象将不被渲染和显示。
- 近/远距剪切：分别用于设置近距离剪切平面和远距离剪切平面到摄像机的距离。

多过程效果选项组参数可以对同一帧进行多次渲染。这样可以准确渲染景深和运动模糊效果。

- 启用：选中复选框，将激活多过程渲染效果和"预览"按钮。
- 预览按钮：将在摄像机视图中预览多过程效果。
- 景深效果下拉列表框：有景深 mental ray/iray、景深和运动模糊 3 种选择，默认使用景深效果。
- 渲染每过程效果：如果选中复选框，则每边都渲染如辉光等特殊效果。该选项可以适用于景深和运动模糊效果。
- 目标距离：指定摄像机到目标点的距离。可以通过改变这个距离使目标点靠近或者远离摄像机。

2. 景深参数卷展栏

如图 8-38 所示的"景深"卷展栏，该卷展栏中的参数用于调整摄像机镜头的景深效果，景深是摄像机中一个非常有用的工具，可以在渲染时突出某个物体，景深效果如图 8-39 所示。

图 8-38　　　　　　　　　　　　图 8-39

采样选项组用于设置图像的最后质量。

● 显示过程：选中复选框，当渲染时在渲染帧窗口中将显示景深的每一次渲染，这样就能够动态地观察景深的渲染情况。

● 使用初始位置：选中复选框，多次渲染中的第一次渲染将从摄像机的当前位置开始。

● 过程总数：设置多次渲染的总次数。数值越大，渲染次数越多，渲染时间就越长，最后得到的图像质量就越高，默认值为12。

● 采样半径：设置摄像机从原始半径移动的距离。在每次渲染的时候稍微移动一点摄像机就可以获得景深的效果。数值越大，摄像机移动得越多，创建的景深就越明显。

● 采样偏移：决定如何在每次渲染中移动摄像机。该数值越小，摄像机偏离原始点就越少；该数值越大，摄像机偏离原始点就越多。默认值为0.5。

过程混合选项组。当渲染多次摄像机效果时，渲染器将轻微抖动每次的渲染结果，以便混合每次的渲染。

● 规格化权重：选中复选框，每次混合都使用规格化的权重，景深效果比较平滑。

● 抖动强度：抖动是通过混合不同颜色和像素来模拟颜色或者混合图像的方法。

● 平铺大小：设置在每次渲染中抖动图案的大小，它是一个百分比值，默认值为32。扫描线渲染器参数选项组的参数可以取消多次渲染的过滤和反走样，从而加快渲染的时间。

● 禁用过滤：选中复选框，将取消多次渲染时的过滤。

● 禁用抗锯齿：选中复选框，将取消多次渲染时的反走样。

8.3.3　景深特效

摄像机不但可以用于设置观察物体的视角，还可以产生景深特效。景深特效是运用了多通道渲染效果产生的。

多通道渲染效果是指多次渲染相同的帧，每次渲染都有很小的差别，将每次渲染的效果合成一幅图，就形成了景深的效果。下面通过一个简单的例子介绍景深效果的制作，操作步骤如下：

（1）执行"■（创建）>●（几何体）>平面"命令，在"顶"视图中创建一个平面，单击"茶壶"按钮，在"顶"视图中创建一个茶壶。使用■（移动）工具，对茶壶模型进行复制，如图8-40所示。

（2）执行"■（创建）>■（摄影机）>目标"命令，在"顶"视图中按住鼠标左键不放并拖曳光标，创建一个目标摄像机，使用■（移动）工具，调整摄像机的位置和视角并将目标点移动到第一个茶壶上，如图8-41所示。激活透视图，按C键，切换为摄像机视图，单击■（渲染产品）按钮，对视图进行渲染，如图8-42所示。渲染后的茶壶全部是清晰的。

（3）在摄像机参数面板的"参数"卷展栏中，选择"多过程效果"选项组中的"启用"复选框，如图8-43所示，单击■（渲染产品）按钮，对摄像机视图进行渲染，渲染画面会由暗变亮，渲染效果如图8-44所示。后面的茶壶变得模糊了，而前面的茶壶很清晰，这只因为摄像机的目标点在前面的茶壶上。

（4）单击摄像机的目标点将其选中，使用■（移动）工具，将其移到最后一个茶壶上，单击■（渲染产品）按钮，对摄像机视图进行渲染，效果如图8-45所示，前面的茶壶变得模糊了。

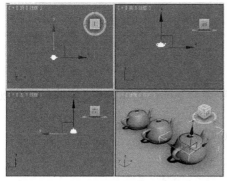

图 8-40

图 8-41

图 8-42

图 8-43

图 8-44

（5）如果觉得景深效果不够明显，可以将"景深参数"卷展栏中的"采样半径"的数值变大，单击"参数"卷展栏中的"预览"按钮，摄像机视图会发生抖动并产生景深效果，单击 🖻 （渲染产品）按钮，对摄像机视图进行渲染，效果如图 8-46 所示。

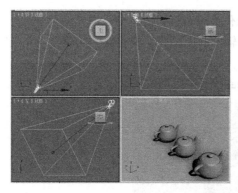

图 8-45

图 8-46

8.4 课堂练习——台灯灯效

练习知识要点：创建 VR_光源，球体灯光，调整至合适的位置和参数，完成台灯灯效的制作，如图 8-47 所示。

效果所在位置：随书附带光盘\Scene\cha08\台灯灯效.max。

图 8-47

8.5 课后习题——室内灯光效果

习题知识要点：创建 VR_光源平面灯光作为暗藏灯，创建合适的光度学目标灯光，制定 Web 特效灯，完成设置效果，结合创建一个辅助照明灯光，调整灯光的位置，完成室内灯光效果的制作，如图 8-48 所示。

效果所在位置：随书附带光盘\Scene\cha08\室内灯光效果.max。

图 8-48

9 Chapter

第 9 章
基础动画

　　本章将对 3ds Max 2012 中常用的动画工具进行讲解，如关键帧的设置、轨迹视图、运动命令面板、常用到的修改器等。读者通过本章的学习，可以了解并掌握 3ds Max 2012 基础的动画应用知识和操作技巧。

课堂学习目标
* 关键帧动画的设置
* 认识"轨迹视图"
* 运动命令面板
* 动画约束

9.1 动画概述

动画是基于人的视觉原理创建运动图像,是由一幅幅连续变化的画面所组成。帧是动画中的一个静止的画面,一个动画是由若干帧组成的,一般来说动画的播放速度在 15 帧/秒以上就给人以连续的感觉,当播放速度在 24 帧/秒以上时就可以产生连续不断的动画效果。

在 3ds Max 中,我们只需要创建记录每个动画序列的起始、结束和关键帧,在 3ds Max 中这些关键帧称作关键点。关键帧之间的播值则会由 3ds Max 自动计算完成。

在 3ds Max 可将场景中对象的任意参数进行动画记录,当对象的参数被确定后,就可通过 3ds Max 的渲染器完成每一帧的渲染工作,生成高质量的动画。

9.2 关键帧动画

使用 3ds Max 制作动画时,并不需要制作所有的帧,只需要设置出关键点处的图像,这些关键画面就称为动画的关键帧。

关键帧是动作极限位置、特征表达或重要内容的动画,关键帧动画是通过启用"自动关键点"按钮开始创建动画。它主要描述了对象的位置、旋转角度、比例缩放、变形隐藏等信息。在关键帧之间 3ds Max 会自动进行插值计算来得到若干中间帧。关键帧的设置不能太少也不能太多,太少会使动画失真,而太多又会增加计算机的处理时间和其他方面的负面影响。

9.2.1 动画控制工具

如图 9-1 所示的界面可以控制视图中的时间显示。时间控制包括时间滑块、播放按钮以及动画关键点等。

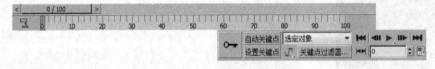

图 9-1

动画控制工具区中的各选项功能介绍如下:

* 时间滑块:移动该滑块显示当前帧号和总帧号,拖动该滑块可观察视图中的动画效果。
* ⊶ (设置关键点):在当前时间滑块处于的帧位置创建关键点。
* 自动关键点:自动关键点模式。单击该按钮呈现红色,将进入自动关键点模式,并且激活的视图边框也是以红色显示。
* 设置关键点:手动关键点模式。单击该按钮呈现红色,将进入手动关键点模式,并且激活的视图边框也以红色显示。
* √ (新建关键点的默认入/出切线):为新的动画关键点提供快速设置默认切线类型的方法,这些新的关键点是用"设置关键点"或者"自动关键点"创建的。
* 关键点过滤器:用于设置关键帧的项目。

-  （转到开头）：单击该按钮可将时间滑块恢复到开始帧。
- （上一帧）按钮：单击该按钮可将时间滑块向前移动一帧。
- （播放动画）按钮：单击该按钮可在视图中播放动画。
- （下一帧）按钮：单击该按钮可将时间滑块向后移动一帧。
- （转到结尾）按钮：单击该按钮可将时间滑块移动到最后一帧。
- （关键点模式切换）按钮：单击该按钮，可以在前一帧和后一帧之间跳动。
- （显示当前帧号）：当时间滑块移动时，可显示当前所在帧号，可以直接输入数值以快速到达指定帧号。
- （时间配置）：用于设置帧频、播放和动画等参数。

9.2.2　动画时间的设置

在 3ds Max 2012 中默认的时间是 100 帧，通常所制作的动画比 100 帧要长很多，那么我们可以在 3ds Max 2012 中通过使用大量的时间控制器来设置，这些时间控制器的操作可以在"时间配置"对话框中完成。

"时间配置"对话框中的各选项功能介绍如下：

在动画控制工具区中单击 （时间配置）按钮，弹出如图 9-2 所示的"时间配置"对话框。

图 9-2

- NTSC：应用于美、日等国家和地区的电视标准的名称。帧速率为每秒 30 帧（fps）或者每秒 60 场，每个场相当于电视屏幕上的隔行插入扫描线。
- 电影：电影胶片的计数标准，它的帧速率为每秒 24 帧。
- PAL：根据相位交替扫描线制定的电视标准，在我国和欧洲大部分国家中使用，它的帧速率为每秒 25 帧（fps）或每秒 50 场。
- 自定义：选择该单选按钮，可以在其下的（FPS）文本框中输入自定义的帧速率，它的单位为帧/秒。
- FPS：采用每秒帧数来设置动画的帧速率。视频使用 30 fps 的帧速率，电影使用 24 fps 的帧速率，而 Web 和媒体动画则使用更低的帧速率。
- 帧：默认的时间显示方式，单个帧代表的时间长度取决于所选择的当前帧速率，如每帧为 1/30 秒。
- SMPTE：这是广播级编辑机使用的时间计数方式，对电视录像带的编辑都是在该计数下进行的，标准方式为 00:00:00（分:秒:帧）。
- "帧:TICK"：使用帧和 3ds Max 内定的时间单位——十字叉（TICK）显示时间，十字叉是 3ds Max 查看时间增量的方式。因为每秒有 4800 个十字叉，所以访问时间实际上可以减少到每秒的 1/4800。
- "分:秒:TICK"：与 SMPTE 格式相似，以分钟（min）、秒钟（S）和十字叉（TICK）显示时间，其间用冒号分隔。例如，02:16:2240 表示 2 分 16 秒和 2240 十字叉。
- 实时：勾选此复选框，在视图中播放动画时，会保证真实的动画时间；当达不到此要求时，系统会跳格播放，省略一些中间帧来保证时间的正确。可以选择 5 个播放速度，即 1x 是正常速度，1/2x 是半速等。速度设置只影响动画在视口中的播放。

- 仅活动视口：可以使播放只在活动视口中进行。禁用该复选框后，所有视口都将显示动画。
- 循环：控制动画只播放一次，还是反复播放。
- 速度：设置播放时的速度。
- 方向：将动画设置为向前播放、反转播放或往复播放。
- "开始时间"和"结束时间"：分别设置动画的开始时间和结束时间。默认设置开始时间为 0，也可以设为其他值，包括负值。有时可能习惯于将开始时间设置为第 1 帧，这比 0 更容易计数。
- 长度：设置动画的长度，它其实是由"开始时间"和"结束时间"设置得出的结果。
- 帧数：被渲染的帧数，通常是设置数量再加上一帧。
- 重缩放时间：对目前的动画区段进行时间缩放，以加快或减慢动画的节奏，这会同时改变所有的关键帧设置。
- 当前时间：显示和设置当前所在的帧号码。
- 使用轨迹栏：使关键点模式能够遵循轨迹栏中的所有关键点。其中包括除变换动画之外的任何参数动画。
- 仅选定对象：在使用关键点步幅时只考虑选定对象的变换。如果取消勾选该复选框，则将考虑场景中所有未隐藏对象的变换。默认设置为启用。
- 使用当前变换：禁用位置、旋转和缩放，并在关键点模式中使用当前变换。
- "位置"、"旋转"和"缩放"：指定关键点模式所使用的变换。取消勾选"使用当前变换"复选框即可使用"位置"、"旋转"和"缩放"复选框。

9.3 轨迹视图

轨迹视图可以管理场景和精确修改动画。轨迹视图有"曲线编辑器"和"摄影表"两种不同的模式。

在工具栏中单击 ▦（曲线编辑器）按钮，即可弹出如图 9-3 所示的"轨迹视图-曲线编辑器"窗口。或在菜单栏中选择"图形编辑器 > 轨迹视图-曲线编辑器"命令。

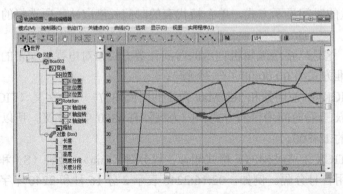

图 9-3

在"轨迹视图-曲线编辑器"窗口中选择"模式 > 摄影表"命令，就可以进入到"轨迹视图-摄影表"窗口中，如图 9-4 所示。也可以直接在菜单栏中选择"图形编辑器 > 轨迹视图-摄影表"命令。

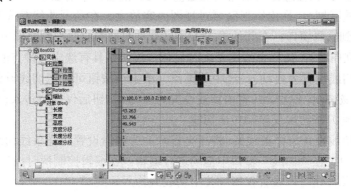

图 9-4

"轨迹视图-摄影表"窗口将动画的所有关键点和范围显示在一张数据表格上,可以很方便地编辑关键点、子帧等。轨迹视图是动画制作中最强大的工具。可将轨道视图停靠在视图窗口的下方,或者用作浮动窗口。轨迹视图的布局可以命名后保存在轨迹视口缓冲区内,再次使用时可以方便地调出,其布局将与 max 文件一起保存。

"轨迹视图"主要由菜单栏、工具栏、控制器窗口和关键点窗口 4 部分组成,下面主要介绍"轨迹视图-曲线编辑器"对话框。

1. 菜单栏

菜单栏显示在"轨迹视图"对话框的最上方,它对各种命令进行了归类,既可以容易地浏览一些工具,也可对当前操作模式下的命令进行辨识。工具行中的绝大多数工具在菜单栏中都可以看到,其中包括"模式"、"控制器"、"轨迹"、"关键点"、"时间"、"选项"、"显示"、"视图"和"实用程序" 9 个菜单栏。

2. 工具栏

工具栏位于菜单栏下方,如图 9-5 所示,用于各种编辑操作,它们只能用于轨迹视图内部,与屏幕的工具栏无关。

图 9-5

- （移动关键点）:任意移动选定的关键点,若在移动的同时按住 Shift 键则可以复制关键点。
- （绘制曲线）:绘制新的曲线或修正当前曲线。
- （插入关键点）:在现有的曲线上创建关键点。
- （区域工具）:使用此工具可以在矩形区域移动和缩放关键点。
- （平移）:使用"平移"时,可以单击并拖动关键点窗口,以将其向左移、向右移、向上移或向下移。除非右键单击以取消或单击另一个选项,否则"平移"将一直处于活动状态。
- （水平方向最大化显示）:水平最大化显示编辑窗口中的曲线。该按钮是一个弹出按钮,其弹出按钮包含"水平方向最大化显示"按钮和"水平方向最大化显示关键点"按钮。
- （最大化显示值）:最大化显示编辑窗口中的关键点。该按钮是一个弹出按钮,其弹出按钮包含"最大化显示值"按钮和"最大化显示值范围"按钮。

- ⬚ （缩放）：在任意方向上缩放轨迹视图关键点窗口中的显示。
- ⬚ （缩放区域）：拖出矩形区域对视图内容放大。在动画曲线模式下，时间和数值会同时缩放适配到编辑窗口；在其他模式下，只有时间被缩放适配到编辑窗口。
- ⬚ （孤立曲线）：孤立曲线用于临时显示，仅切换具有选定关键点的曲线显示。
- ⬚ （将切线设置为自动）：选中关键点，单击该按钮可以把切线设置为自动切线。该按钮有两个隐藏按钮，使用⬚（将内切线设置为自动）按钮后仅影响传入切线，使用⬚（将外切线设置为自动）按钮后仅影响传出切线。
- ⬚ （将切线设置为样条线）：将高亮显示的关键点设置为样条线切线，它具有关键点控制柄，可以通过在"曲线"窗口中拖动进行编辑。在编辑控制柄时按住 Shift 键以中断连续性。两个隐藏按钮可以设置仅影响传出切线或传入切线。
- ⬚ （将切线设置为快速）：将切线设置为快速。两个隐藏按钮可以设置仅影响传出切线或传入切线。
- ⬚ （将切线设置为慢速）：将切线设置为慢速。两个隐藏按钮可以设置仅影响传出切线或传入切线。
- ⬚ （将切线设置为阶梯式）：将关键点切线设置为阶跃形式，使用阶跃来冻结从一个关键点到另一个关键点的移动。两个隐藏按钮可以设置仅影响传出切线或传入切线。
- ⬚ （将切线设置为线性）：将关键点切线设置为线性变化。两个隐藏按钮可以设置仅影响传出切线或传入切线。
- ⬚ （将切线设置为平滑）：将关键点切线设置为平滑，用它来处理不能继续进行的移动。两个隐藏按钮可以设置仅影响传出切线或传入切线。
- ⬚ （断开切线）：允许将两条切线（控制柄）连接到一个关键点，使其能够独立移动，以便不同的运动能够进出关键点。选择一个或多个带有统一切线的关键点，然后单击"断开切线"按钮。
- ⬚ （统一切线）：如果切线是统一的，按任意方向（请勿沿其长度方向，这将导致另一控制柄以相反的方向移动）移动控制柄，从而使控制柄之间保持最小角度。选择一个或多个带有断开切线的关键点，然后单击"统一切线"按钮。
- 帧：显示选定关键点的帧编号（在时间中的位置）。可以输入新的帧数或输入一个表达式，以将关键点移至其他帧。
- 值：显示高亮显示的关键点的值（即在空间中的位置）。这是一个可编辑字段，可以输入新的数值或表达式来更改关键点的值。

3. 控制器窗口

控制器窗口在"轨迹视图"的左侧空白区域，这里以树形的方式显示对象名称和控制器轨迹，如图 9-6 所示，还能确定哪些曲线和轨迹可以用来进行显示和编辑。分为 11 种类别的对象，每一类别中又按不同的层级关系项目进行排列，每一个项目都对应于右侧的关键点窗口，通过控制器窗口可以指定要进行轨迹编辑的项目，还可以为指定项目加入不同的动画控制器和参数。

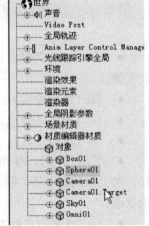

图 9-6

- 世界："世界"是整个层级树的根部，包含场景中所有的关键帧设置，用于全局快速编辑操作，如清除所有动画的设置、对整个动画时间进行缩放。

- 声音：在轨迹视图中，可以将所做的动画与一个声音文件或计算机的节拍进行同步，完成动画的配音工作，它会在关键点窗口中显示出波形图案。
- Video Post：对 Video Post 中特效过滤器的参数进行动画控制。
- 全局轨迹：用于存储动画设置和控制器。可以对其他轨迹的控制器复制，然后以关联属性粘贴进全局轨迹，通过在全局轨迹中改变控制器属性来影响有关联的轨迹。
- anim layer control manage：该层为动画层控制管理，显示管理场景各个模型动画的曲线或摄影表。
- 光线跟踪引擎全局：对场景中光线跟踪引擎参数进行动画控制。只有启用了"光线跟踪引擎"渲染设置才能对该层进行动画设置。
- 环境：对"环境"对话框中的参数进行动画控制，如背景、环境光、雾、体积照明的参数等。
- 渲染效果：所包含轨迹的作用是产生"渲染"菜单>"效果"中的效果。添加"渲染效果"后，就可以在这里使用轨迹来为光晕大小、颜色等效果参数设置动画。
- 渲染元素：用于显示作为分离渲染的独立图像，如在"渲染元素"中指定阴影、Alpha 通道作为独立的图像渲染导出。
- 渲染器：对渲染参数进行动画控制。
- 全局阴影参数：对场景中灯光的阴影参数进行动画控制。灯光被指定阴影后，并且"使用全局设置"勾选时，在这里可以改变阴影参数。
- 场景材质：包含场景中使用的所有类型材质。场景中没有材质指定时，这个项目中显示是空的。在材质分支中选择一种材质后，调节它的参数，对应场景对象会实时更新。如果该材质目前列表在材质编辑器的示例窗中，也会同时进行激活，但不是所有的材质都显示在示例窗中。
- 材质编辑器材质：包含全局材质定义。材质编辑器中默认为 24 种材质定义，将全部显示在该栏中。
- 对象：对场景中所有对象的动画参数进行控制。

在"控制器窗口"中单击鼠标右键，会弹出如图 9-7 所示的快捷菜单。

- 全选：选择全部在"层次"列表中可见的轨迹。注意折叠的项目不会被选中。
- 反选：反选当前"层次"列表选项，即取消当前选择的选项，除当前选项以外的其他选项被选择。
- 全部不选：取消对"层次"列表中所有选项的选择。
- 选择子对象：在"层次"列表中选择对象的全部高亮显示的子级对象，其中包括折叠的子对象。
- 展开对象：仅展开当前选择对象的全部子对象的分支。
- 展开轨迹：展开当前选择项目的全部分支。
- 展开全部：展开当前选择对象所有子对象的全部分支。
- 塌陷对象：仅折叠当前选择对象全部子对象的对象分支。
- 塌陷轨迹：折叠选择项的全部分支。
- 塌陷全部：折叠选择对象所有子对象的全部分支。
- 自动展开：用来设置自动展开菜单的选项，系统会根据选择的项目展开"层次"列表中选择项目的分支。

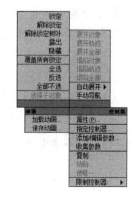

图 9-7

- 手动导航：勾选该选项，用于手动确定折叠的时间和展开的项目。
- 属性：如果当前选择的对象被指定了控制器，选择该项可以查看控制器属性。
- 指定控制器：为选择的对象指定控制器，选择该项将打开指定控制器窗口，窗口中显示了可被指定的控制器列表。
- 收集参数：选择该命令，将弹出"参数收集器"对话框，如图9-8所示。
- 复制：将当前选择对象的控制器复制到剪贴板中。
- 粘贴：将当前复制的控制器粘贴到另一对象或轨迹中。

- 使唯一：将实例控制器更改为唯一控制器。对实例控制器所做的更改反映在控制器的所有版本中，可以单独编辑唯一的控制器，从而不影响其他任何控制器。
- 限制控制器：可以指定控制器可用值的上下限，从而限制控制轨迹的取值范围。

图9-8

4. 关键点窗口

关键点窗口在视图右侧的灰色区域，可以将关键点显示为曲线或轨迹，轨迹可以显示为关键点框图或范围栏，如图9-9所示，以便对各个项目进行轨迹编辑，根据工具的选择，这里的形态也会发生相应的变化，在轨迹视图中的主要工作就是在关键点窗口中进行的。

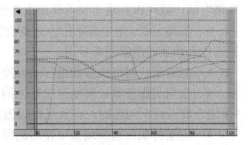

图9-9

- 关键点：只要进行了参数修改，并将它记录为动画，就会在动画轨迹上创建一个动画关键点，以黑色方块表示，可以进行位置的移动和平滑属性的调节。
- 曲线：动画曲线将关键点的动画值和关键点之间的内插值以函数曲线方式显示，可以进行多种多样的控制。
- 时间标尺：在关键点窗口的底部有一个显示时间坐标的标尺，可以将它上下拖动到任何位置，以便进行精确测量。
- 当前时间线：在窗口中有一组蓝色的双竖线，代表当前所在帧，可以直接拖动它调节当前所有帧。
- 双窗口编辑：在窗口右上角，滑块的上箭头处，有一个小的滑块，将它向下拖动，可以拉出另一个编辑窗口，在对比编辑两个项目的轨迹而它们又相隔很远时，可以使用拖动的第2个窗口进行参考编辑，如图9-10所示，如果不使用了，可以将第2个窗口顶端横格一直向上拖动到顶部，便可以还原。

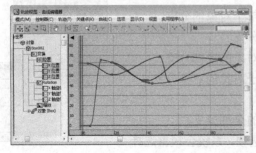
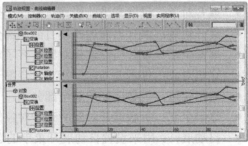

图9-10

9.4 运动面板

"运动"面板用于控制选中物体的运动轨迹和指定动画控制器,还可以对单个关键点信息进行编辑,如编辑动画的基本参数(位移、旋转和缩放),创建和添加关键帧、关键帧信息,以及对象运动轨迹的转化和塌陷等。

在命令面板中单击 (运动)按钮即可切换到"运动"面板。"运动"面板由"参数"和"轨迹"两部分组成,如图 9-11 所示为"参数"部分。

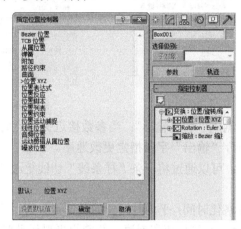

图 9-11   图 9-12

1. 参数

(1)"指定控制器"卷展栏

"指定控制器"卷展栏可以为选择的物体指定各种动画控制器,以完成不同类型的运动控制。

在"指定控制器"卷展栏的列表框中可以观察到当前可以指定的动画控制器项目,一般是由一个"变换"带三个分支项目,即"位置"、"旋转"、"缩放"。每个项目可以提供多种不同的动画控制器,使用时首先选择一个项目,这时左上角的 按钮变为活动状态,单击该按钮弹出"指定动画控制器"对话框,如图 9-12 所示。在弹出的对话框中会列出可以用于当前项目的动画控制器,选择一个动画控制器,单击"确定"按钮,此时就指定了新的动画控制器名称。

(2)"PRS 参数"卷展栏

"PRS 参数"卷展栏主要用于建立或删除动画关键点,如图 9-13 所示。

- "创建关键点"和"删除关键点"组:在当前帧创建或删除一个移动、旋转、缩放关键点。这些按钮是否处于激活状态取决于当前帧存在的关键点类型。
- "位置"、"旋转"和"缩放":分别控制打开其对应的控制面板,由于动画控制器的不同,各自打开的控制面板也不同。

(3)"关键点信息(基本)"卷展栏,如图 9-14 所示。

- ← → :单击左箭头转至上一个关键点,单击右箭头转至下一个关键点。
- 1 :显示当前关键点的编号。

- 时间：指定出现关键点的时间。
- 值：在当前关键点上调整选中对象的位置。
- 关键点入出切线：通过两个切线弹出按钮进行选择，"输入"确定入点切线形态，"输出"确定出点切线形态。左箭头表示将当前插补形式复制到关键点左侧，右箭头表示将当前插补模式复制到关键点右侧。

（4）"关键点信息（高级）"卷展栏如图 9-15 所示。

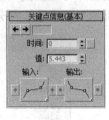

图 9-13　　　　　　　　图 9-14　　　　　　　　图 9-15

- "输入"和"输出"：当参数接近关键点时，"输入"字段指定更改速率。当参数离开关键点时，"输出"字段指定更改速率。
- ：可以通过将一条"样条线"切线更改相等但相反的量，来更改另一条"样条线"切线。
- 规格化时间：平均时间中的关键点位置，并将它们应用于选定关键点的任何连续块。在需要反复为对象加速和减速，并希望平滑运动时使用。
- 恒定速度：启用时，在关键点与下一个关键点之间插值，使对象以恒定速度沿曲线切线移动。仅对特定控制器类型可用，如"Bezier"。
- 自由控制柄：用于自动更新切线控制柄的长度。勾选该复选框，切线控制柄根据时间的长度自动更新。取消勾选时，切线长度是其相邻关键点相距固定百分比。

2. 轨迹

在 （运动）命令面板中单击"轨迹"按钮，进入"轨迹"控制面板，如图 9-16 所示。

"轨迹"控制面板用于控制显示对象随时间变化而移动的路径，在视图中显示对象的运动轨迹，运动轨迹以红色曲线表示，曲线上白色方框点代表一个关键点，小白点代表过滤帧的位置点。轨迹面板上可以对轨迹进行自由控制，可以使用变换工具在视图中对关键点进行移动、旋转和缩放，从而改变运动轨迹的形状，还可以用任意曲线替换运动轨迹。

- 删除关键点：将当前选择的关键点删除。
- 添加关键点：单击该按钮，可以在视图轨迹上添加关键点，也可以在不同的位置增加多个关键点，再次单击此按钮可以将它关闭。
- 采样范围：这里的 3 个项目是针对其下"样条曲线转换"操作进行控制的。
- "开始时间"和"结束时间"：用于指定转换的间隔。如果要将轨迹转化为一个样条曲线，这里确定哪一段间隔的轨迹将进行转化。如果要将样条曲线转化为轨迹，它将确定这一段轨迹放置的时间区段。

图 9-16

- 采样数：设置采样样本的数目，它们均匀分布，成为转化后曲线上的控制点或转化后轨迹上的关键点。
- 样条线转化：控制运动轨迹与样条线之间的相互转化。
- 转化为：按下该按钮，将依据上面的区段和间隔设置，把当前选择的轨迹转化为样条曲线。
- 转化自：按下该按钮，将依据上面的区段和间隔设置，允许在视图中拾取一条样条曲线，从而将它转化为当前选择对象的运动轨迹。
- 塌陷变换：在当前选择对象上产生最基本的动画关键点，这对任何动画控制器都适用，主要目的是将变换影响进行塌陷处理，如同将一个轨迹控制器转化为一个标准可编辑的变换关键点。
- 塌陷：将当前选择对象的变换操作进行塌陷处理。
- "位置"、"旋转"和"缩放"：决定塌陷所要处理的变换项目。

9.5 课堂练习——飞机飞行

练习知识要点：选择飞机，打开"关键帧"，拖动时间滑块到 100 帧，调整飞机的位置，这样飞机的移动就可以变为动画，如图 9-17 所示。

效果所在位置：随书附带光盘\Scene\cha9\飞机飞行.max。

图 9-17

9.6 课后习题——掉落的叶子

习题知识要点：设置背景，创建叶子，并为叶子创建运动路径，在"运动"面板中为叶子指定位置为"路径约束"，拾取路径，拖动时间滑块即可看到运动中的叶子，如图 9-18 所示。

效果所在位置：随书附带光盘\Scene\cha9\掉落的叶子.max。

图 9-18

Chapter

10

第 10 章
粒子系统与空间扭曲

　　使用 3ds Max 可以制作各种类型的场景特效，如下雨、下雪、礼花等。要实现这些特殊效果，粒子系统与空间扭曲的应用是必不可少的。本章将对各种类型的粒子系统及空间扭曲进行详细讲解，读者可以通过实际的操作来加深对 3ds Max 特殊效果的认识和了解。

课堂学习目标
- 喷射粒子的创建
- 超级喷射的创建
- 粒子阵列的创建

10.1 喷射粒子

粒子系统是一个相对独立的造型系统，用来创建雨、雪、灰尘、泡沫、火花、气流等。它还可以将任何造型作为粒子，如用来表现成群的蚂蚁、热带鱼、吹散的蒲公英等动画效果。粒子系统主要用于表现动态的效果，与时间、速度的关系非常紧密，一般用于动画制作。

10.1.1　喷射工具

发射垂直的粒子流，粒子可以是四面体尖锥，也可以是四方形面片。"喷射"粒子模拟简单的雨、喷泉、公园水龙头的喷水等水滴效果。

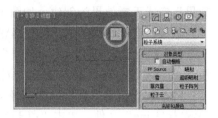

这种粒子系统参数较少，易于控制，使用起来很方便，所有数值均可制作动画效果。

图 10-1

单击 " ▓ (创建) > ◎ (几何体) > 粒子系统 > 喷射" 按钮，在 "顶" 视图中创建喷射粒子系统，如图 10-1 所示。

10.1.2　喷射参数

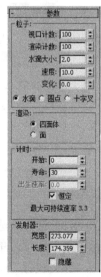

"喷射"的"参数"卷展栏中的各选项功能介绍如下（如图 10-2 所示）：

- 视口计数：在给定帧处，视口中显示的最多粒子数。
- 渲染计数：一个帧在渲染时可以显示的最多粒子数。
- 水滴大小：粒子的大小（以活动单位数计）。
- 速度：每个粒子离开发射器时的初始速度。粒子以此速度运动，除非受到粒子系统空间扭曲的影响。
- 变化：改变粒子的初始速度和方向。"变化"的值越大，喷射越强且范围越广。
- 水滴、圆点、十字叉：选择粒子在视口中的显示方式。显示设置不影响粒子的渲染方式。水滴是一些类似雨滴的条纹，圆点是一些点，十字叉是一些小的加号。
- 四面体：粒子渲染为长四面体，长度由您在"水滴大小"参数中指定。四面体是渲染的默认设置。它提供水滴的基本模拟效果。

图 10-2

- 面：粒子渲染为正方形面，其宽度和高度等于"水滴大小"。
- 计时：计时参数控制发射的粒子的出生和消亡速率。
- 开始：第一个出现粒子的帧的编号。
- 寿命：每个粒子的寿命（以帧数计）。
- 出生速率：每个帧产生的新粒子数。
- 恒定：启用该选项后，"出生速率"不可用，所用的出生速率等于最大可持续速率。启用该选项后，"出生速率"可用。默认设置为启用。
- 发射器：发射器指定场景中出现粒子的区域。
- 宽度、长度：在视口中拖动以创建发射器时，即隐性设置了这两个参数的初始值。

可以在卷展栏中调整这些值。

● 隐藏：启用该选项可以在视口中隐藏发射器。

10.1.3 课堂案例——下雪效果

案例学习目标：学习使用粒子系统创建下雪效果。

案例知识要点：设置合适的背景贴图，创建"雪"调整其合适的参数和位置并为其设置材质，结合使用"运动模糊效果"完成下雪效果的创建，如图10-3所示。

图10-3

效果所在位置：随书附带光盘\Scene\cha10\下雪效果.max。

（1）按8键打开"环境和效果"窗口，单击"背景"组中的"无"按钮，在弹出的"材质/贴图浏览器"对话框中选择"位图"贴图，单击"确定"按钮，如图10-4所示。

（2）在弹出的"选择位图图像文件"对话框中选择"随书附带光盘\map\cha010\下雪效果\雪背景.jpg"文件，单击"打开"按钮，如图10-5所示。

图10-4

图10-5

（3）选择"透视"视图，按Alt+B键，在弹出的对话框中选择"使用环境背景"和"显示背景"选项，单击"确定"按钮，如图10-6所示。

（4）执行"（创建）>（几何体）> 粒子系统 > 雪"命令，在"顶"视图中创建"雪"粒子，如图10-7所示。

（5）在"参数"卷展栏中设置"粒子"组中的"视口计数"为2000、"渲染计数"均为2000、"雪花大小"为1.5，在"计时"组中设置"开始"为-50，"寿命"为100，在"发射器"组中设置"宽度"为280、"长度"为260，如图10-8所示。

（6）打开"材质编辑器"面板，选择一个新的材质样本球，在"明暗器基本参数"卷展栏中勾选"双面"选项；在"Blinn基本参数"卷展栏中设置"环境光"和"漫反射"的红、绿、蓝值均为255，在"自发光"组中设置"自发光"为80，设置"不透明度"为70；在"反射高光"组中设置"高光级别"为42、"光泽度"为31；单击（将材质指定给选定对象）按钮，将材质制定给场景中的雪粒子，如图10-9所示。

（7）在场景中鼠标右击粒子系统，在弹出的快捷菜单中选择"对象属性"命令，在弹出的对话框中选择"运动模糊"组中的"图像"选项，单击"确定"按钮，如图10-10所示。

图 10-6

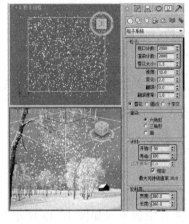

图 10-8

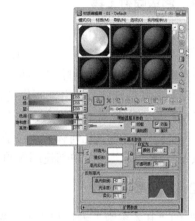

图 10-9

（8）按 8 键打开"环境和效果"面板，切换到"效果"选项卡，在"效果"卷展栏中单击"添加"按钮，在弹出的"添加效果"对话框中选择"运动模糊"效果，单击"确定"按钮，如图 10-11 所示。渲染得到如图 10-3 所示的效果，还可以对场景进行动画渲染，这里就不详细介绍了。

图 10-10

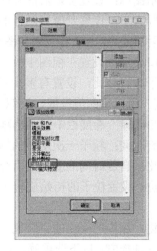

图 10-11

参考效果图场景：随书附带光盘中的 "CDROM>Scene>cha10>10.1.3 课堂练习——下雪效果场景.max" 文件。

10.2 超级喷射

"超级喷射"粒子系统与简单的喷射粒子系统类似，只是增加了所有新型粒子系统提供的功能，不同的是"超级喷射"粒子将从一个点向外发射粒子对象，产生线性或锥形的粒子流。

10.2.1 超级喷射工具

"超级喷射"粒子在参数的控制上，与"粒子阵列"几乎相同，既可以发射标准基本体，还可以发射其替代对象。通过参数控制，可以实现喷射、拖尾、拉长、气泡晃动、自旋等多种特殊效果，用来制作飞机喷火、潜艇喷水、机枪扫射、水管喷水、喷泉、瀑布等特效。

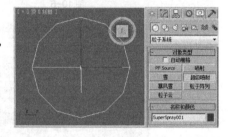

图 10-12

单击"（创建）>（几何体）> 粒子系统 > 超级喷射"按钮，在"顶"视图中创建超级喷射粒子系统，如图 10-12 所示。

10.2.2 超级喷射参数

"喷射"的"基本参数"卷展栏中的各选项功能介绍如下（如图 10-13 所示）：

- 轴偏离：设置粒子与发射器中心 Z 轴的偏离角度，产生斜向的喷射效果。
- 扩散：设置在 Z 轴方向上，粒子发射后散开的角度。
- 平面偏离：设置粒子在发射器平面上的偏离角度。
- 扩散：设置在发射器平面上，粒子发射后散开的角度，产生空间的喷射。
- 显示图标：设置发射器图标的显示情况。
- 图标大小：设置发射器图标的大小尺寸，它对发射效果没有影响。
- 发射器隐藏：是否将发射器图标隐藏，发射器图标即使在屏幕上，也不会被渲染出来。
- 视口显示：设置在视图中粒子以何种方式进行显示，这和最后的渲染效果无关。
- 粒子数百分比：设置有多少百分比例的粒子在视图中显示，因为全部显示可能会降低显示速度，所以将此值设低，近似看到大致效果即可。

"旋转和碰撞"卷展栏中的各选项功能介绍如下（如图 10-14 所示）：

- 自旋时间：粒子一次旋转的帧数。如果设置为 0，则不进行旋转。
- 变化：自旋时间的变化的百分比。
- 相位：设置粒子的初始旋转（以度计）。此设置对碎片没有意义，碎片总是从零旋转开始。
- 变化：相位的变化的百分比。
- 自旋轴控制：以下选项确定粒子的自旋轴，并提供对粒子应用运动模糊的部分方法。

图 10-13   图 10-14

- 随机：每个粒子的自旋轴是随机的。
- 运动方向/运动模糊：围绕由粒子移动方向形成的向量旋转粒子。利用此选项还可以使用"拉伸"微调器对粒子应用一种运动模糊。
- 拉伸：如果大于 0，则粒子根据其速度沿运动轴拉伸。仅当选择了"运动方向/运动模糊"时，此微调器才可用。
- 用户定义：使用 X、Y 和 Z 轴微调器中定义的向量。仅当选择了"用户自定义"时，这些微调器才可用。
- 变化：每个粒子的自旋轴可以从指定的 X 轴、Y 轴和 Z 轴设置变化的量（以度计）。仅当选择了"用户自定义"时，这些微调器才可用。
- 粒子碰撞：以下选项允许粒子之间的碰撞，并控制碰撞发生的形式。
- 启用：在计算粒子移动时启用粒子间碰撞。
- 计算每帧间隔：每个渲染间隔的间隔数，期间进行粒子碰撞测试。值越大，模拟越精确，但是模拟运行的速度将越慢。
- 反弹：在碰撞后速度恢复到的程度。
- 变化：应用于粒子的反弹值的随机变化百分比。

"对象运动继承"卷展栏中的各选项功能介绍如下（如图 10-15 所示）：
- 影响：在粒子产生时，继承基于对象的发射器的运动的粒子所占的百分比。
- 倍增：修改发射器运动影响粒子运动的量。此设置可以是正数，也可以是负数。
- 变化：提供倍增值的变化的百分比。

"气泡运动"卷展栏中的各选项功能介绍如下（如图 10-16 所示）：

图 10-15   图 10-16

- 幅度：粒子离开通常的速度矢量的距离。
- 变化：每个粒子所应用的振幅变化的百分比。
- 周期：粒子通过气泡"波"的一个完整振动的周期。
- 变化：每个粒子的周期变化的百分比。
- 相位：气泡图案沿着矢量的初始置换。
- 变化：每个粒子的相位变化的百分比。

"粒子繁殖"卷展栏中的各选项功能介绍如下（如图 10-17 所示）：

图 10-17

- 粒子繁殖效果：选择以下选项之一，可以确定粒子在碰撞或消亡时发生的情况。
  - 无：不使用任何繁殖控件，粒子按照正常方式活动。
  - 碰撞后消亡：粒子在碰撞到绑定的导向器（例如导向球）时消失。
- 持续：粒子在碰撞后持续的寿命（帧数）。如果将此选项设置为 0（默认设置），粒子在碰撞后立即消失。
  - 变化：当"持续"大于 0 时，每个粒子的"持续"值将各有不同。
  - 碰撞后繁殖：在与绑定的导向器碰撞时产生繁殖效果。
  - 消亡后繁殖：在每个粒子的寿命结束时产生繁殖效果。
  - 繁殖拖尾：在现有粒子寿命的每个帧，从相应粒子繁殖粒子。
  - 繁殖数目：除原粒子以外的繁殖数。
  - 影响：指定将繁殖的粒子的百分比。如果减小此设置，会减少产生繁殖粒子的粒子数。
  - 倍增：倍增每个繁殖事件繁殖的粒子数。
  - 变化：逐帧指定"倍增"值将变化的百分比范围。
  - 方向混乱：从中设置粒子方向混乱。
  - 混乱度：指定繁殖的粒子的方向可以从父粒子的方向变化的量。
  - 速度混乱：使用以下选项可以随机改变繁殖的粒子与父粒子的相对速度。
  - 因子：繁殖的粒子的速度相对于父粒子的速度变化的百分比范围。
  - 慢：随机应用速度因子，减慢繁殖的粒子的速度。
  - 快：根据速度因子随机加快粒子的速度。
  - 两者：根据速度因子，有些粒子加快速度，有些粒子减慢速度。
  - 继承父粒子速度：除了速度因子的影响外，繁殖的粒子还继承母体的速度。
  - 使用固定值：将"因子"值作为设置值，而不是作为随机应用于每个粒子的范围。
  - 缩放混乱：以下选项对粒子应用随机缩放。
  - 因子：为繁殖的粒子确定相对于父粒子的随机缩放百分比范围，这还与以下选项相关。
  - 向下：根据"因子"的值随机缩小繁殖的粒子，使其小于父粒子。
  - 向上：随机放大繁殖的粒子，使其大于父粒子。
  - 两者：将繁殖的粒子缩放为大于或小于其父粒子。
  - 使用固定值：将"因子"的值作为固定值，而不是值范围。
  - 寿命值队列：以下选项可以指定繁殖的每一代粒子的备选寿命值的列表。
  - 添加：将"寿命"微调器中的值加入列表窗口。

- 删除：将"寿命"微调器中的值加入列表窗口。
- 替换：可以使用"寿命"微调器中的值替换队列中的值。使用时先将新值放入"寿命"微调器，再在队列中选择要替换的值，然后单击"替换"按钮。
- 寿命：设置一代粒子的寿命值。
- 对象变形队列：使用此组中的选项可以在带有每次繁殖[按照"繁殖数目"微调器设置]的实例对象粒子之间切换。
- 拾取：单击此选项，然后在视口中选择要加入列表的对象。
- 删除：删除列表窗口中当前高亮显示的对象。
- 替换：使用其他对象替换队列中的对象。

"加载/保存预设"卷展栏中的各选项功能介绍如下（如图 10-18 所示）：

- 预设名：可以定义设置名称的可编辑字段。单击"保存"按钮保存预设名。
- 保存预设：包含所有保存的预设名。下面是系统提供的几种预置参数：

"Bubbles（泡沫）"、"Fireworks（礼花）"、"Hose（水龙）"、"Shockwave（冲击波）"、"Trail（拖尾）"、"Welding Sparks（电焊火花）"、"Default（默认）"。

- 加载：加载"保存预设"列表中当前高亮显示的预设。此外，在列表中双击预设名可以加载预设。
- 保存：保存"预设名"字段中的当前名称并放入"保存预设"窗。
- 删除：删除"保存预设"窗中的选定项。

"粒子生成"卷展栏中的各选项功能介绍如下（如图 10-19 所示）：

图 10-18

图 10-19

- 粒子数量：在此组中，可以从随时间确定粒子数的两种方法中选择一种。
- 使用速率：指定每帧发射的固定粒子数。使用微调器可以设置每帧产生的粒子数。
- 使用总数：指定在系统使用寿命内产生的总粒子数。使用微调器可以设置每帧产生的粒子数。
- 粒子运动：以下微调器控制粒子的初始速度，方向为沿着曲面、边或顶点法线（为每个发射器点插入）。

- 速度：粒子在出生时沿着法线的速度（以每帧移动的单位数计）。
- 变化：对每个粒子的发射速度应用一个变化百分比。
- 粒子计时：以下选项指定粒子发射开始和停止的时间以及各个粒子的寿命。
- 发射开始：设置粒子开始在场景中出现的帧。
- 发射停止：设置发射粒子的最后一个帧。
- 显示时限：指定所有粒子均将消失的帧。
- 寿命：设置每个粒子的寿命（以从创建帧开始的帧数计）。
- 变化：指定每个粒子的寿命可以从标准值变化的帧数。
- 创建时间：允许向防止随时间发生膨胀的运动等式添加时间偏移。
- 发射器平移：如果基于对象的发射器在空间中移动，在沿着可渲染位置之间的几何体路径的位置上以整数倍数创建粒子。这样可以避免在空间中膨胀。
- 发射器旋转：如果发射器旋转，启用此选项可以避免膨胀，并产生平滑的螺旋形效果。默认设置为禁用状态。
- 粒子大小：微调器指定粒子的大小。
- 大小：该选项可设置动画的参数，根据粒子的类型指定系统中所有粒子的目标大小。
- 变化：每个粒子的大小可以从标准值变化的百分比。
- 增长耗时：粒子从很小增长到"大小"的值经历的帧数。结果受"大小"、"变化"值的影响，因为"增长耗时"在"变化"之后应用。使用此参数可以模拟自然效果，例如气泡随着向表面靠近而增大。
- 衰减耗时：粒子在消亡之前缩小到其"大小"设置的 1/10 所经历的帧数。此设置也在"变化"之后应用。使用此参数可以模拟自然效果，例如火花逐渐变为灰烬。
- 唯一性：通过更改此微调器中的"种子"值，可以在其他粒子设置相同的情况下达到不同的结果。
- 新建：随机生成新的种子值。
- 种子：设置特定的种子值。

"粒子类型"卷展栏中的各选项功能介绍如下（如图 10-20 所示）：

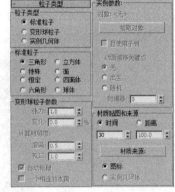

图 10-20

- 粒子类型：从中使用几种标准粒子类型中的一种"变形球粒子"、"实例几何体"。
- 标准粒子：从中使用几种标准粒子类型中的一种"三角形"、"立方体"、"特殊"、"面"、"恒定"、"四面体"、"六角形"、"球体"。
- 变形球粒子参数：如果在"粒子类型"组中选择了"变形球粒子"选项，则此组中的选项变为可用，且变形球作为粒子使用。变形球粒子需要额外的时间进行渲染，但是对于喷射和流动的液体效果非常有效。
- 张力：确定有关粒子与其他粒子混合倾向的紧密度。张力越大，聚集越难，合并也越难。
- 变化：指定张力效果的变化的百分比。
- 计算粗糙度：指定计算变形球粒子解决方案的精确程度。粗糙值越大，计算工作量越少。不过，如果粗糙值过大，可能变形球粒子效果很小或根本没有效果。反之，如果粗糙值设置过小，计算时间可能会非常长。

- 渲染：设置渲染场景中的变形球粒子的粗糙度。如果启用了"自动粗糙度"，则此选项不可用。
- 视口：设置视口显示的粗糙度。如果启用了"自动粗糙度"，则此选项不可用。
- 自动粗糙：一般规则是，将粗糙值设置为介于粒子大小的 1/4 到 1/2 之间。如果启用此项，会根据粒子大小自动设置渲染粗糙度，视口粗糙度会设置为渲染粗糙度的大约两倍。
- 一个相连的水滴：如果禁用该选项（默认设置），将计算所有粒子；如果启用该选项，将使用快捷算法，仅计算和显示彼此相连或邻近的粒子。
- 实例参数：在"粒子类型"组中指定"实例几何体"时，使用这些选项。这样，每个粒子作为对象、对象链接层次或组的实例生成。
- 对象：显示所拾取对象的名称。
- 拾取对象：单击此选项，然后在视口中选择要作为粒子使用的对象。
- 且使用子树：如果要将拾取的对象的链接子对象包括在粒子中，则启用此选项。如果拾取的对象是组，将包括组的所有子对象。
- 动画偏移关键点：因为可以为实例对象设置动画，此处的选项可以指定粒子的动画计时。
- 无：每个粒子复制原对象的计时。因此，所有粒子的动画的计时均相同。
- 出生：第一个出生的粒子是粒子出生时源对象当前动画的实例。每个后续粒子将使用相同的开始时间设置动画。
- 随机：当"帧偏移"设置为 0 时，此选项等同于"无"。否则，每个粒子出生时使用的动画都将与源对象出生时使用的动画相同，但会基于"帧偏移"微调器的值产生帧的随机偏移。
- 帧偏移：指定从源对象的当前计时的偏移值。
- 材质贴图和来源：指定贴图材质如何影响粒子，并且可以指定为粒子指定的材质的来源。
- 时间：指定从粒子出生开始完成粒子的一个贴图所需的帧数。
- 距离：指定从粒子出生开始完成粒子的一个贴图所需的距离（以单位计）。
- 材质来源：使用此按钮下面的选项按钮指定的来源更新粒子系统携带的材质。
- 图标：粒子使用当前为粒子系统图标指定的材质。
- 实例几何体：粒子使用为实例几何体指定的材质。

10.3　粒子阵列

"粒子阵列"粒子系统可将粒子分布在几何体对象上。"粒子阵列"有两个特点：一是没有固定形状的发射器，需要使用三维对象作为发射器；二是粒子阵列可以将模型的表面炸开，产生不规则的碎片，可以利用其来制作对象爆炸或粉碎成碎片的效果。

10.3.1　粒子阵列工具

以一个三维对象作为分布对象，从它的表面向外发散出粒子阵列。分布对象对整个粒子宏观的形态起决定作用，粒子可以是标准基本体，也可以是其他替代对象，还可以是分布对象的外表面。

执行"<img_1> （创建）> <img_1> （几何体）> 粒子系统 > 粒子阵列"命令，在"顶"视图中创建超级粒子阵列系统，如图 10-21 所示。

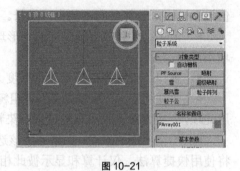

图 10-21

10.3.2 粒子阵列参数

"粒子阵列"的"基本参数"卷展栏中的各选项功能介绍如下（如图 10-22 所示）：

● 拾取对象：单击该按钮，可以在视图中选择要作为分布对象的对象。

● 对象：当在视图中选择了对象后，在这里会显示出对象的名称。

● 在整个曲面：在整个发射器对象表面随机地发射粒子。

● 沿可见边：在发射器对象可见的边界上随机地发射粒子。

● 在所有的顶点上：从发射器对象每个顶点上发射粒子。

● 在特殊点上：指定从发射器对象所有顶点中随机选择的若干个顶点上发射粒子，顶点的数目由"总数"框决定。

● 总数：在选择"在特殊点上"后，指定使用的发射器点数。

● 在面的中心：从发射器对象每一个面的中心发射粒子。

● 使用选定子对象：使用网格对象和一定范围的面片对象作为发射器，可以通过"编辑网格"等修改器的帮助，选择自身的子对象来发射粒子。

● 图标大小：设置系统图标在视图中显示的尺寸大小。

● 图标隐藏：是否将系统图标隐藏。如果使用了分布对象，最好将系统图标隐藏。

● "视口显示"：设置在视图中粒子显示的方式，和最终渲染的效果无关。

● 粒子数百分比：设置有多少百分比例的粒子在视图中显示，因为全部显示可能会降低显示速度，所以将此值设低，近似看到大致效果即可。

下面是系统提供的几种预置参数（如图 10-23 所示）：

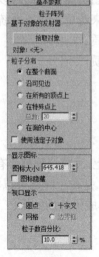

图 10-22

图 10-23

"Bubbles（泡沫）"、"Comet（彗星）"、"Fill（填充）"、"Geyser（间歇喷泉）"、"Shell Trail（热水锅炉）"、"Shimmer Trail（弹片拖尾）"、"Blast（爆炸）"、"Disintigrate（裂解）"、"Pottery（陶器）"、"Stable（稳定的）"、"Default（默认）"。

10.4　课堂练习——礼花

练习知识要点：创建"超级喷射"调整其合适的参数和位置，创建"重力"将"超级喷射"绑定到"重力"上，并对其进行复制和参数调整，为其设置合适的材质和背景，调整合适的角度创建摄影机，结合使用 Video Pist 完成礼花效果的创建，如图 10-24 所示。

效果所在位置：随书附带光盘\Scene\cha10\礼花.max。

图 10-24

10.5　课后习题——水龙头

习题知识要点：创建并设置"超级喷射"粒子，并设置粒子属性的"运动模糊"，完成水龙头流水的效果，如图 10-25 所示。

效果所在位置：随书附带光盘\Scene\cha10\水龙头.max。

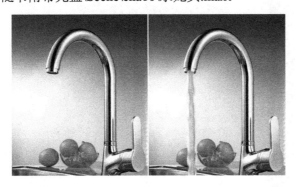

图 10-25

第 11 章
动力学系统

本章将重点介绍 3ds Max 2012 中的动力学 MassFX 系统，详细介绍了 MassFX 工具、刚体的创建、MassFX 刚体修改器和 Cloth 修改器的参数及应用。读者通过本章的学习，可以了解动力学系统的应用知识和操作技巧。

课堂学习目标

- MasFX 工具栏
- "MasFX 工具栏"对话框的设置
- 刚体的创建
- MassFX Rigid Body（MassFX 刚体）修改器的设置
- Cloth 修改器的设置

11.1　动力学概述

　　动力学指的是通过模拟对象的物理属性及其交互方式来创建动画的过程。交互可以完全参数化，与实体对象紧挨着下落的情形一样，也可以包含设置关键帧动画的对象（如抛出的球）以及设置动力学动画的对象（如保龄球枢轴）。

　　此外，动力学模拟还涉及重力、风力（带有湍流）、阻力、摩擦力、反弹力等力。更高级的动力学引擎还可以模拟软体（如布和绳索）、液体（如水和油）和关节连接的实体，后者有时又称为"碎布玩偶"物理对象。

11.2　动力学 MassFX

　　在 3ds Max 2012 中由功能强大的模拟解算器 MassFX 统一系统替换了动力学模拟插件 Reactor，并提供了刚体动力学模块。

　　使用 MassFX 工具栏，我们可以利用多线程 NVIDIA PhysX 引擎，直接在 3ds Max 视口中创建更形象的动力学刚体模拟。MassFX 支持静态、动力学和运动学刚体以及多种约束：刚体、滑动、转枢、扭曲、通用、球和套管以及齿轮。在设计动画时可以更快速地创建广泛的真实动态模拟，还可以使用工具集进行建模，例如创建随意放置的石块场景。指定摩擦力、密度和反弹力等物理属性与从一组初始预设真实材质中进行选择并根据需要调整参数一样简单。

11.2.1　显示 MassFX 工具栏

　　在 3ds Max 中使用"MassFX"最便捷的方法是使用"MassFX 工具栏"。"MassFX 工具栏"工具栏在默认设置下是以浮动状态打开的，在未使用的工具栏区域中单击鼠标右键，在弹出的快捷菜单中选择"MassFX 工具栏"命令，弹出"MassFX 工具栏"，如图 11-1 所示。

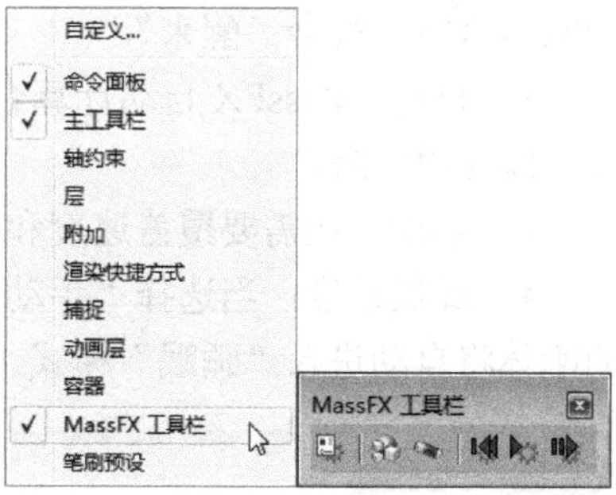

11.2.2　MassFX 工具栏

图 11-1

　　下面介绍"MassFX 工具栏"中各个按钮的功能及其隐藏按钮。

1. 📷（显示 MassFX 工具对话框）按钮

　　激活该按钮会弹出"MassFX 工具"对话框，"MassFX 工具"对话框包含四个面板，即：世界、工具、编辑、显示，如图 11-2 所示。

　　"世界"面板中的各选项功能介绍如下：

　　"世界"面板用于通过"场景设置"、"高级设置"、"模拟设置"和"引擎"四个卷展栏对整个项目公用的方面进行控制。

　　（1）"场景设置"卷展栏

　　● 使用地平面：启用此选项时，MassFX 将使用（不可见）无限静态

图 11-2

刚体（即 Z 轴为 0），即与主栅格共面。此刚体的摩擦力和反弹力值为固定值。默认设置为启用。

- 已启用重力：启用此选项时，激活"使用重力"的所有刚体都将受重力影响。
- 方向：应用重力的轴向，默认为 Z 轴。
- 加速：以单位/平方秒为单位制定的重力。使用 Z 轴时，正值使重力将对象向上拉，负值将对象向下拉（标准效果）。
- 子步数：每个图形更新之间执行的模拟步数，由以下公式确定：（子步数+1）×帧速率。如果帧速率为 30fps，则子步数为 0 时为 30 模拟步数/秒，子步数为 1 时为 60 模拟步数/秒，子步数为 2 时为 180 模拟步数/秒，依此类推。"子步数"的最大值为 159，在帧速率为 30fps 的动画中将生成 4800 模拟步数/秒。使用的"子步数"值越高，生成的碰撞和约束结果就越精确，但会降低性能。
- 解算器迭代数：全局设置，约束解算器强制执行碰撞和约束的次数。如果模拟使用许多约束，或关节错误容差非常低，则可能需要更高的迭代次数值。通常不需要此值高于 30。
- 碰撞重叠：允许刚体重叠的距离。如果此值过高，将会导致对象明显地互相穿透。如果此值过低，将导致抖动，因为对象互相穿透一帧之后，在下一帧将强制分离。最佳值取决于多种因素，包括场景中对象的大小、摄影机可能发生互相穿透的接近度、"重力加速度"和"解算器迭代次数"设置、物理网格的充气量以及模拟的帧速率。
- 使用高速碰撞：全局设置，用于切换连续的碰撞检测。

（2）"高级设置"卷展栏（如图 11-3 所示）

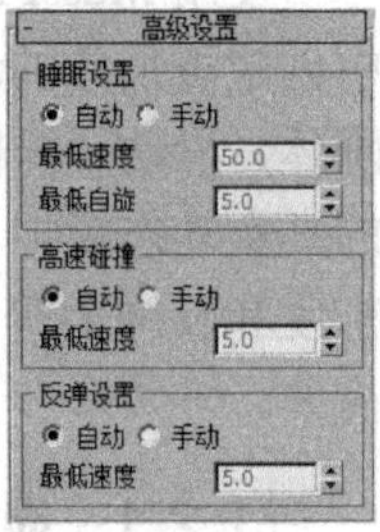

- "睡眠设置"组：用于设置"睡眠"的方法。在模拟中移动速度低于某个速率的刚体将自动进入"睡眠"模式，从而使 MassFX 关注其他活动对象，提高了性能。当处于睡眠状态下的对象被其他未处于睡眠状态的刚体碰撞，就会"醒来"。

图 11-3

- 自动：MassFX 自动计算合理的线速度和角速度睡眠阈值，高于该阈值即应用睡眠。
- 手动：在需要覆盖速度和自旋的试探式值时，选择"手动"并根据需要调整设置。
- 最低速度：当选择"手动"时，在模拟中移动速度低于此速度（以单位/秒为单位）的刚体将自动进入"睡眠"模式。

如果将此值设置得非常高，可能会导致明显移动中的对象的速度降低到低于此值时突然停止。如果将此值设置得非常低，将会导致较少的对象进入睡眠模式。如果将"最低速度"设置为 0，表示完全禁用睡眠。

- 最低自转：模拟中旋转速度低于此速度（以度/秒为单位）的刚体将自动进入"睡眠"模式。当此值为 0 时，表示完全禁用睡眠。
- "高速碰撞方法"组：当启用"使用高速碰撞"时，该组去顶 MassFX 计算此类碰撞的方法。
- 最低速度：模拟中移动速度高于此速度（以单位/秒为单位）的刚体将自动进入高速碰撞模式。如果将此值设置得非常高，可能会导致快速移动的对象穿越应与其发生碰撞的对象。如果将此值设置得非常低，将导致更多对象进入高速碰撞模式，这样的话，由于也需要对低速移动的对象进行碰撞计算，因此会降低性能。如果将此值设置为 0，则对所有移动对象启用高速碰撞模式。要应用这些设置，必须启用"使用高速碰撞"。

● "反弹设置"组：该组用于选择确定刚体何时相互反弹的方法。

● 最低速度：模拟中移动速度高于此速度（以单位/秒为单位）的刚体将相互反弹，这是碰撞的一部分。如果将此值设置得非常高，将导致快速移动的对象与其他对象碰撞时不反弹。如果将此值设置得非常低，将导致场景中更多低速移动的对象反弹，这会降低模拟性能，并可能会导致发生抖动。如果将此值设置为 0，将对所有移动对象启用反弹。

（3）"模拟设置"卷展栏（如图 11-4 所示）

● 在最后一帧：选择当动画进行到最后一帧时，是否继续进行模拟，如果继续，如何进行模拟，提供了三种选择，即：继续模拟、停止模拟、循环运动并且....。

（4）"引擎"卷展栏（如图 11-5 所示）

图 11-4

图 11-5

如果电脑的硬件配置较高，则可以使用这些选项加速模拟速度。

● 使用多线程：启用时，如果电脑的 CPU 具有多个内核，CPU 可以执行多线程，以加快模拟的计算速度。在某些条件下可以提高性能，但是连续进行模拟的结果可能会不同。

● 硬件加速：启用时，如果电脑的显卡配备了 NVIDIA GPU（英伟达图形处理器），即可使用硬件加速来执行某些计算。在某些条件下可以提高性能，但是连续进行模拟的结果可能会不同。

● 关于 MassFX：将打开一个小对话框，其中显示 MassFX 的基本信息，包括 PhysX 版本。

"工具"面板中的各选项功能介绍如下：

"工具"面板包含用于控制模拟和访问工具（例如 MassFX 资源管理器）的按钮。

（1）"模拟"卷展栏（如图 11-6 所示）

"模拟"展栏提供控件，用于运行模拟、烘焙关键帧的动力学变换，以及指定动力学实体的起始变换。

● ▐◀（重置模拟）：停止模拟，并将时间滑块移动到第一帧，同时将任意动力学刚体设置为其初始变换。此按钮与在"动画>模拟-MassFX>模拟>重置模拟"命令和"MassFX 工具栏"中的 按钮的功能相同。

图 11-6

● ▶（开始模拟）：从当前帧运行模拟。时间滑块为每个模拟步长前进一帧，从而导致运动学刚体作为模拟的一部分进行移动。如果模拟正在运行（如高亮显示的按钮所示），单击该按钮可以暂停模拟。此按钮与在"动画>模拟-MassFX>模拟>开始模拟"命令和"MassFX 工具栏"中的 按钮的功能相同。

● ▷（开始没有动画的模拟）：与"开始模拟"类似，只是模拟运行时时间滑块不会前进。这可用于使动力学刚体移动到固定点，以准备使用捕捉初始变换。此按钮与"MassFX

工具栏"中的  按钮的功能相同。

- **(步阶模拟)**：运行一个帧的模拟并使时间滑块前进相同量。此按钮与在"动画>模拟-MassFX>模拟>步阶模拟"命令和"MassFX 工具栏"中的 按钮的功能相同。
- 烘焙可以创建动力学对象的标准关键帧动画，并将它们转换为运动学对象。
- 烘焙所有：将所有动力学刚体的变换存储为动画关键帧时重置模拟，然后运行它。完成后，所有动力学刚体将转换为运动学刚体。还可以为取消烘焙的刚体设置内部"烘焙"标志。
- 烘焙选定项：烘焙选定的动力学物体动画。
- 取消烘焙所有：删除烘焙时设置为运动学的所有刚体的关键帧，从而将这些刚体恢复为动力学刚体。
- 取消烘焙选定项：与"取消烘焙所有"类似，只是取消烘焙仅应用于选定的适用刚体。
- 捕获选定项：将每个选定的动力学刚体的初始变换设置为其变换。之后使用"重置模拟"将使动力学对象返回到这些变换。

（2）"工具"卷展栏（如图 11-7 所示）

- 浏览场景：打开"场景资源管理器-MassFX"对话框。
- 验证场景：确保各种场景元素不违反模拟要求。
- 导出场景：使模拟可用于其他程序。

"编辑"面板中的各选项功能介绍如下：

"编辑"面板可以指定模拟中对象的局部动态设置。这些设置与"修改"面板上刚体修改器的对应设置之间的主要区别在于："编辑"面板可用于同时为所有选定对象设置属性，而"修改"面板设置一次仅能用于一个对象，因此"编辑"面板可以视为处理模拟中任意多个对象的"多编辑器"。

（1）"刚体属性"卷展栏（如图 11-8 所示）

图 11-7

图 11-8

- 刚体类型：所有选定刚体的模拟类型。可用的选择有动力学、运动学和静态。
- 直到帧：如果启用此选项，MassFX 会在指定帧处将选定的运动学刚体转换为动态刚体。仅在"刚体类型"设置为"运动学"时可用。
- 烘焙/取消烘焙：将取消烘焙的选定刚体的模拟运动转换为标准动画关键帧。仅适用于动力学刚体，并且仅当所有选定刚体已烘焙或取消烘焙时才可用。如果所有选定刚体均经过烘焙，则按钮的标签为"取消烘焙"，单击该按钮可以移除关键帧并使刚体恢复为"动态"状态。
- 使用重力：如果启用此选项或"世界"面板中的"启用重力"开关，全局重力设置将应用于选定刚体。
- 使用高速碰撞：如果启用此选项或"世界"面板中的"使用高速碰撞"开关，"高速

"碰撞"设置将应用于选定刚体。

● 在睡眠模式中启用：如果启用此选项，选定刚体将使用全局睡眠设置以睡眠模式开始模拟。这意味着，在受到未处于睡眠状态的刚体的碰撞之前，它们不会移动。

● 与刚体碰撞：如果启用此选项，选定的刚体将与场景中的其他刚体发生碰撞，默认设置为启用。

（2）"物理材质"卷展栏（如图 11-9 所示）

"物理材质"卷展栏提供了使用物理材质的基本工具。在设置特定的值时使用"物理材质属性"卷展栏。

● 预设：从下拉列表中选择预设材质，以将"物理材质属性"卷展栏上的所有值更改为预设中保存的值，并将这些值应用到选择内容。

● 创建预设：基于当前值创建新的物理材质预设。打开"物理材质名称"对话框，在其中输入新预设的名称，单击"确定"按钮后，新材质会变为活动状态并添加到"预设"列表中。

● 删除预设：从列表中移除当前预设并将列表设置为"（无）"。当前的值将保留。

（3）"物理材质属性"卷展栏（如图 11-10 所示）

图 11-9

图 11-10

"物理材质"属性控制刚体在模拟中与其他图元的交互方式：质量、摩擦力、反弹力等。设置这些属性后，可以通过"物理材质"卷展栏控件将其保存为一个预设。

● 🔒：激活该按钮时，活动预设的属性设置无法用于编辑。要编辑该值必须先解除锁定设置。如果已指定预设，默认情况下，设置将被锁定。如果未指定任何预设，如"（无）"标签所示，"锁定"按钮将无法使用，可始终对设置进行编辑。

● 密度：指刚体的密度，度量单位为 g/cm³（克每立方厘米）。这是国际单位制（kg/m³）中等价度量单位的千分之一。根据对象的体积，更改此值将自动计算对象的正确质量。

● 质量：指刚体的重量，度量单位为 kg（千克）。根据对象的体积，更改此值将自动更新对象的密度。

● 静摩擦力：两个刚体开始互相滑动的难度系数。值为 0 时表示无摩擦力（比聚四氟乙烯更滑），值为 1 时表示完全摩擦力（砂纸上的橡胶泥）。两个刚体间的有效静摩擦力是各自静摩擦力值的乘积。如果一个刚体的静摩擦力值为 0 时，则另一个刚体的摩擦力值是多少都无关紧要。两个对象开始滑动后，就转而施加动摩擦力。

● 动摩擦力：两个刚体保持互相滑动的难度系数。值为 0 时表示无摩擦力，值为 1 时表示完全摩擦力。

● 反弹力：对象撞击到其他刚体时反弹的轻松程度和高度。值为 0 时表示无反弹，值为 1 时表示对象的反弹力度与撞击其他对象的力度几乎一样。两个刚体间的有效反弹力是各自反弹力值的乘积。

（4）"物理网格"卷展栏（如图 11-11 所示）

物理网格是模拟中对象的表示方法。

● 网格类型：选定刚体物理网格的类型。可用类型有"球体"、"长方体"、"胶囊"、"凸面"、"合成"、"原始"和"自定义"。"球体"、"长方体"和"自定义"是 MassFX 基本体，模拟速度比凸面/自定义外壳更快。为了获得最佳性能，应尽可能使用最简单的类型。

（5）"物理网格参数"卷展栏

根据具体的"网格类型"设置，该卷展栏的内容会有所不同。

"物理网格参数"卷展栏（球体）如图 11-12 所示：

● 半径：物理网格球体基本体的半径。尽管在视口中球体看起来具有多个顶点，但这是一个用于模拟的无限平滑球体。

"物理网格参数"卷展栏（长方体）如图 11-13 所示：

● 长度：长方体在局部 X 轴上的大小。
● 宽度：长方体在局部 Y 轴上的大小。
● 高度：长方体在局部 Z 轴上的大小。

"物理网格参数"卷展栏（胶囊）如图 11-14 所示：

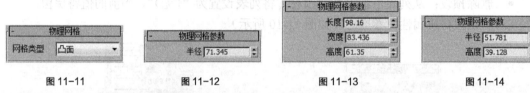

图 11-11　　　　图 11-12　　　　图 11-13　　　　图 11-14

● 半径：物理网格胶囊基本体的半径。尽管在视口中绘制的胶囊含有多个顶点，但为进行模拟，它是一个完全平滑的图形。

● 高度：胶囊的圆角端点之间的距离（高度为 0 的胶囊是一个球体。）胶囊的端到端长度是高度+（2×半径）。

"物理网格参数"卷展栏（凸面）如图 11-15 所示：

在大多数情况下，"凸面"物理网格是默认类型。此网格类型是自动生成的，以尽可能少的计算开销添加到模拟中。如果需要调整其图形，可以使用"物理网格"卷展栏上的"转换为自定义网格"按钮将其转换为自定义网格。

图 11-15

调整该卷展栏上的参数时网格会实时响应，但是如果编辑图形网格，请使用"从原始重新生成"使物理网格自适应修改的对象。

● 网格中有 8 个顶点：此只读字段显示生成的凸面物理网格中的实际顶点数。根据图形网格和该卷展栏上的其他设置，此值可能与"顶点"设置不同。

● 充气：将凸面网格从图形网格的顶点向外扩展（正值）或向图形网格内部收缩（负值）的量。正值以世界单位计量，而负值基于缩减百分比。将凸面外壳充气至超出图形网格是防止快速移动对象互相穿透的一种简单方法，但在慢速移动条件下，会使对象互相远离。

● 生成处：选择创建凸面外壳的方法，即 Surface 或 Vertices。Surface（曲面）：创建凸面物理网格，且该网格完全包裹图形网格的外部，此方法有时会创建"杂乱"的网格。Vertices（顶点）：重用图形网格中现有顶点的子集，此方法创建的网格更清晰，但只能保证顶点位于图形网格外部，可能需要使用一个正的"充气"值，使凸面外壳完全位于图形网格外部。

● 从原始重新生成：使凸面网格自适应图形网格的当前状态。通过更改图形的方式编辑图形网格的对象后，使用该选项可以使物理网格重新适配图形网格。

"物理网格参数"卷展栏（合成）如图 11-16 所示：

在该卷展栏中更改参数设置后，单击"生成"按钮即可使更改生效。

图 11-16

● 最大顶点：用于每个凸面外壳的最大顶点数。使用的顶点越多，就更接近原始图形，但模拟速度会稍稍降低。

● 分割级别：用于合成网格的最大分区深度（二进制空间分区的分割数）。使用的分割级别越高，就更接近原始图形，但模拟速度会大大降低。

● 充气：将凸面外壳从图形网格的顶点向外扩展（正值）或向图形网格内部收缩（负值）的量。正值以世界单位计量，而负值基于缩减百分比。将凸面外壳充气至超出图形网格是防止快速移动对象互相穿透的一种简单方法，但在慢速移动条件下，会使对象互相远离。

● 大小差异：每块凸面外壳的体积分割阈值相对于整个对象体积的百分比。"大小差异"值越高，就越接近原始图形，因为这将增加凸面外壳的大小变化，导致创建更多的凸面外壳，但同时会降低模拟速度。较低的"大小差异"值会导致创建较少的、大小相似的外壳，因此提高了模拟速度，但降低了精度。

● 收缩包裹：将物理网格包裹到物体上，以百分比的形式进行包裹大小的调整。

● 粒度：合成网格的合并阈值百分比。MassFX 尝试将每个生成的外壳与其他生成的外壳合并。如果两个外壳各自的体积和组合体积的差异高于"粒度"值，则合并这两个外壳。此值越高，允许保持分离的凸面外壳就越多，从而可能生成更接近于原始图形的图形网格。此值越低，强制合并的中间凸面外壳就越多，从而提高性能。

● 生成：选择"合成"网格类型之后单击此按钮将创建新的凸面外壳，更改任意设置后单击此按钮将重新计算外壳。

"物理网格参数"卷展栏（原始）如图 11-17 所示：

"原始"网格类型使用图形网格作为物理网格，此网格类型没有设置。此选项常用于静态刚体，这种刚体可以是凹面的。如果为动力学或运动学刚体选择此选项，且图形网格为凹面，则生成凸面外壳。

"物理网格参数"卷展栏（自定义）如图 11-18 所示：

图 11-17   图 11-18

使用"自定义"物理网格类型可以从场景中的其他对象提取物理网格。通过此选项可以精确控制物理网格的顶点位置。

● 为获得使用"自定义"网格的最佳效果，请注意以下注意事项：（1）用作"自定义"网格的对象包含的顶点数量不能超过 256 个。（2）要对动力学或运动学刚体使用"自定义"网格，网格必须是凸面；对于静态刚体，网格可以是凹面。（3）从"自定义"网格生成的物理网格的默认位置是源对象的默认位置，所以需要叠加"自定义"网格对象和用作刚体的对象才能提取网格；或可以将提取的网格移动到"刚体"修改器"网格转换"子对象层级上的所需位置。

- 拾取源对象：单击此按钮，然后选择场景中要用作自定义网格的其他对象。选择网格之后，按钮标签文本为自定义网格对象的名称。
- 选择源对象：将场景中的对象关联为"自定义"物理网格的源之后，单击此按钮以选择该对象。
- 提取到源对象：当场景中没有关联的"自定义"网格时，单击此按钮可从物理网格创建新的可编辑网格对象，并将其与物理网格相关联。然后可以调整其顶点，使用"从源对象更新"，并根据需要再次删除可编辑网格。如果源对象存在，则此选项不可用。
- 从源对象更新：如果编辑了顶点或变换了源对象，单击此按钮可将所做更改复制到物理网格。如果源对象不存在，则此选项不可用。

（6）"高级设置"卷展栏（如图11-19所示）

图 11-19

- 覆盖碰撞重叠：如果启用此选项，将为选定刚体使用在此处指定的碰撞重叠设置，而不使用全局设置。
- 覆盖解算器迭代次数：如果启用此选项，将为选定刚体使用在此处指定的解算器迭代次数设置，而不使用全局设置。
- 绝对/相对：此设置只适用于刚开始时为运动学类型之后在指定帧处切换为动态类型的刚体。通常，这些实体的初始速度和初始自旋的计算基于它们变为动力学之前最后一帧的动画。该选项设置为"绝对"时，将使用"初始速度"和"初始自旋"的值，而非基于动画的值。该选项设置为"相对"时，指定值将添加到根据动画计算得出的值。
- 初始速度：刚体在变为动态类型时的起始方向和速度（每秒单位数）。XYZ 参数保持为规格化向量，因此很难对其进行编辑或描绘。使用"初始速度"子对象层级可显示"初始速度"的方向，使用旋转工具进行调整。
- 初始自旋：刚体在变为动态类型时旋转的起始轴和速度（每秒度数）。XYZ 参数保持为规格化向量，因此很难对其进行编辑或描绘。使用"初始速度"子对象层级可显示"初始自旋"轴，使用旋转工具进行调整。
- 阻尼：阻尼可减慢刚体的速度。通常用来减少模拟中的振动，或使对象看上去正在穿过重介质。
- 线性：为减慢移动对象的速度所施加的力大小。
- 角度：为减慢旋转对象的速度所施加的力大小。

2. （将选定项设置为动力学刚体）按钮

该按钮有两个弹出按钮，下面介绍按钮的功能。

- （将选定项设置为动力学刚体）：将未实例化的 MassFX 刚体修改器应用到每个选定对象，并将刚体类型设置为动力学，然后为每个对象创建一个凸面物理网格。如果选定对象已经具有 MassFX 刚体修改器，则现有修改器将更改为动力学，而不重新应用。此按钮与"动画>模拟–MassFX>刚体>将选定项设置为动力学刚体"命令的功能相同。
- （将选定项设置为运动学刚体）：将未实例化的 MassFX 刚体修改器应用到每个选定对象，并将刚体类型设置为运动学，然后为每个对象创建一个凸面物理网格。如果选定对象已经具有 MassFX 刚体修改器，则现有修改器将更改为运动学，而不重新应用。此按钮与"动画>模拟–MassFX>刚体>将选定项设置为运动学刚体"命令的功能相同。
- （将选定项设置为静态刚体）：将未实例化的 MassFX 刚体修改器应用到每个选定

对象，并将刚体类型设置为静态。为对象创建一个凸面物理网格。如果选定对象已经具有 MassFX 刚体修改器，则现有修改器将更改为静态，而不重新应用。此按钮与"动画>模拟 –MassFX>刚体>将选定项设置为静态刚体"命令的功能相同。

3. 　（建立刚性约束）按钮

该按钮有五个弹出按钮，这些命令每个都创建 MassFX 约束辅助对象。它们之间唯一的区别是约束类型所述的合理默认值应用的值。调用命令之前，选择两个对象以表示受约束影响的刚体。选择的第一个对象将用作约束的父对象，而第二个对象用作子对象。第一个对象不能是静态刚体，而第二个对象不能是静态或运动学刚体。如果选定的对象没有应用 MassFX 刚体修改器，将打开一个确认对话框，用于为对象应用修改器。

* 　（建立刚性约束）：将新 MassFX 约束辅助对象添加到带有适合于刚体约束的设置的项目中。刚体约束使平移、摆动和扭曲全部锁定，尝试在开始模拟时保持两个刚体在相同的相对变换中。此按钮与"动画>模拟–MassFX>约束>创建刚体约束"命令的功能相同。

* 　（创建滑块约束）：将新 MassFX 约束辅助对象添加到带有适合于滑动约束的设置的项目中。滑动约束类似于刚体约束，但是启用受限的 Y 变换。此按钮与"动画>模拟 –MassFX>约束>创建滑块约束"命令的功能相同。

* 　（建立转枢约束）：将新 MassFX 约束辅助对象添加到带有适合于转枢约束的设置的项目中。转枢约束类似于刚体约束，但是"摆动 1"限制为 100 度。此按钮与"动画>模拟–MassFX>约束>创建转枢约束"命令的功能相同。

* 　（创建扭曲约束）：将新 MassFX 约束辅助对象添加到带有适合于扭曲约束的设置的项目中。扭曲约束类似于刚体约束，但是"扭曲"设置为无限制。此按钮与"动画>模拟 –MassFX>约束>创建扭曲约束"命令的功能相同。

* 　（创建通用约束）：将新 MassFX 约束辅助对象添加到带有适合于通用约束的设置的项目中。通用约束类似于刚体约束，但"摆动 1"和"摆动 2"限制为 45 度。此按钮与"动画>模拟–MassFX>约束>创建通用约束"命令的功能相同。

* 　（建立球和套管约束）：将新 MassFX 约束辅助对象添加到带有适合于球和套管约束的设置的项目中。球和套管约束类似于刚体约束，但"摆动 1"和"摆动 2"限制为 80 度，且"扭曲"设置为无限制。此按钮与"动画 ＞ 模拟–MassFX ＞ 约束 ＞ 创建球和套管约束"命令的功能相同。

11.3　创建刚体动画

刚体是物理模拟中的对象，其形状和大小不会更改。例如，如果将场景中的模型设置为了刚体，它可能会反弹、滚动和四处滑动，但无论施加了多大的力，它都不会弯曲或折断。

可以使用约束连接场景中的多个刚体。例如，在场景中创建一个门和门框并将它们设置为刚体，对该门的任何撞击行为都会使其倒落到地板上，我们可以使用转枢约束使门直立在门框中且可以打开和关闭。

11.3.1　创建刚体

通过将 MassFX 刚体修改器应用到对象来创建刚体。可以使用"MassFX 工具栏"上的

"刚体"弹出按钮执行操作，或使用"模拟-MassFX>刚体"命令执行操作。

根据选择设置"刚体类型"参数的值时，不同的工具栏按钮和菜单命令都创建相同的修改器。创建后我们可以随意更改刚体的类型。将 MassFX 刚体修改器添加到某对象后，会自动将该对象添加到模拟中。

下面通过一个实例来介绍如何创建刚体，操作步骤如下：

（1）在"顶"视图中创建一个茶壶，在"前"视图中将茶壶移动至高于水平位置，使用旋转工具调整模型角度，如图 11-20 所示。

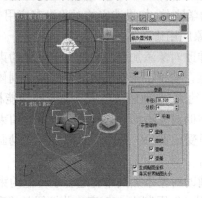 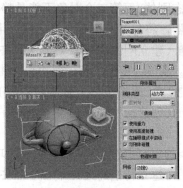

图 11-20　　　　　　　　　　　　　图 11-21

（2）在未使用的工具栏区域中单击鼠标右键，在弹出的快捷菜单中选择"MassFX 工具栏"命令，在弹出的"MassFX 工具栏"中单击 （将选定项设置为动力学刚体）按钮。此时"MassFX Rigid Body（MassFX 刚体）"修改器将添加到修改器堆栈中，同时为物理网格创建凸面外壳，如图 11-21 所示。

（3）在"MassFX 工具栏"中单击 （开始模拟）按钮，该茶壶模型落到地面上，并且可能会有一些反弹和滚动，如图 11-22 所示。

（4）在模拟过程中再次单击 （开始模拟）按钮，可以在当前帧停止模拟，单击 （重置模拟）按钮可以将模型返回到其起始位置。

11.3.2 "MassFX Rigid Body"修改器

要使几何对象参与到物理模拟中，必须应用"MassFX

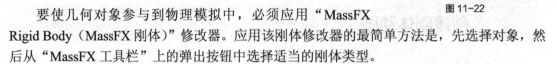

图 11-22

Rigid Body（MassFX 刚体）"修改器。应用该刚体修改器的最简单方法是，先选择对象，然后从"MassFX 工具栏"上的弹出按钮中选择适当的刚体类型。

修改器界面包含"修改"面板上的几个卷展栏以及含有四个子对象层级的修改器堆栈。此卷展栏上的大多数控件仅适用于未烘焙的刚体，一旦烘焙对象的运动，这些控件将变为不可用状态。在"刚体属性"卷展栏中单击"取消烘焙"按钮可以恢复这些控件。

"MassFX Rigid Body"修改器的"修改"面板卷展栏一次只能用于一个对象，如果选定了多个刚体，将不会显示这些卷展栏。但可以在"MassFX 工具"对话框的编辑面板上编辑多个选定的刚体。"编辑"面板中的大多数控件与"修改"面板中的控件相同。下面介绍"MassFX Rigid Body"修改器（如图 11-23），"MassFX 工具"对话框的"编辑"面板中介绍过的我们就不再重复介绍了。

1. 修改器堆栈-子对象层级

● 初始速度：此层级显示刚体初始速度方向的可视化。使用 （选择并旋转）工具可更改方向。

● 初始自转：此层级显示刚体初始自旋轴和方向的可视化。使用 （选择并旋转）工具可更改轴。

● 质心：此层级显示刚体质心位置的可视化。使用 （选择并移动）工具可更改位置。

● 网格变换：使用此层级，可以调整刚体物理网格的位置和旋转。在"物理网格"卷展栏的列表中，高亮显示要变换的物理网格，该物理网格将在视口中以白色线框绘制。使用"移动"和"旋转"工具可调整物理网格相对于刚体的放置。

2. "物理材质"卷展栏（如图 11-24 所示）

● 网格：使用下拉列表选择要更改其材质参数的刚体的物理网格。默认情况下，所有物理网格都使用公用材质设置，其标签为"对象"。仅"物理网格"卷展栏中的"覆盖物理材质"复选框处于启用状态的物理网格显示在该列表中。

● 预设：从列表中选择一个预设，以指定所有的物理材质属性，如图 12-25 所示。选中预设时，设置是不可编辑的（根据对象的密度和体积值对刚体的质量进行重新计算），但是当预设设置为"（无）"时，可以随便编辑值。使用场景中其他刚体的设置，先单击 按钮，然后选择场景中的刚体。位于列表底部的命令用来加载预设和将预设保存为文件，以及创建新预设。

图 11-23

图 11-24

图 11-25

3. "物理网格"卷展栏（如图 11-26 所示）

使用"物理网格"卷展栏可以编辑在模拟中指定给某个对象的物理网格。可以使用这些控件来添加和移除物理网格、更改网格类型、在对象之间复制物理网格以及进行其他操作。运行模拟时，MassFX 使用所有指定的物理网格来表示对象的真实状态。

● 网格列表：显示添加到刚体的每个物理网格。高亮显示列表中的物理网格，以便对其进行重命名、删除、复制和粘贴操作，以及更改其网格参数或影响其变换。

● 添加：将新的物理网格添加到刚体。该网格类型默认为"凸面"，覆盖整个图形网格。添加网格后，该网格将在列表中高亮显示，以便可以更改网格类型、属性等。

● 重命名：更改高亮显示的物理网格的名称。

图 11-26

- 删除：将高亮显示的物理网格从刚体中删除，但刚体中最后剩下的物理网格不能删除。
- 复制网格：将高亮显示的物理网格复制到剪贴板以便随后粘贴，物理网格的网格参数和局部变换将随网格一起复制。
- 粘贴网格：将之前复制的物理网格粘贴到当前刚体中，粘贴后对原始复制的物理网格所做的任何更改都不会影响新的物理网格。
- 转换为自定义网格：单击该按钮时，将基于高亮显示的物理网格在场景中创建一个新的可编辑网格对象，并将物理网格类型设置为"自定义"。可以使用标准网格编辑工具调整网格，然后相应地更新物理网格。
- 覆盖物理材质：默认情况下，刚体中的每个物理网格使用在"物理材质"卷展栏中设置的材质设置。如果使用的是由多个物理网格组成的复杂刚体，需要为某些物理网格使用不同的设置时，应勾选"覆盖物理材质"复选框。本部分中的所有属性按照针对"物理网格"卷展栏所述的方式工作，但仅适用于选定的物理网格。

11.3.3 约束物理对象

MassFX 可以约束和限制刚体在模拟中的移动，模拟现实世界中的一些约束。所有约束预设创建具有相同设置的同一类型的辅助对象。不同的约束类型只需为生成的约束设置一些有用的默认值。约束辅助对象可以将两个刚体链接在一起，也可以将单个刚体锚定到全局空间的固定位置。约束组成了一个层次关系，其中子对象是主要受约束的对象。两个动力学刚体间的约束行为类似于现实世界：应用于一个刚体的力可以以任一方向传递到其他刚体。

默认情况下约束"不可断开"，无论对它应用了多强的作用力或使它违反其限制的程度多严重，它将保持效果并尝试将其刚体移回所需的范围。但可以将约束设置为可使用独立作用力和扭矩限制来将其断开，超过该限制时约束将会禁用且不再应用于模拟。

下面通过一个实例来介绍如何创建约束，操作步骤如下：

（1）创建要约束的对象，如图 11-27 所示先创建了一个球体，然后创建了一个长方体。

（2）子对象必须是动力学刚体，而父对象可以是动力学刚体、运动学刚体或为空。先选择两个模型并设置它们的刚体属性，如图 11-28 所示。

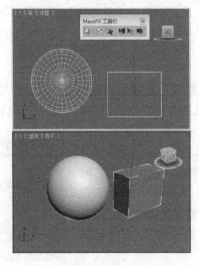
图 11-27

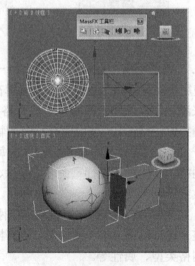
图 11-28

（3）如果要将刚体约束到另一个刚体，在工具栏中单击 （选择并链接）按钮，先选择作为父对象模型的球体，此时鼠标光标在球体位置变为 ，按住鼠标左键并将光标拖曳到作为子对象模型的长方体上，并释放鼠标左键，如图 11-29 所示。

（4）框选两个模型，再从"MassFX 工具栏"中的弹出按钮中选择一种约束预设，在视口中沿着水平方向来回移动鼠标以调整约束的显示大小，如图 11-30 所示，单击鼠标左键来确定约束显示大小并完成创建约束。

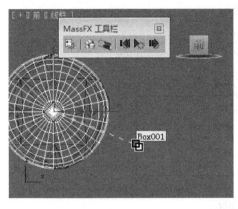
图 11-29

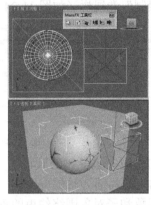
图 11-30

图 11-31

（5）切换至 （修改）命令面板，此时显示"UConstraint"设置，如图 11-31 所示。最后根据需要调整设置，并定位应在模拟中启动的对象和约束。

"UConstraint"中各参数功能介绍如下：

（1）"连接"卷展栏（如图 11-32 所示）

* 父对象：设置刚体以作为约束的父对象使用。单击使用关联对象的名称标记的按钮，然后在视口中选择要作为新父对象使用的刚体。约束即链接到父对象，并随其一起旋转和移动。父对象可以是动力学对象或运动学对象，但不可以是静态对象。单击"父对象"右侧的  按钮即可删除父对象。

图 11-32

* 子对象：设置刚体以作为约束的子对象使用。子对象仅可以是动力学刚体，而不能是运动学刚体或静态刚体。单击"子对象"右侧的 x 按钮即可删除子对象。

* 可断开：如果启用此选项，在模拟阶段可能会破坏此约束。如果在父对象和子对象之间应用超出"最大力"的线性力或超出"最大扭矩"的扭曲力，则约束"破坏"。

* 最大力："可断开"处于启用状态时，如果线性力的大小超过该值，将断开约束。该值越大约束越难破坏。

* 最大扭矩："可断开"处于启用状态时，如果扭曲力的数量超过该值，将断开约束。该值越大约束越难破坏。

（2）"平移限制"卷展栏（如图 11-33 所示）

* 锁定：防止刚体沿某局部轴移动。

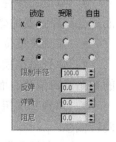
图 11-33

* 受限：允许对象按"限制半径"大小将沿某局部轴移动（远离父对象和子对象之间的初始偏移）。如果多个轴设置为"受限"，运动是径向受限（在圆或球体内，不是正方形或长方体）。"限制半径"的距离针对每个"受限"轴在视口中直观地表示。

- 反弹：对于任何受限轴，碰撞时对象偏离限制而反弹的数量。值为 0 表示没有反弹，而值为 1 表示完全反弹。
- 弹簧：对于任何受限轴，是指在超限情况下将对象拉回限制点的"弹簧"强度。较小的值表示低弹簧力，而较大的值会随着力增加将对象拉回到限制。0 值是用于指示强制限制的特殊值，试图避免对象超出平移限制。
- 阻尼：对于任何受限轴，在平移超出限制时它们所受的移动阻力数量。

（3）"摆动和扭曲限制"卷展栏（如图 11-34 所示）

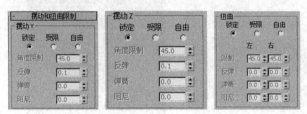

图 11-34

- 摆动 Y：围绕约束的局部 Y 轴的旋转。
- 摆动 Z：围绕约束的局部 Z 轴的旋转。
- 锁定：防止父对象和子对象围绕约束的轴旋转。
- 受限：允许父对象和子对象围绕轴的中心旋转固定数量的度数（由"角度限制"设置所指定）。
- 自由：允许父对象和子对象围绕约束的局部轴无限制旋转。
- 角度限制：当"摆动"设置为"受限"时，离开中心允许旋转的度数。应用到两侧，因此总的运动范围是该值的两倍。
- 反弹：当"摆动"设置为"受限"时，碰撞时对象偏离限制而反弹的数量。
- 弹簧：当"扭曲"设置为"受限"时，将对象拉回到限制（如果超出限制）的弹簧强度。每个限制可以指定唯一的值。
- 阻尼：当"扭曲"设置为"受限"且超出限制时对象所受的旋转阻力数量。每个限制可以指定唯一的值。

（4）"弹簧"卷展栏（如图 11-35 所示）

- 弹性：始终将父对象和子对象的平移拉回到其初始偏移位置的力量。
- 阻尼：弹性不为零时用于限制弹簧力的阻力。这不会导致对象本身因阻力而移动，而只会减轻弹簧的效果。
- 弹到基准位置：改变对象的位置偏移。
- 弹到基准摆动：类似于"弹到基准位置"，但将对象拉回到其围绕局部 Y 轴和 Z 轴的初始旋转偏移，而不是它们的位置偏移。
- 弹到基准扭曲：类似于"弹到基准摆动"，但将对象拉回到其围绕局部 X 轴的初始旋转偏移。

（5）"高级"卷展栏（如图 11-36 所示）

- 移动到父对象的轴：设置在父对象的轴的约束位置，此选项对于子对象应围绕父对象轴旋转的相应约束非常有用。
- 移动到子对象的轴：调整约束的位置，以将其定位在子对象的轴上。

图 11-35　　　　　　　　　　　图 11-36

- 显示大小：要在视口中绘制约束辅助对象的大小。此属性不会影响模拟，它只是使约束足够大以便不会隐藏在所约束的对象内，但不能太大。
- 父/子刚体碰撞：如果禁用此选项（默认），由某个约束所连接的父刚体和子刚体将无法相互碰撞。举例来说，这样会使大腿和小腿的刚体在膝部重叠而不会出现问题。如果启用此选项，可以使两个刚体彼此响应，并对其他刚体做出反应。
- 使用投影：如果启用此选项并且父对象和子对象违反约束的限制，将通过强迫它们回到限制范围来解决此状况。
- 距离：为了投影生效要超过的约束冲突的最小距离，低于此距离的错误不会使用投影，将该值设置过小会导致将不必要的振动带入模拟中。
- 角度：必须超过约束冲突的最小角度（以度为单位），投影才能生效。低于该角度的错误将不会使用投影。

11.4　Cloth（布料）修改器

3ds Max 2012 自带的 MassFX 模拟器是不支持布料模拟的。如果要做布料运算，还是用"Cloth"修改命令。

"Cloth"修改器是 Cloth 系统的核心，应用于 Cloth 模拟组成部分的场景中的所有对象。该修改器用于定义 Cloth 对象和冲突对象、指定属性和执行模拟。其他控件包括创建约束、交互拖动布料和清除模拟组件。

 提示

分别带有单独 Cloth 修改器应用程序的 Cloth 对象彼此将不会交互。我可以一次性选择所有对象，然后对其应用 Cloth 修改器来解决。也可以对一个或多个对象应用 Cloth，然后使用"添加对象"按钮（在"对象"卷展栏或在"对象属性"对话框）添加对象。

11.4.1　Cloth（布料）修改器的参数

在应用"Cloth"修改器之后，可以在"命令"面板上看到"对象"卷展栏是第一个卷展栏，如图 11-37 所示。

"Cloth（布料）"修改器的各功能选项介绍如下：

（1）"对象"卷展栏

"对象"卷展栏中包括了创建 Cloth 模拟和调整织物属性的大部分控件。

图 11-37

- 对象属性：单击该按钮会弹出"对象属性"对话框。在其中可定义要包含在模拟中的对象，确定这些对象是布料还是冲突对象，以及与其关联的参数。

- Cloth 力：向模拟添加类似风之类的力（即场景中的空间扭曲）。单击"Cloth 力"以打开"力"对话框。要向模拟添加力，可在"力"对话框左侧的"场景中的力"列表中，突出显示要添加的力，然后单击 > 按钮，将其移动到"模拟中的力"列表中，从而将其添加到模拟中。此后，该力就将影响到模拟中的所有 Cloth 对象。要从模拟移除力，可在右侧的"模拟中的力"列表中，突出显示要移除的力，然后单击 < 按钮，将其移动到"场景中的力"列表中。

- 模拟局部：不创建动画，开始模拟进程。使用此模拟可将衣服覆盖在角色上，或将衣服的面板缝合在一起。

- 模拟局部（阻尼）：和"模拟局部"相同，但是为布料添加了大量的阻尼。

- 模拟：在激活的时间段上创建模拟。与"模拟本地"不同，这种模拟会在每帧处以模拟缓存的形式创建模拟数据。

- 进程：选择该选项时，将在模拟期间打开"Cloth"模拟对话框，如图 11-38 所示。该对话框显示模拟进度，其中包括时间信息以及有关错误或时间步阶调整的消息。

- 模拟帧：显示当前模拟的帧数。

- 消除模拟：删除当前的模拟，

- 截断模拟：删除模拟在当前帧之后创建的动画。

（2）"选定对象"卷展栏（如图 11-39 所示）

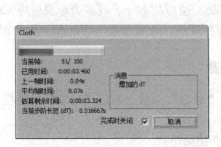

图 11-38

图 11-39

- 文本字段：显示缓存文件的当前路径和文件名。
- 强制 UNC 路径：如果文本字段路径是指向映射的驱动器，则将该路径转换为 UNC 格式。从而使该路径易于访问网络上的任何计算机。单击"所有"按钮可以将当前模拟中所有布料对象的缓存路径都转换为 UNC 格式。
- 覆盖现有：启用时，Cloth 可以覆盖现有缓存文件。单击"所有"按钮可以对当前模拟中的所有布料对象启用覆盖。
- 设置…：用于指定所选对象缓存文件的路径和文件名。
- 加载：将指定的文件加载到所选对象的缓存中。
- 导入…：打开一个文件对话框以加载一个缓存文件，而不是指定的文件。
- 加载所有：加载模拟中每个布料对象的指定缓存文件。
- 保存：使用指定的文件名和路径保存当前缓存（如果有的话）。如果未指定文件，Cloth 会基于对象名称创建一个文件。
- 导出…：打开一个文件对话框，以将缓存保存到一个文件，而不是指定的文件。可以采用默认 CFX 格式或 PointCache2 格式进行保存。
- 附加缓存：要以 PointCache2 格式创建第二个缓存，应勾选"附加缓存"，然后单击"设置"以指定路径和文件名。
- 插入：在"对象属性"对话框中的两个不同设置（由右上角的"属性 1"和"属性 2"单选按钮确定）之间插入。使用此滑块可以在这两个属性之间设置动画，调整衣服使用的织物设置类型。
- 纹理贴图：设置纹理贴图，对布料对象应用"属性 1"和"属性 2"设置。
- 贴图通道：用于指定纹理贴图所要使用的"贴图"通道，或选择要用于取而代之的"顶点颜色"。在与 3ds Max 中的新绘制工具结合使用时，顶点颜色特别有用。可以直接绘制对象的顶点颜色，并使用绘制的区域来进行材质指定。
- 弯曲贴图：切换"弯曲贴图"选项的使用。使用数值设置调整的强度。在大多数情况下，该值应该小于 1。范围为 0 至 100。默认设置是 0.5。
- 顶点颜色：使用顶点颜色通道来进行调整。
- 贴图通道：使用贴图通道，而不是顶点颜色来进行调整。使用微调器来设置通道。

图 11-40

- 纹理贴图：使用纹理贴图来进行调整。要指定纹理贴图，单击 "None"按钮，然后使用"材质/贴图浏览器"来选择该贴图，指定贴图后贴图名称会显示在按钮上。

（3）"模拟参数"卷展栏（如图 11-40 所示）
- 厘米/单位：确定 3ds Max 中每单位多少厘米。
- 地球：单击此按钮，设置地球的重力值。
- 重力：启用之后，重力值将影响到模拟中的布料对象。
- 步阶：模拟器可以采用的最大时间步阶大小。
- 子例：软件对固体对象位置每帧的采样次数。
- 起始帧：模拟开始处的帧。如果执行模拟后更改此值，则高速缓存将移动到此帧，默认值为 0。
- 结束帧：勾选之后，确定模拟终止处的帧，默认值为 100。

- 自相冲突：勾选之后，检测布料对布料之间的冲突。将此设置关闭之后，将提高模拟器的速度，但是会允许布料对象相互交错。
- 检查相交：是一个过时功能，该复选框无效。
- 实体冲突：勾选之后，模拟器将考虑布料对实体对象的冲突，此设置始终保留为开启。
- 使用缝合弹簧：勾选之后，使用随 Garment Maker 创建的缝合弹簧将织物接合在一起。
- 显示缝合弹簧：用于切换缝合弹簧在视口中的可视表示。这些设置并不渲染。
- 随渲染模拟：勾选时，将在渲染时触发模拟。
- 高级收缩：启用时，Cloth 对同一冲突对象两个部分之间收缩的布料进行测试。
- 张力：利用顶点颜色可以显现织物中的压缩/张力。

（4）"对象属性"对话框（如图 11-41 所示）

使用"对象属性"对话框指定要纳入布料模拟的对象是布料还是冲突对象，并定义与其关联的参数。

- 模拟对象："模拟对象"的下表显示 Cloth 模拟中当前所包括的对象。
- 添加对象：打开一个对话框，从中可选择要添加到 Cloth 模拟中的场景对象。
- 移除：从模拟中移除"模拟对象"列表中突出显示的对象。在此不能移除当前在 3ds Max 中选定的对象。
- 不活动：令某个对象在模拟中处于不活动状态。
- Cloth：将"模拟对象"中的一个或多个突出显示的对象设置为布料对象，然后可在该对话框的"Cloth 属性"部分定义其参数。

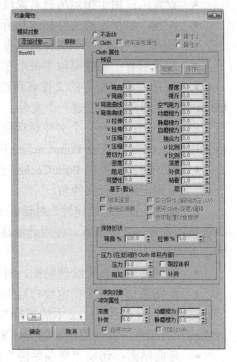

图 11-41

- 使用面板属性：选择"Cloth"之后，令 Cloth 从 Cloth 修改器的面板子对象层级使用 Cloth 属性。在此可在面板对面板基础上定义不同的布料属性。
- 属性 1/属性 2：使用这两个单选按钮，可为"模拟对象"列表突出显示的对象指定两组不同的布料属性。
- 预设：将 Cloth 属性参数设置为从下拉列表中选择的预设值。
- 加载…：从硬盘加载预设值。单击此按钮，然后导航至预设值所在目录，然后将其加载到 Cloth 属性中。预设值的文件扩展名为.sti。
- 保存：将 Cloth 属性参数保存为文件，以便此后加载。
- U 弯曲/V 弯曲：设置弯曲阻力。此值设置得越高，织物能弯曲的程度就越小。
- 厚度：定义织物的虚拟厚度，便于检测布料对布料的冲突。
- 排斥：用于排斥其他布料对象的力值。
- UB 曲线/VB 曲线：设置织物折叠时的弯曲阻力。
- 空气阻力：由于空气产生的阻力。此值将确定空气对布料的影响有多大。较大的空气阻力值适用于致密的织物，较小的值适用于宽松的衣服。

- 动力摩擦：指介于布料和固体对象之间的动摩擦力。较大的值将增加更多的摩擦力，导致织物在物体表面上滑动较少。较小的值将令织物在物体上轻松滑动，类似于丝织物将会产生的反应。
- U 拉伸/V 拉伸：拉伸阻力。对于大多数衣料来说，默认值为 50 是一个比较合理的值。值越大布料越坚硬，较小的值令布料的拉伸阻力更像橡胶。
- 静摩擦力：布料和固体之间的静摩擦力。当布料处于静止位置时，此值将控制其在某处的静止或滑动能力。
- 自摩擦力：布料自身之间的摩擦力。自摩擦力与动摩擦力和静摩擦力类似，只是其应用于布料自身之间或自冲突。值较大将导致布料本身之间的摩擦力更大。
- U 比例/V 比例：控制布料沿 U/V 方向收缩或膨胀的多少。
- 剪切力：剪切阻力，值越高布料就越硬。
- 密度：每单位面积的布料重量（以 gm/cm²表示）。值越高表示布料越重，例如劳动服布料的值就较高。对于丝类的材质可使用较小的值。
- 阻尼：值越大，织物反应就越迟钝。采用较低的值，织物行为的弹性将更高。
- 可塑性：布料保持其当前变形（即弯曲角度）的倾向。
- 深度：布料对象的冲突深度。
- 补偿：在布料对象和冲突对象之间保持的距离。非常低的值将导致冲突网格从布料下突出来。非常高的值将导致出现的织物在冲突对象上浮动。
- 粘着：布料对象粘附到冲突对象的范围。范围为 0~99999。默认值为 0。
- 层：指示可能会彼此接触的布片的正确顺序。
- 各项异性：勾选后，可以为"弯曲"、"B 曲线"和"拉伸"参数设置不同的 U 值和 V 值。
- 使用边弹簧：勾选后用于计算拉伸的备用方法。
- 使用碰撞对象摩擦：使用冲突物理的摩擦力来确定摩擦力。可以为布料或冲突对象指定冲突值。这将便于您为每个冲突对象设置不同的摩擦力值。
- 保持形状：这些设置根据"弯曲%"和"拉伸%"设置保留网格的形状。
- 弯曲%：将目标弯曲角度调整介于 0 和目标状态所定义的角度之间的值。负数值用于反转角度。范围为–100~100，默认设置为 100。
- 拉伸%：将目标拉伸角度调整介于 0 和目标状态所定义的角度之间的值。负数值用于反转角度。范围为–100~100。默认设置为 100。
- 冲突对象：将左侧列中高亮显示的一个或多个对象设置为冲突对象。布料对象沿着冲突对象反弹或包裹。
- 深度：冲突对象的冲突深度。如果部分布料在冲突对象中达到此深度，模拟将不再尝试将布料推出网格。
- 补偿：在布料对象和冲突对象之间保持的距离。
- 动摩擦力：布料和此特定固体对象之间的动摩擦力。
- 静摩擦力：布料和固体之间的静摩擦力。
- 启用冲突：启用或禁用此对象的冲突，同时仍然允许对其进行模拟。这意味着该对象仍然可用于设置曲面约束。

11.4.2　课堂案例——茶几布

案例学习目标：学习使用平面工具，结合使用 Cloth、壳、网格平滑修改器制作茶几布的效果。

案例知识要点：创建平面作为茶几布模型，施加 Cloth、修改器并设置其对象属性，为茶几布施加壳、网格平滑修改器完成的模型效果如图 11-42 所示。

效果所在位置：随书附带光盘\Scene\cha11\茶几布场景.max。

（1）打开"随书附带光盘\Scene\cha11\茶几布.max"文件，场景如图 11-43 所示。

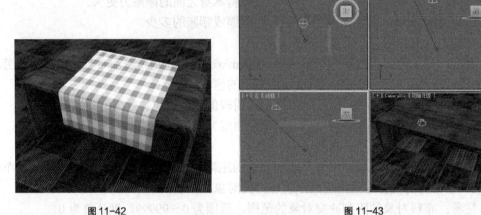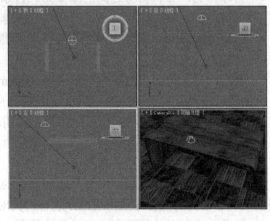

图 11-42　　　　　　　　　　　　　　　　　图 11-43

（2）执行"　（创建）>　（几何体）>平面"命令，在"顶"视图中创建平面作为茶几布模型，在"参数"卷展栏中设置"长度"为 240、"宽度"为 150、"长度"分段为 50、"宽度"分段为 20，如图 11-44 所示。

（3）调整茶几布模型至合适的位置，并为其施加"Cloth"修改器，如图 11-45 所示。

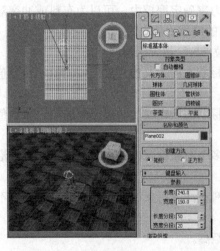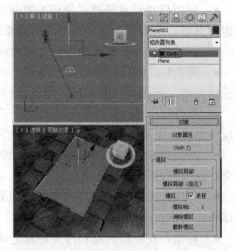

图 11-44　　　　　　　　　　　　　　　　　图 11-45

（4）在"对象"卷展栏中单击"对象属性"按钮，在弹出的"对象属性"对话框中选择左侧列表中作为布料的对象，在右侧选择"Cloth"选项。单击"添加对象"按钮，在弹出的对话框中选择茶几和地面对象，单击"添加"按钮，如图 11-46 所示，单击"确定"按钮关闭对话框。

（5）再次打开"对象属性"对话框，在"模拟对象"下的列表中选择添加的两个对象，在右侧选择"冲突对象"选项，单击"确定"按钮，如图 11-47 所示。

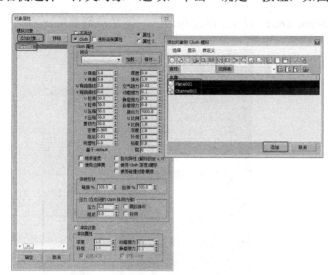

图 11-46　　　　　　　　　　　　　　　　　　图 11-47

（6）在"对象"卷展栏中单击"模拟局部（阻尼）"按钮，效果合适时按 Esc 键退出，如图 11-48 所示。

（7）为茶几布模型施加"壳"修改器，在"参数"卷展栏中设置"外部量"为 2，如图 11-49 所示。

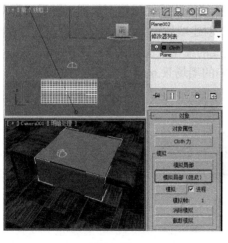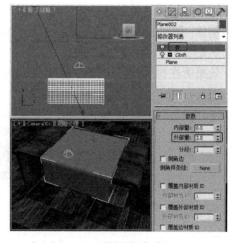

图 11-48　　　　　　　　　　　　　　　　　　图 11-49

（8）按 M 键打开材质编辑器，选择一个新的材质样本球，在"贴图"卷展栏中为"漫反射颜色"指定"位图"贴图，贴图位于"随书附带光盘\Map\cha11\茶几布场景\back15_0192.jpg"文件。进入"漫反射颜色"贴图设置面板，在"坐标"卷展栏中设置"瓷砖"的 U、V 均为 2，如图 11-50 所示。返回主面板，单击 ![icon] （将材质指定给选定对象）按钮将材质指定给模型。

（9）为模型施加"网格平滑"修改器，使用默认参数，如图 11-51 所示，布料模型制作完成。

提示

参考效果图场景：*随书附带光盘\Scene\cha11\11.4.2 课堂练习——茶几布场景.max*。

图 11-50

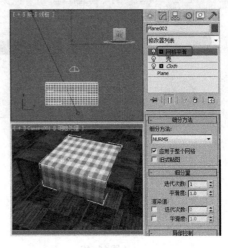

图 11-51

11.5 课堂练习——塌陷的墙

　　练习知识要点：创建球体作为石头模型，施加噪波修改器使球体不规则，将石头模型设置为刚体；创建长方体作为墙的砖模型，复制砖模型创建墙体模型，将墙体模型设置为刚体；分别烘焙石头和墙体模型；创建灯光、摄影机，完成的模型效果如图 11-52 所示。

　　效果所在位置：随书附带光盘\Scene\cha11\塌陷的墙场景.max。

图 11-52

11.6 课后习题——丝绸

　　课后知识要点：创建平面作为丝绸模型，施加 Cloth 修改器并设置其对象属性；创建球体作为圆球模型，完成的模型效果如图 11-53 所示。

　　效果所在位置：随书附带光盘\Scene\cha11\丝绸场景.max。

图 11-53

12 Chapter

第 12 章
环境特效

　　本章将详细讲解 3ds Max 中常用的"环境和效果"编辑器和 Video Post 后期合成。"环境和效果"编辑器不但可以设置背景和背景贴图，还可以模拟现实生活中对象被特定环境围绕的现象，例如雾、火苗。Video Post 后期合成是一个强大的编辑、合成与特效处理工具，它可以将目前场景图像和滤镜在内的各个要素结合起来。读者通过本章的学习，可以掌握 3ds Max 环境特效动画的制作方法和应用技巧。

课堂学习目标
- 环境编辑器
- 大气效果
- 效果编辑器
- Video Post

12.1 环境编辑器

在菜单栏中选择"渲染 > 环境"命令，即可打开"环境和效果"对话框，如图 12-1 所示。

使用环境功能可以执行以下操作：

- 设置背景颜色和设置背景颜色动画。
- 在渲染场景（屏幕环境）的背景中使用图像，或者使用纹理贴图作为球形环境、柱形环境或收缩包裹环境。
- 设置环境光和设置环境光动画。
- 在场景中使用大气插件（例如体积光）。
- 将曝光控制应用于渲染。

12.1.1 "共用参数"卷展栏

"公用参数"卷展栏主要用于设置场景的背景颜色及环境贴图，其详细的参数设置如下：

图 12-1

- 颜色：设置场景背景的颜色。单击其下方的色块，然后在"颜色选择器"中选择所需的颜色，如图 12-2 所示。
- 环境贴图：环境贴图的按钮会显示贴图的名称，如果尚未指定名称，则显示"无"。贴图必须使用环境贴图坐标（球形、柱形、收缩包裹和屏幕）。

要指定环境贴图，单击"无"按钮，使用"材质/贴图浏览器"选择贴图，如果想进一步设置背景贴图可以将已经设置贴图的"环境贴图"按钮拖曳至"材质编辑器"中的新的样本球上。此时会弹出"实例（副本）贴图"对话框，用户可以选择复制贴图的方法，这里给出了两种方法：一种是"实例"，另一种是"复制"，单击"确定"按钮即确定操作，如图 12-3 所示。

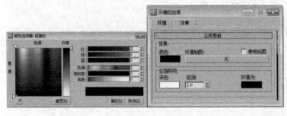

图 12-2

图 12-3

- 使用贴图：勾选该复选框，当前环境贴图才生效。
- 染色：如果此颜色不是白色，则为场景中的所有灯光（环境光除外）染色。单击色块显示"颜色选择器"对话框，用于选择色彩颜色。
- 级别：增强场景中的所有灯光。如果级别为 1.0，则保留各个灯光的原始设置。增大级别将增强总体场景的照明强度，减小级别将减弱总体照明强度。此参数可设置动画。默认设置为 1.0。
- 环境光：设置环境光的颜色。单击色块，然后在弹出的"颜色选择器：环境光"对话框中设置所需的颜色。

提示

单击并打开"自动关键点"按钮，可以对"全局照明"选项下的颜色和数值的变化进行动画记录。

12.1.2 "曝光控制"卷展栏

"曝光控制"卷展栏用于调整渲染的输出级别和颜色范围，类似于电影的曝光处理，它尤其适用于 Radiosity 光能传递。

曝光控制可以补偿显示器有限的动态范围。显示器的动态范围大约有两个数量级。显示器上显示的最亮颜色要比最暗颜色亮大约 100 倍。比较而言，眼睛可以感知大约 16 个数量级的动态范围。可以感知最亮的颜色比最暗的颜色亮大约 10 的 16 次方倍。曝光控制调整颜色，使颜色可以更好地模拟眼睛的大体动态范围，同时仍适合可以渲染的颜色范围。

在"曝光控制"卷展栏中有如下选项，如图 12-4 所示。

- 下拉列表：选择要使用的曝光控制，如图 12-5 所示的类型。

图 12-4 图 12-5

- 活动：勾选该选项时，在渲染中使用当前曝光控制；取消勾选时，不使用当前曝光控制。

- 处理背景与环境贴图：勾选该选项时，场景中的背景贴图会受曝光控制的影响；禁用时，则不受曝光控制的影响。

- 渲染预览：单击该按钮，在预览窗口中会显示出受到曝光控制的影响效果。渲染前先执行这个命令，可以对曝光设置进行预览，如果不满意，可以随时对当前曝光控制的类型或一些曝光参数进行调节，然后显示在预览窗口中。

1. 自动曝光控制

"自动曝光控制"对当前渲染的图像进行采样，创建一个柱状图统计结果，然后依据采样统计的结果对不同的色彩分别进行曝光控制，它可以相对提高场景中的光效亮度。

在"曝光控制"下拉列表中选择"自动曝光控制"，会出现该选项的参数卷展栏，如图 12-6 所示。

图 12-6

提示

如果场景有动画设置，最好不使用自动曝光控制，因为自动曝光控制会在每帧产生不同的柱状图，会造成渲染的动态图像出现抖动。

- 亮度：用于调整转换的颜色亮度值，它的参数可以记录为动画。
- 对比度：调整转换的颜色对比度，它的参数可以记录为动画。
- 曝光值：调整渲染的总体亮度，它的范围为-5～5 之间，曝光值相当于具有自动曝光功能摄影机中的曝光补偿，它的参数可以记录为动画。

- 物理比例：设置曝光控制的物理比例，用于非物理灯光。结果是调整渲染，使其与眼睛对场景的反应相同。
- 颜色修正：如果勾选该复选框，会改变场景中的所有颜色，使色样中的颜色显示为白色。默认设置为禁用状态。
- 降低暗区饱和度级别：在正常情况下，如果环境的光线过暗，眼睛对颜色的感觉会非常迟钝，几乎分辨不出颜色的色相，通过这个选项，可以模拟出这种视觉效果。

提示

> "降低暗区饱和度级别"会模拟眼睛对暗淡照明的反应。在暗淡的照明下，眼睛不会感知颜色，而是看到灰色色调。

2. 线性曝光控制

"线性曝光控制"对渲染图像进行采样，计算出场景的平均亮度值并将其转换成 RGB 值，适合于低动态范围的场景。它的参数类似于"曝光控制"，其参数选项参见"自动曝光控制"。

3. 对数曝光控制

"对数曝光控制"使亮度、对比度以及场景是否位于日光中的室外，将物理值映射为 RGB 值，该选项的参数卷展栏如图 12-7 所示。

- 亮度：用于调整转换颜色的亮度值，它的参数可以记录为动画。
- 对比度：用于调整转换颜色的对比度值，它的参数可以记录为动画。
- 中间色调：用于调整中间色的色值范围到更高或更低值。
- 物理比例：设置曝光控制的物理比例，用于非物理灯光。

图 12-7

结果是调整渲染，使其与眼睛对场景的反应相同。

- 颜色修正：修正由于灯光颜色影响产生的视角色彩偏移。
- 降低暗区饱和度级别：一般情况下，如果环境的光线过暗，眼睛对颜色的感觉会非常迟钝，几乎分辨不出颜色的色相，通过这个选项，可以模拟出这种视觉效果。选择该选项时，渲染图像看起来灰暗，当值低于 5.62 尺烛光时调节效果就不明显了，如果亮度值小于 0.00562 尺烛光时，场景完全为灰色。
- 仅影响间接照明：勾选该复选框，曝光控制仅影响间接照明区域。如果使用标准类型的灯光并勾选此选项时，光线跟踪和曝光控制将会模拟默认的扫描线渲染，产生的效果与取消此项勾选时的效果截然不同。
- 室外日光：专门用于处理 IES Sun 灯光产生的场景照明，这种灯光会产生曝光过度的效果，必须勾选该复选框才能校正。

4. 伪彩色曝光控制

"伪彩色曝光控制"具有灯光分析的功能，运行不同的颜色来显示场景中的灯光照明级别，使用颜色标度或灰度来显示场景中表面所受光的强度，红色代表的是照明过度，蓝色代表的是照明不足，而绿色代表的是照明没有欠缺的级别，其参数设置卷展栏如图 12-8 所示。

- 数量：选择所测量的值，其中包括"照度"、"亮度"，"照度"显示曲面上入射光的值；"亮度"显示曲面上的反射光的值。

- 样式：选择显示值的方式。它包括"彩色"和"灰度"，其中"彩色"表示显示光谱；"灰度"显示从白色到黑色范围的灰色色调。

- 比例：选择用于映射值的方法。它包括"对数"和"线性"，其中"对数"是指使用对数比例；"线性"是指使用线性比例。

- 最小值：设置在渲染中要测量和表示的最低值。此数量或低于此数量的值将全部映射为最左端的显示颜色（或灰度级别）。

图 12-8

- 最大值：设置在渲染中要测量和表示的最高值。此数量或高于此数量的值将全部映射为最右端的显示颜色（或灰度值）。

- 物理比例：设置曝光控制的物理比例。结果是调整渲染，使其与眼睛对场景的反应相同。

12.2　大气效果

大气效果包括"火效果"、"雾"、"体积雾"、"体积光"、"VR_环境雾"、"VR_球形淡出"、"VR_卡通"7 种类型，在使用时它们的设置各有要求，这里首先要介绍一下"大气"卷展栏，如图 12-9 所示。

- 添加：单击该按钮，在弹出的对话框中，列出了 7 种大气效果，选择一种类型，如图 12-10 所示，单击"确定"按钮，在"大气"卷展栏中的"效果"列表中会出现添加的大气效果。

图 12-9

图 12-10

- 删除：将当前"效果"列表中选中的效果删除。

- 活动：勾选该复选框时，"效果"列表中的大气效果有效；取消勾选时，则大气效果无效，但是参数仍然保留。

- 上移/下移：对左侧的大气效果的顺序进行上下移动，这样会决定渲染计算的先后顺序，最下部的先进行计算。

- 合并：单击该按钮，弹出文件选择对话框，允许从其他场景中合并大气效果，这样会将所有属性 Gizmo（线框）物体和灯光一同进行合并。

- 名称：显示当前选中大气效果的名称。

下面将对"添加大气效果"对话框中的大气效果进行介绍。

提示

在所有的大气效果中，除雾是由摄影机直接控制以外，其他 3 种大气效果都需要为其指定一个"载体"用来作为大气效果的依附对象。

12.2.1 火效果

"火效果"可以产生火焰、烟雾、爆炸、水雾等特殊效果，火苗燃烧效果，它需要通过 Gizmo（线框）对象确定形态。

"火效果"可以向场景中添加任意数目的火焰效果。效果的顺序很重要，先创建的总是排列在下方，但最先进行渲染计算。

每个效果都有自己的参数，在"效果"列表中选择火焰效果时，其参数将显示在"环境和效果"对话框中。

添加完火效果后，选择"火效果"，在"环境和效果"对话框中会自动添加一个"火效果参数"卷展栏，如图 12-11 所示。

图 12-11

* 拾取 Gizmo：单击此按钮，可以在视图中点取已建立的大气装置 Gizmo 物体，它的名称将出现在右侧选单中，所有选入的大气装置 Gizmo 物体将使用当前设置。单击其右侧的"移除 Gizmo"按钮，可以将当前的 Gizmo 物体删除。

* Gizmo 列表：列出为火焰效果指定的装置对象。

* 内部颜色：设置中心密集区域的颜色，对于典型的火焰，此颜色代表火焰中最热的部分。

* 外部颜色：设置边缘稀薄区域的颜色，对于典型的火焰，此颜色代表火焰中较冷的散热边缘。

* 烟雾颜色：设置用于"爆炸"选项的烟雾颜色。

如果启用了"爆炸"和"烟雾"，则内部颜色和外部颜色将对烟雾颜色设置动画。如果禁用了"爆炸"和"烟雾"，将忽略烟雾颜色。

使用"图形"下的控件控制火焰效果中火焰的形状、缩放和图案。

* 火焰类型：包括"火舌"、"火球"两种不同方向和形态的火焰。其中前者常用于制作篝火、火把、烛火、喷射火焰等效果；后者常用于制作火球、恒星、爆炸等效果。

* 拉伸：将火焰沿着装置的 Z 轴缩放。拉伸最适合火舌火焰，但是也可以使用拉伸为火球提供椭圆形状。

* 规则性：修改火焰填充装置的方式。范围为 1.0～0。如果值为 1.0，则填满装置。效果在装置边缘附近衰减，但是总体形状仍然非常明显；如果值为 0.0，则生成很不规则的效果，有时可能会到达装置的边界，但是通常会被修剪，会小一些。

* 火焰大小：设置每一根火苗的大小，装置大小会影响火焰大小。装置越大，需要的火焰也越大。使用 15.0～30.0 范围内的值可以获得最佳效果。

* 密度：设置火焰不透明度和光亮度，装置大小会影响密度。值越小，火焰越稀薄、透明，亮度也越低；值越大，火焰越浓密，中央更加不透明，亮度也增加。

* 火焰细节：控制每一根火苗内部颜色和外部颜色之间的过渡程度。值越小，火苗越模糊，渲染也越快；值越大，火苗越清晰，渲染也越慢。

● 采样数：设置用于计算的采样速率，值越大，结果越精确，但渲染速度也越慢，当火焰尺寸较小或细节较低时可以适当增大它的值。

● 相位：控制火焰变化的速度，对它进行动画设定可以产生动态的火焰效果。

● 漂移：设置火焰沿自身 Z 轴升腾的快慢，值偏低时，表现出文火效果；值偏高时，表现出烈火效果。一般将它的值设置为 Gizmo 物体高度的若干倍，可以产生最佳的火焰效果。

将该项打开，可以产生一个动态的爆炸效果。

● 爆炸：打开该选项，会根据"相位"值的变化自动产生爆炸动画。

根据"爆炸"复选框的状态，相位值可能有多种含义。

如果清除了"爆炸"复选框，相位将控制火焰的涡流。值更改得越快，火焰燃烧得越猛烈。如果相位功能曲线是一条直线，可以获得燃烧稳定的火焰；如果启用了"爆炸"，相位将控制火焰的涡流和爆炸的计时（使用 0.0～300.0 之间的值）。典型爆炸的相位功能曲线开始急剧上升，然后逐渐平滑。

● 烟雾：控制爆炸是否产生烟雾。

● 剧烈度：设置"相位"变化的剧烈程度，值小于 1 时，可以创建缓慢燃烧的效果；值大于 1 时，火焰爆发更为剧烈。

● 设置爆炸：单击该按钮，会弹出"设置爆炸相位曲线"对话框。在这里确定爆炸动画的起始帧和结束帧，系统会自动生成一个爆炸设置，也就是将"相位"值在此区间内作 0～300 的变化。

12.2.2　体积雾

体积雾有两种使用方法，一种是直接作用于整个场景，但要求场景内必须有对象存在，另一种是作用于大气装置 Gizmo 物体，在 Gizmo 物体限制的区域内产生云团，这是一种更易控制的方法，如图 12-12 所示为体积雾效果。

图 12-12

在"环境和效果"对话框中，激活"大气"卷展栏，单击"添加"按钮，在弹出的"添加大气效果"对话框中选择"体积雾"命令，然后单击"确定"按钮，如图 12-13 所示。

添加完体积雾效果后，选择新添加的"体积雾"，在"环境和效果"卷展栏中会自动添加一个"体积雾参数"卷展栏，如图 12-14 所示。

默认情况下，体积雾填满整个场景。不过，可以选择 Gizmo（大气装置）包含雾。Gizmo 可以是球体、长方体、圆柱体或是一些几何体的特定组合。

● 拾取 Gizmo：单击该按钮进入拾取模式，然后单击场景中的某个大气装置。在渲染时，装置会包含体积雾。装置的名称将添加到装置列表中。

● 移除 Gizmo：单击该按钮，可以将右侧当前的 Gizmo 物体从当前的体积雾中去除。

● 柔化 Gizmo 边缘：对体积雾的边缘进行羽化处理，值越大，边缘越柔化，范围为 0～1.0。

提示

不要将此值设置为 0。如果设置为 0，"柔化 Gizmo 边缘"可能会造成边缘上出现锯齿。

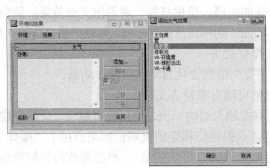

图 12-13 图 12-14

- 颜色：通过在启用"自动关键点"按钮的情况下更改非零帧的雾颜色，可以设置颜色效果动画。

- 指数：随距离按指数增大密度。禁用时，密度随距离线性增大。只有希望渲染体积雾中的透明对象时，才应激活此复选框。

- 密度：控制雾的密度。值越大，雾的透明度越低，范围为 0～20（超过该值可能会看不到场景）。

- 步长大小：确定雾采样的粒度，值越低，颗粒越细，雾效越优质；值越高，颗粒越粗，雾效越差。

- 最大步数：限制采样量，以便雾的计算不会无限进行下去。如果雾的密度较小，此选项尤其有用。

- 雾化背景：开启它，雾效将会作用于背景图像。

- 类型：从 3 种噪波类型中选择要应用的一种类型。

- 规则：标准的噪波图案。

- 分形：迭代分形噪波图案。

- 湍流：迭代湍流图案。

- 反转：将噪波效果反向，厚的地方变薄，薄的地方变厚。

- 噪波阈值：限制噪波效果。范围从 0～1.0。如果噪波值高于"低"阈值而低于"高"阈值，动态范围会拉伸到填满 0～1。这样，在阈值转换时会补偿较小的不连续（第一级而不是 0 级），因此，会减少可能产生的锯齿。

- 均匀性：范围从–1～1，作用与高通过滤器类似。值越小，体积越透明，包含分散的烟雾泡。如果在–0.3 左右，图像开始看起来像灰斑。因为此参数越小，雾越薄，所以可能需要增大密度，否则体积雾将开始消失。

- 级别：设置分形计算的迭代次数，值越大，雾越精细，运算也越慢。

- 大小：确定雾块的大小。

- 相位：控制风的速度。如果进行了"风力强度"的设置，雾将按指定风向进行运动，如果没有风力设置，它将在原地翻滚。对于"相位"值进行动画设置，可以产生风中云雾飘动的效果，如果为"相位"指定特殊的动画控制器，还可以产生阵风等特殊效果。

- 风力强度：控制雾沿风向移动的速度。如果相位值变化很快，而风力强度值变化较慢，雾将快速翻滚而缓慢漂移；如果相位值变化很慢，而风力强度值变化较快，雾将快速漂移而缓慢翻滚；如果只需要雾在原地翻滚，对相位值进行变化，将风力强度设为 0。
- 风力来源：确定风吹来的方向，有 6 个正方向可选。

12.2.3　课堂案例——浓雾中的树林

案例学习目标：学习使用大气装置，结合使用"体积雾"效果，创建浓雾中的森林效果。

案例知识要点：设置合适的背景，创建"球体 Gizmo"调整其合适的参数和位置，结合使用"体积雾"效果，调整合适的角度创建摄影机，完成浓雾中的森林效果的制作，如图 12-15 所示。

效果所在位置：随书附带光盘\Scene\cha12\浓雾中的森林.max。

图 12-15

（1）设置背景图片，按 8 键，打开"环境和效果"窗口，为"环境贴图"指定"位图"贴图，在对话框中选择"随书附带光盘\map\cha12\浓雾中的森林\森林背景.jpg"文件，单击"打开"按钮，如图 12-16 所示。

（2）按 Alt+B 键，在弹出的对话框中选择"使用环境背景"和"显示背景"选项，单击"确定"按钮，如图 12-17 所示。

图 12-16

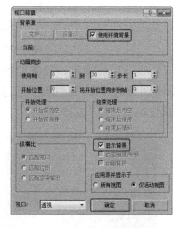

图 12-17

（3）执行"（创建）>（辅助对象）>大气装置>球体 Gizmo"命令，在"顶"视图中创建球体 Gizmo，在"球体 Gizmo 参数"卷展栏中设置"半径"为 420，如图 12-18 所示。

（4）在"前"视图中缩放球体 Gizmo，如图 12-19 所示。

（5）按 8 键，打开"环境和效果"窗口，在"大气"卷展栏中单击"添加"按钮，在弹出的对话框中选择"体积雾"效果，单击"确定"按钮，如图 12-20 所示。

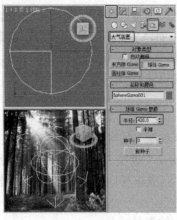

图 12-18

图 12-19

（6）在"体积雾参数"卷展栏中单击"拾取 Gizmo"按钮，在场景中拾取球体 Gizmo；在"体积"选项组中选择"指数"复选框，设置"密度"为5、"步长大小"为50、"最大步数"为300；在"噪波"选项组中选择"分形"选项，如图 12-21 所示。

图 12-20

图 12-21

（7）渲染当前场景，效果如图 12-22 所示。

（8）调整透视图合适的角度，按 Ctrl+C 组合键创建摄影机，如图 12-23 所示，渲染场景，完成后的效果如图 12-15 所示。

图 12-22

图 12-23

12.2.4 体积光

图 12-24

制作带有体积的光线,如图 12-24 所示的体积光效果,可以指定给任何类型的灯光(环境光除外),这种体积光可以被物体阻挡,从而形成光芒透过缝隙的效果。带有体积光属性的灯光仍可以进行照明、投影以及投影图像,从而产生真实的光线效果,例如对"泛光灯"加以体积光设定,可以制作出光晕效果,模拟发光的灯泡或太阳;对定向光加以体积光设定,可以制作出光束效果,模拟透过彩色窗玻璃、投影彩色的图像光线,还可以制作激光光束效果。注意体积光渲染时速度会很慢,所以尽量地少使用它。

在"环境和效果"对话框中,激活"大气"卷展栏,单击"添加"按钮,在弹出的"添加大气效果"对话框中选择"体积光"命令,然后单击"确定"按钮。

添加完体积光效果后,选择新添加的"体积光",在"环境和效果"卷展栏中会自动添加一个"体积光参数"卷展栏,如图 12-25 所示。

图 12-25

- 拾取灯光:在任意视口中单击要为体积光启用的灯光。可以拾取多个灯光。单击"拾取灯光"按钮,然后按 H 键。此时将显示"拾取对象"对话框,用于从列表中选择多个灯光。

- 移除灯光:从右侧列表中去除当前选择的灯光(只是使它脱离当前的体积光系统)。

- 雾颜色:设置形成灯光体积雾的颜色。对于体积光,它的最终颜色由灯光颜色与雾颜色共同决定,因此为了更好地进行调节,应将雾颜色设为白色,而仅通过对灯光颜色的调节来制作不同色彩的体积光效。打开"自动关键帧"按钮,对雾颜色的变化可以记录动画。

- 衰减颜色:灯光随距离的变化会产生衰减,这个距离值在灯光命令面板中设置,由"近距衰减"和"远距衰减"下的参数值确定。

衰减颜色就是指衰减区内雾的颜色,它和"雾颜色"相互作用,决定最后的光芒颜色,例如雾颜色为红色,衰减颜色为绿色,最后的光芒则显示暗紫色。通常将它设置为较深的黑色,使之不影响光芒的色彩。

- 使用衰减颜色:打开它,衰减颜色将发挥作用,缺省为关闭状态。

- 指数:跟踪距离以指数计算光线密度的增量,否则将以线性进行计算。需要在体积雾中渲染透明对象时将它打开。

- 密度:设置雾的浓度,值越大,体积感也越强,内部不透明度越高,光线也越亮。通常设置为 2%~6%时可以制作出最真实的体积雾效。

- 最大亮度%:表示可以达到的最大光晕效果(默认设置为 90%)。如果减小此值,可以限制光晕的亮度,以便使光晕不会随距离灯光越来越远而越来越浓,而出现一片全白。

- 最小亮度%:设置能够达到的最小发光环境,与"环境光"设置类似。如果"最小亮度%"大于 0,体积光外面的区域也会发光。

如果雾后面没有对象,且"最小亮度%"大于 0(无论实际值是多少),场景将总是像雾颜色一样明亮。这是因为雾进入无穷远，利用无穷远进行计算。如果要使用的"最小亮度%"的值大于 0，则应确保通过几何体封闭场景。

- 衰减倍增：设置"衰减颜色"的影响程度。
- 过滤阴影：允许通过增加采样级别来获得更优秀的体积光渲染效果，同时也会增加渲染时间。
- 低：图像缓冲区将不进行过滤，而直接以采样代替，适合于 8 位图像格式。如 GIF 和 AVI 动画格式的渲染。
- 中：邻近像素进行采样均衡，如果发现有带状渲染效果，使用它可以非常有效地进行改进，但它比"低"渲染更慢。
- 高：邻近和对角像素都进行采样均衡，每个都给以不同的影响，这种渲染效果比"中"更好，但速度很慢。

使用灯光采样范围：基于灯光本身"采样范围"值的设定对体积光中的投影进行模糊处理，灯光本身"采样范围"值是针对"使用阴影贴图"方式作用的，它的增大可以模糊阴影边缘的区域，这里在体积光中使用它，可以与投影更好地进行匹配，以快捷的渲染速度获得优质的渲染结果。

- 采样体积%：控制体积被采样的等级，值由 1～1000 可调，1 为最低品质，1000 为最高品质。
- 自动：自动进行采样体积的设置。一般无须将此值设置到高于 100，除非有极高品质的要求。
- 开始%：设置灯光效果开始进行衰减，与灯光自身参数中的衰减设置相对。默认值为 100%，意味着将由灯光"开始范围"处开始衰减，如果减小它的值。它将在灯光"开始范围"内相应百分比处提前开始衰减。
- 结束%：设置灯光效果结束衰减的位置，与灯光自身参数中的衰减设置相对。如果将它设置小于100%，光晕将减小，但亮度增大，得到更亮的发光效果。
- 启用噪波：控制噪波影响的开关，当它打开时，这里的设置才有意义。
- 数量：设置指定给雾效的噪波强度。值为 0 时，无噪波效果；值为 1 时，表现为完全的噪波效果。
- 链接到灯光：将噪波设置与灯光的自身坐标相链接，这样灯光在进行移动时，噪波也会随灯光一同移动。通常在制作云雾或大气中的尘埃等效果时，不将噪波与灯光链接，这样噪波将永远固定在世界坐标上，灯光在移动时就好像在云雾（或灰尘）间穿行。
- 类型：选择噪波的类型。
- 规则：标准的噪波效果。
- 分形：使用分形计算得到的不规则的噪波效果。
- 湍流：极不规则的噪波效果。
- 反转：将噪波效果反向，使雾的浓厚处与稀薄处交换。
- 噪波阈值：用来限制噪波的影响，通过"高"、"低"值进行设置，都可以在0～1之间调节，当噪波值高于低值而低于高值时，动态范围值被拉伸填充在 0～1 之间，从而产生小的雾块，这样可以起到轻微抗锯齿效果。
- 高/低：设置最高和最低的阈值。
- 均匀性：这如同一个高级过滤系统，值越低，体积越透明，包含分散的烟雾泡。如果在–0.3 左右，图像开始看起来像灰斑。因为此参数越小，雾越薄，所以可能需要增大密度，否则体积雾将开始消失。范围为–1～1。

- 级别：设置分形计算的迭代次数，值越大，雾效越精细，运算也越慢。
- 大小：确定烟卷或雾卷的大小。值越小，卷越小。
- 相位：控制风的速度。如果进行了"风力强度"的设置，雾将按指定风向进行运动，如果没有风力设置，它将在原地翻滚。对于"相位"值进行动画设置，可以产生风中云雾飘动的效果，如果为"相位"指定特殊的动画控制器，还可以产生阵风等特殊效果。

 提示

如果"相位"没有动画设置，将不会产生风力效果。

- 风力来源：确定风吹来的方向，有 6 个方向可选。
- 风力强度：控制雾沿风向移动的速度，相对于相位值。如果相位值变化很快，而风力强度值变化较慢，雾将快速翻滚而缓慢漂移；如果相位值变化很慢，而风力强度值变化较快，雾将快速漂移而缓慢翻滚；如果只需要雾在原地翻滚，对相位值进行变化，将风力强度设为 0。

12.2.5　VR 卡通

在"环境和效果"对话框中，激活"大气"卷展栏，单击"添加"按钮，在弹出的"添加大气效果"对话框中选择"VR-卡通"命令，然后单击"确定"按钮。

添加完 VR-卡通效果后，选择新添加的"VR-卡通"，在"环境和效果"卷展栏中会自动添加一个"VR-卡通参数"卷展栏，下面介绍几种常用的命令选项，如图 12-26 所示。

- 线性颜色：通过设置"线性颜色"可以改变卡通边框的颜色，可以根据需要来更改其颜色的设置。此色块默认为黑色。

图 12-26

- 像素：选择此选项后，可以通过调整"像素"参数来增减线框颜色的真实感。越高位的像素，其拥有的色板也就越丰富，越能表达颜色的真实感。默认值为 1.5。
- 单位：选择此选项后，可以通过调整"单位"参数来增减线性颜色的大小。默认值为 1。
- 不透明：主要用来设置线性颜色的不透明效果。默认值为 1。
- 隐藏内部边：勾选此选项便可对内部边进行隐藏，不勾选则不隐藏。
- 法线阈值：对法线的敏感及对表面细节的敏感。值越大则敏感度低，值越小则提供更高的质量。默认值为 0.7。
- 颜色：可以通过对其指定贴图来改变线框颜色样式，可以通过调整参数来决定使用贴图的比例。
- 增加：单击此按钮，在场景中选择需要增加的模型，便可将其增加到左侧的"包含/移除对象"列表中。
- 移除：将当前"包含/移除对象"列表中选中的模型删除。
- 类型：包括排除和包含两个类型。

12.3　环境效果

效果编辑器用于制作背景和大气效果，可以在最终渲染图像或动画之前添加各种效果并进行查看。

通过"渲染>效果"命令，可以打开"环境和效果"对话框，如图 12-27 所示。

图 12-27

- 添加：用于添加新的特效场景，单击该按钮后，可以选择需要的特效。
- 删除：删除列表中当前选中的特效名称。
- 活动：选中该复选框的情况下，当前特效发生作用。
- 上移：将当前选中的特效向上移动，新建的特效总是放在最下方，渲染时是按照从上至下的顺序进行计算处理的。
- 下移：将当前选中的特效向下移动。
- 合并：点取它，弹出打开对话框，可以将其他场景文件中的大气效果合并设置，这同时会将所属 Gizmo（线框）物体和灯光一同进行合并。
- 名称：显示当前列表中选中的特效名称，这个名称可以自己指定，用于区别相同类型的不同特效。

"镜头效果"效果同 Video Post 对话框中的镜头过滤器事件大体相同，只是参数的形式不同，这里就不再介绍，下面将对其他效果进行简单的介绍。

12.3.1　Hair 和 Fur

在完成毛发的创建和调整之后，为了渲染输出时得到更好的效果，可以通过"Hair 和 Fur"卷展栏对毛发的渲染输出参数进行设置，如图 12-28 所示，该面板提供了毛发的渲染选项、运动模糊、阴影、封闭等参数的设置项，为最终的渲染结果提供了许多修饰效果。

图 12-28

图 12-29

提示

指定 Hair 和 Fur 渲染之前，首先确定场景中有使用"Hair 和 Fur"修改器的模型，如图 12-29 所示为指定"Hair 和 Fur"修改器的模型效果。

12.3.2 镜头效果

"镜头效果"可创建通常与摄影机相关的真实效果。镜头效果包括光晕、光环、射线、自动从属光、手动从属光、星形和条纹，如图 12-30 所示。

"镜头效果全局"卷展栏中的"参数"选项卡中的各选项功能介绍如下（如图 12-31 所示）：

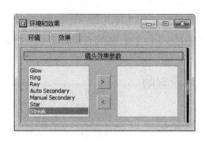

图 12-30

图 12-31

- 加载：单击该按钮，弹出加载镜头效果文件对话框，可以用于打开 LZV 文件。
- 保存：显示保存镜头效果文件对话框，可以用于保存 LZV 文件。
- 大小：影响总体镜头效果的大小。此值是渲染帧的大小的百分比。
- 强度：控制镜头效果的总体亮度和不透明度。该值越大，效果越亮，越不透明；该值越小，效果越暗，越透明。
- 种子：为镜头效果中的随机数生成器提供不同的起点，创建略有不同的镜头效果，而不更改任何设置。使用"种子"可以保证镜头效果不同，即使差异很小。
- 角度：影响在效果与摄影机相对位置的改变时，镜头效果从默认位置旋转的量。
- 挤压：在水平方向或垂直方向挤压总体镜头效果的大小，补偿不同的帧纵横比。正值在水平方向拉伸效果，而负值在垂直方向拉伸效果。
- 灯光选项组：可以选择要应用镜头效果的灯光。
- 拾取灯光：使用户可以直接通过视口选择灯光。
- 移除：移除所选的灯光。

"光晕元素"卷展栏中的"参数"选项卡中的各选项功能介绍如下（如图 12-32 所示）：

- 名称：显示效果的名称。
- 启用：激活该复选框时将效果应用于渲染图像。

图 12-32

- 大小：确定效果的大小。
- 强度：控制单个效果的总体亮度和不透明度。该值越大，效果越亮，越不透明；该值越小，效果越暗，越透明。
- 阻光度：确定镜头效果场景阻光度参数对特定效果的影响程度。
- 使用源色：将应用效果的灯光或对象的颜色与"径向颜色"或"环绕颜色"参数中设置的颜色或贴图混合。
- 光晕在后：提供可以在场景中的对象后面显示的效果。
- 挤压：确定是否将效果挤压。
- 径向颜色："径向颜色"设置影响效果的内部颜色和外部颜色。可以设置色样、镜头效果的内部颜色和外部颜色，也可以使用渐变位图或细胞位图等确定径向颜色。
- 衰减曲线：单击该按钮，弹出对话框，在该对话框中可以设置径向颜色中使用颜色的权重。通过操纵衰减曲线，可以使效果更多地使用颜色或贴图，也可以使用贴图确定在使用灯光作为镜头效果光源时的衰减。
- 环绕颜色："环绕颜色"通过使用 4 种与效果的四个 1/4 圆匹配的不同色样确定效果的颜色，也可以使用贴图确定环绕颜色。
- 混合：混合在"径向颜色"和"环绕颜色"中设置的颜色。

图 12-33

- 衰减曲线：单击该按钮，弹出对话框，在该对话框中可以设置环绕颜色中使用颜色的权重。
- 径向大小：确定围绕特定镜头效果的径向大小。
- 大小曲线：单击"大小曲线"按钮将弹出对话框。使用径向大小对话框可以在线上创建点，然后将这些点沿着图形移动，确定效果应放在灯光或对象周围的哪个位置。也可以使用贴图确定效果应放在哪个位置。使用复选框激活贴图。

"光晕元素"卷展栏中的"选项"选项卡中的各选项功能介绍如下（如图 12-33 所示）：

"应用元素于"选项组中各个选项的介绍如下：

- 灯光：将效果应用于"镜头效果全局"中拾取的灯光。
- 图像：将效果应用于使用"图像源"中设置的参数渲染的图像。
- 图像中心：应用于对象中心或对象中由图像过滤器确定的部分。

"图像源"选项组中各个选项的介绍如下：

- 对象 ID：将效果应用于场景中设置了 G 缓冲区的模型。
- 材质 ID：将效果应用于场景中设置了材质 ID 的材质对象。
- 非钳制：超亮度颜色比纯白色（255，255，255）要亮。
- 曲面法线：根据摄影机曲面法线的角度将镜头效果应用于对象的一部分。
- 全部：将镜头效果应用于整个场景，而不仅仅应用于几何体的特定部分。
- Alpha：将镜头效果应用于图像的 Alpha 通道。
- Z 高、Z 低：根据对象到摄影机的距离（Z 缓冲区距离），高亮显示对象。高值为最大距离，低值为最小距离。这两个 Z 缓冲区距离之间的任何对象均将高亮显示。

图像过滤器：通过过滤"图像源"选择，可以控制镜头效果的应用方式。

- 全部：选择场景中的所有源像素并应用镜头效果。
- 边缘：选择边界上的所有源像素并应用镜头效果。沿着对象边界应用镜头效果，将在对象的内边和外边上生成柔化光晕。
- 周界 Alpha：根据对象的 Alpha 通道，将镜头效果仅应用于对象的周界。如果选择此复选框，则仅在对象的外围应用效果，而不会在内部生成任何斑点。
- 周界：根据边条件，将镜头效果仅应用于对象的周界。
- 亮度：根据源对象的亮度值过滤源对象。效果仅应用于亮度高于微调器设置的对象。
- 色调：按色调过滤源对象。单击微调器旁边的色样可以选择色调。可以选择的色调值范围为 0～255。

附加效果：使用"附加效果"可以将噪波等贴图应用于镜头效果。单击"应用"复选框右侧的 None 按钮，可以打开材质/贴图浏览器。

- 应用：激活该复选框时应用所选的贴图。
- 径向密度：确定希望应用其他效果的位置和程度。

"光环元素"卷展栏中的"参数"选项卡中的各选项功能介绍如下（如图 12-34 所示）：

- 厚度：确定效果的厚度（像素数）。
- 平面：沿效果轴设置效果位置，该轴从效果中心延伸到屏幕中心。

"射线元素"卷展栏中的"参数"选项卡中的各选项功能介绍如下（如图 12-35 所示）：

- 数量：指定镜头光斑中出现的总射线数。射线在半径附近随机分布。
- 锐化：指定射线的总体锐度。数值越大，生成的射线越鲜明、清洁和清晰。数值越小，产生的二级光晕越多。
- 角度：指定射线的角度。可以输入正值也可以输入负值，这样在设置动画时，射线可以绕着顺时针或逆时针方向旋转。

"自动二级光斑元素"卷展栏中的"参数"选项卡中的各选项功能介绍如下（如图 12-36 所示）：

图 12-34　　　　　　　图 12-35　　　　　　　图 12-36

- 最小值：控制当前集中二级光斑的最小大小。

- 最大值：控制当前集中二级光斑的最大大小。
- 轴：定义自动二级光斑沿其进行分布的轴的总长度。
- 数量：控制当前光斑集中出现的二级光斑数。
- 边数：控制当前光斑集中二级光斑的形状。默认设置为圆形，但是可以从 3 面到 8 面二级光斑之间进行选择。
- 彩虹：该下拉列表框中选择光斑的径向颜色。
- 径向颜色：设置影响效果的内部颜色和外部颜色。可以通过设置色样，设置镜头效果的内部颜色和外部颜色。每个色样有一个百分比微调器，用于确定颜色应在哪个点停止，下一个颜色应在哪个点开始。也可以使用渐变位图或细胞位图等确定径向颜色。

"星形元素"卷展栏中的"参数"选项卡中的各选项功能介绍如下（如图 12-37 所示）：

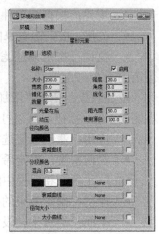

图 12-37

- 锥化：控制星形的各辐射线的锥化。
- 数量：指定星形效果中的辐射线数。默认值为 6。辐射线围绕光斑中心按照等距离点间隔。
- 分段颜色：通过使用 3 种与效果的 3 个截面匹配的不同色样，确定效果的颜色。也可以使用贴图确定截面颜色。
- 混合：混合在"径向颜色"和"分段颜色"中设置的颜色。

12.3.3 模糊

通过提供 3 种不同的方法对图像进行模糊处理，如图 12-38 所示，可以针对整个场景、去除背景的场景或场景元素进行模糊，常用于创建梦幻或摄影机移动拍摄的效果。

"模糊参数"卷展栏中，如图 12-39 所示，其中包括"模糊类型"、"像素选择"两个选项卡，其中"模糊类型"选项卡主要包括"均匀性"、"方向型"、"径向型" 3 种模糊方式，它们分别都有相应的参数设置；而"像素选择"选项卡主要设置需要进行模糊的像素位置。

图 12-38

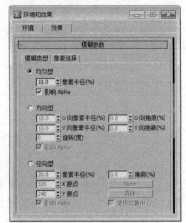

图 12-39

12.3.4 亮度和对比度

调整图像的亮度和对比度,可以用来将渲染的场景物体匹配背景图像或动画,如图 12-40 所示。

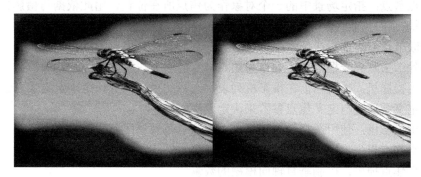

图 12-40

在"亮度对比度"参数卷展栏中,如图 12-41 所示,通过"亮度"、"对比度"对场景中的图像进行调整,如果不希望调整的参数影响背景,可以勾选"忽略背景"复选框。

12.3.5 色彩平衡

通过在相邻像素之间填补过滤色,消除色彩之间强烈的反差,可以使对象更好地匹配到背景图像或背景动画上。

在"色彩平衡参数"卷展栏中,如图 12-42 所示,可以通过"青/红"、"洋红/绿"、"黄/蓝" 3 个色值通道进行调整,如果不想影响颜色的亮度值,可以勾选"保持发光度"复选框。

图 12-41

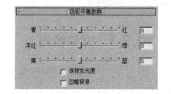

图 12-42

12.3.6 景深

景深通过摄影机镜头观看时,前景和背景场景元素出现的自然模糊效果。它的原理是根据离摄影机的远近距离分层进行不同的模糊处理,最后再合成一张图片。它限定了对象的聚焦点平面上的对象会很清晰,远离摄影机焦点平面的对象会变得模糊不清,如图 12-43 所示,其参数面板如图 12-44 所示。

图 12-43

图 12-44

- 影响 Alpha：勾选时，Alpha 通道也受景深效果影响。
- 拾取摄影机：单击后，可直接在视图中拾取应用景深效果的摄影机。
- 移除：从列表中删除选择的摄影机。
- 焦点节点：指定场景中的一个对象作为焦点所在位置，由此依据与摄影机之间的距离计算周围场景的焦散程度。
- 拾取节点：点选后在场景中拾取对象，将对象作为焦点节点。
- 移除：去除列表框中选择的作为焦点节点的对象。
- 使用摄影机：使用当前在摄影机列表中选择的摄影机的焦距来定义焦点参照。
- 自定义：通过自定义焦点参数来决定景深影响。
- 使用摄影机：使用选择的摄影机来决定焦点范围、限制和模糊。
- 水平焦点损失：控制水平轴向模糊的数量。
- 垂直焦点损失：控制垂直轴向模糊的数量。
- 焦点范围：设置 Z 轴上的单位距离，在这个距离之外的对象都将被模糊处理。
- 焦点限制：设置 Z 轴上的单位距离，设置模糊影响的最大距离范围。

提示

这里的景深和摄影机参数里的景深设置不同，这里完全依靠 Z 通道的数据对最终的渲染图像进行景深处理，所以速度很快。而摄影机中的景深完全依靠实物进行景深计算，计算时间会增加数倍。

12.3.7　文件输出

通过它可以输出各种格式的图像项目。在应用其他效果前将当前中间时段的渲染效果以指定的文件进行输出，这个功能和直接渲染输出的文件输出功能是相同的，支持相同类型的格式，如图 12-45 所示。

12.3.8　胶片颗粒

为渲染图像加入很多杂色的噪波点，模拟胶片颗粒的效果，如图 12-46 所示，也可以防止色彩输出监视器上产生的带状条纹。

图 12-45

图 12-46

在"胶片颗粒参数"卷展栏中，如图 12-47 所示，通过"颗粒"设置图像添加颗粒的数量,如果在添加颗粒时不想影响其背景图像,可以勾选"忽略背景"复选框。

图 12-47

12.3.9　运动模糊

这里的模糊主要针对于场景中图像的运动模糊进行处理,如图 12-48 所示,增强渲染效果的真实感,模拟照相机快门打开过程中,拍摄对象出现的相对运动而产生的模糊效果,多用于表现速度感,同时如果灯光发生运动,则会导致投影也发生模糊效果,只是这一点不易观察。

在"运动模糊参数"卷展栏中,如图 12-49 所示,通过"持续时间"控制快门速度延长的时间,值为 1 时快门在一帧和下一帧之间的时间内完全打开;值越大,运动模糊程度也越大。其中"处理透明"选项勾选时,对象被透明对象遮挡仍进行运动模糊处理;取消勾选时,被透明对象遮挡的对象不应用模糊处理,取消勾选可以提高模糊渲染速度。

图 12-48

图 12-49

12.3.10　VR 镜头效果

VRay 镜头效果针对场景中的灯光使之产生光芒和眩光效果,如图 12-50 所示。

在"VR 镜头特效参数"卷展栏中,如图 12-51 所示,在"光芒"组中"开启"勾选时就会产生光芒效果,并可以对权重、尺寸和形状进行调整,以达到满意的效果。在"眩光"组中"开启"勾选时就会产生眩光效果,并可以对权重和尺寸进行调整,还可以单击"贴图"后的 None 按钮,为其指定贴图,以达到满意的效果。

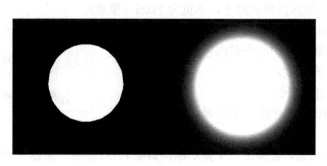

图 12-50

图 12-51

12.4 视频后期处理器

Video Post 可以提供不同类型事件的合成渲染输出，包括当前场景、位图图像、图像处理等。Video Post 的外观与"轨迹视图"相似，是一个独立的、无模式的对话框，该对话框的编辑窗口会完全显示完成视频中每个事件出现的时间范围。每个事件都与具有范围栏的轨迹相关联。

12.4.1 认识 Video Post

通过"渲染 > Video Post（V）"命令，可以打开 Video Post 对话框，主要包括以下组件，如图 12-52 所示。

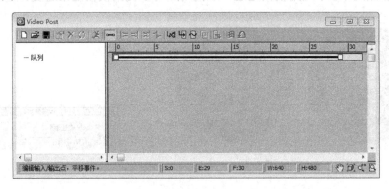

图 12-52

- Video Post 队列：在对话框的左侧处，以一个分支的形状将各个项目连接在一起，项目的种类可以任意指定，它们之间也可以分层，这与轨迹分层的概念相同。可以重新排列从上至下的事件顺序，越往上，层级越低，下面的层级会覆盖在上面的层级上，所以对于背景图像，应用将其放置在最上层。

- Video Post 状态栏/视图控制：在该区域左侧为提示，显示下一步如何进行操作，主要针对当前选择的工具。右侧显示一些时间信息、视图中的一些工具。

- S：显示当前选择事件的起始帧。

- E：显示当前选择事件的结束帧。

- F：显示当前选择事件的总帧数。

- W/H：显示当前队列最后输入图像的尺寸，单位为 Pixel（像素）。

- （平移）：左右移动编辑窗口。

- （最大化显示）：将编辑窗口中的全部内容最大化显示，使它们都出现在屏幕上，只针对左右宽度。

- （缩放时间）：缩放时间标尺。

- （缩放区域）：框选编辑窗口中的一个区域，将它放大到满屏窗口显示。

图 12-53

- （新建序列）：单击该按钮，会弹出一个提示框，如图 12-53 所示。新建一个队列的同时会将当前所有队列设置删除，它其实相当于一个清除全部队列的命令。

- （打开序列）：开启一个文件选择框，可以将已保存的.vpx 格式文件调入，.vpx 是 Video Post 保存的标准格式，这有利于队列设置的重复利用。

- （保存序列）：单击该按钮，将当前 Video Post 中的队列设置保存为标准的 vpx 文件，以便用于其他场景。一般情况下不必单独保存当前 Video Post 的文件设置，因为所有的设置会连同 max 文件一同保存，如果当前队列事件中有动画设置，将会弹出一个警告框，告知不能将此动画设置保存在 vpx 文件中，如图 12-54 所示，如果需要完整保存的话，应当以 max 文件保存。

- （编辑当前事件）：在队列中选择一个事件后，该按钮会被激活，单击该按钮，可以打开当前选择事件的参数设置面板，一般不使用这个按钮，如果想对当前事件进行编辑，只需双击队列中事件的名称，这样更加快捷。

- （删除当前事件）：单击该按钮，可以将当前选择的事件删除。

图 12-54

- （交换事件）：当两个相邻的事件同时被选中时，该按钮会被激活，单击该按钮可以将当前选中的两个事件顺序颠倒，用于项目之间相互次序的调整。

- （执行序列）：单击该按钮，会弹出"执行 Video Post"面板，在该面板中设置与渲染输出相关的参数，与渲染设置面板的参数相同。

- （编辑范围栏）：单击该按钮，属于基本编辑工具，对队列、编辑窗口都有效。

- （将选定项靠左对齐）：单击该按钮，可以将编辑窗口中当前选择事件的范围条左对齐。

- （将选定项靠右对齐）：单击该按钮，可以将编辑窗口中当前选择事件的范围条右对齐。

- （使选定项大小相同）：单击该按钮，将多个选择的事件范围条的长度与最后一个选择的范围条的长度进行对齐。

- （关于选定项）：单击该按钮，将当前选择事件的范围条从上至下以首尾对齐的方式依次排列，这样可以快速地将几段影片连接起来。

- （添加场景事件）：单击该按钮，用于输入当前场景，只涉及渲染的设置问题。

- （添加场景输入事件）、（添加场景输出事件）：用于图像动画的输入和输出，只涉及文件的格式问题，比较简单。

- （添加图像过滤事件）：用于对图像进行特技的处理。

- （添加图像层事件）：用于处理时间轴上图像层与层之间的关系。

- （添加外部事件）：以引入其他外部处理程序，这只是一个接口。

- （添加循环事件）：只是一种循环设置，针对其他序列项目，自身没有参数设置问题。

"编辑窗口"的内容很简单，以条柱表示当前项目作用的时间段，上面有一个可以滑动的时间标尺，由此确定时间段坐标，时间条柱可以移动或放缩，多个条柱选择后可以进行各种对齐操作，双击项目条柱也可以直接打开它的参数控制面板，进行参数设置。

12.4.2　添加图像过滤事件

过滤器事件可提供图像和场景的图像处理。本节将介绍"视频后期处理"中可用的过滤器事件。

1. 对比度

可以使用"对比度"过滤器调整图像的对比度和亮度。

在 Video Post 的主工具栏中单击 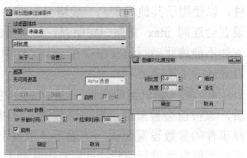（添加图像过滤事件）按钮，弹出"添加图像过滤事件"对话框，在"过滤器插件"选项组的下拉列表框中选择"对比度"过滤器，单击"设置"按钮，弹出"图像对比度控制"对话框，从中设置参数，如图 12-55 所示。

图 12-55

"图像对比度控制"对话框中的各选项命令功能介绍如下：

* 对比度：将微调器设置在 0 和 1.0 之间。这将通过创建 16 位查找表来压缩或扩展最大黑色度和最大白色度之间的范围，此表用于图像中任一指定灰度值。灰度值的计算取决于选择"绝对"单选按钮还是"派生"单选按钮。

* 亮度：将微调器设置在 0 和 1.0 之间。这将增加或减少所有颜色分量（红、绿和蓝）。

* "绝对、派生"：确定"对比度"的灰度值计算。"绝对"使用任一颜色分量的最高值。"派生"使用 3 种颜色分量的平均值。

2. 衰减

"衰减"过滤器随时间淡入或淡出图像。淡入淡出的速率取决于淡入淡出过滤器时间范围的长度。

在"视频后期处理"的主工具栏中单击 （添加图像过滤事件）按钮，弹出"添加图像过滤事件"对话框，在"过滤器插件"选项组的下拉列表框中选择"衰减"过滤器，单击"设置"按钮，弹出"衰减图像控制"对话框，从中设置参数，如图 12-56 所示。

"衰减图像控制"对话框中的各选项命令功能介绍如下：

* 淡入：设置淡入图像。
* 淡出：设置淡出图像。

3. 图像 Alpha

"图像 Alpha"过滤器用过滤遮罩指定的通道替换图像的 Alpha 通道。

此过滤器采用"遮罩"（包括 G 缓冲区通道数据）下通道选项中所选定的任一通道，并将其应用到此队列的 Alpha 通道，从而替换此处的内容，如图 12-57 所示。

4. 镜头效果光斑

"镜头效果光斑"对话框用于将镜头光斑效果作为后期处理添加到渲染中。通常对场景中的灯光应用光斑效果，随后对象周围会产生镜头光斑。可以在"镜头效果光斑"对话框中控制镜头光斑的各个方面。

"镜头效果光斑"窗口中的常用的各选项命令功能介绍如下（如图 12-58 所示）：

* 预览：单击"预览"按钮时，如果光斑拥有自动或手动二级光斑元素，则在窗口左上角显示光斑。如果光斑不包含这些元素，光斑会在预览窗口的中央显示。

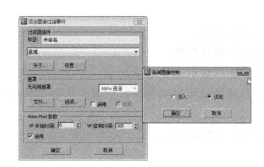

图 12-56 图 12-57

- 更新：每次单击此按钮时，重画整个主预览窗口和小窗口。
- VP 列队：在主预览窗口中显示 Video Post 队列的内容。

镜头光斑属性：指定光斑的全局设置，例如光斑源、大小、种子数和旋转等。

- 种子：为镜头效果中的随机数生成器提供不同的起点，创建略有不同的镜头效果，而不更改任何设置。使用"种子"可以确保产生不同的镜头光斑，尽管这种差异非常小。

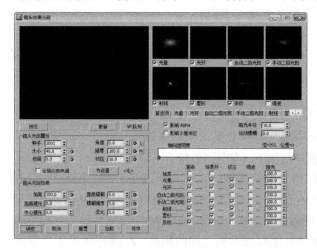

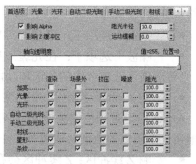

图 12-58 图 12-59

- 大小：影响整个镜头光斑的大小。
- 色调：如果选择了"全局应用色调"复选框，它将控制镜头光斑效果中应用的"色调"的量。此参数可设置动画。
- 角度：影响光斑从默认位置开始旋转的量，例如光斑位置相对于摄影机改变的量。
- 强度：控制光斑的总体亮度和不透明度。
- 挤压：在水平方向或垂直方向挤压镜头光斑的大小，用于补偿不同的帧纵横比。
- 全局应用色调：将"节点源"的"色调"全局应用于其他光斑效果。
- 节点源：可以为镜头光斑效果选择源对象。

镜头光斑效果：控制特定的光斑效果，例如淡入淡出、亮度和柔化等。

- 加亮：设置影响整个图像的总体亮度。
- 距离褪光：随着与摄影机之间的距离变化，镜头光斑的效果会淡入淡出。
- 中心褪光：在光斑行的中心附近，沿光斑主轴淡入淡出二级光斑。这是通过真实摄影机镜头可以在许多镜头光斑中观察到的效果。此值使用 3ds Max 世界单位。只有按下中心褪光按钮时，此设置才能启用。

- 距离模糊：根据到摄影机之间的距离模糊光斑。
- 模糊强度：将模糊应用到镜头光斑上时控制其强度。
- 柔化：为镜头光斑提供整体柔化效果。此参数可设置动画。
- "首选项"选项卡：此页面可以控制激活的镜头光斑部分，以及它们影响整个图像的方式。
- "光晕"选项卡：以光斑的源对象为中心的常规光晕。可以控制光晕的颜色、大小、形状和其他方面。
- "光环"选项卡：围绕源对象中心的彩色圆圈。可以控制光环的颜色、大小、形状和其他方面。
- "自动二级光斑"选项卡：自动二级光斑。通常看到的小圆圈会从镜头光斑的源显现出来。随着摄影机的位置相对于源对象的更改，二级光斑也随之移动。此选项处于活动状态时，二级光斑会自动产生。
- "手动二级光斑"选项卡：手动二级光斑。添加到镜头光斑效果中的附加二级光斑。它们出现在与自动二级光斑相同的轴上而且外观也类似。
- "射线"选项卡：从源对象中心发出的明亮的直线，为对象提供很高的亮度。
- "星形"选项卡：从源对象中心发出的明亮的直线，通常包括 6 条或多于 6 条辐射线（而不是像射线一样有数百条）。"星形"通常比较粗并且要比射线从源对象的中心向外延伸得更远。
- "条纹"选项卡：穿越源对象中心的水平条带。
- "噪波"选项卡：在光斑效果中添加特殊效果，例如爆炸。

"首选项"选项卡中的各选项功能介绍如下（如图 12-59 所示）：

- 影响 Alpha：指定以 32 位文件格式渲染图像时，镜头光斑是否影响图像的 Alpha 通道。Alpha 通道是颜色的额外 8 位（256 色），用于指示图像中的透明度。Alpha 通道用于无缝地在一个图像的上面合成另外一个图像。
- 影响 Z 缓冲区：Z 缓冲区会存储对象与摄影机之间的距离。Z 缓冲区用于光学效果，例如雾。
- 阻光半径：光斑中心的周围半径，它确定在镜头光斑跟随在另一个对象后时，光斑效果何时开始衰减。此半径以像素为单位。
- 运动模糊：确定是否使用"运动模糊"渲染设置动画的镜头光斑。"运动模糊"以较小的增量渲染同一帧的多个副本，从而显示出运动对象的模糊。对象快速穿过屏幕时，如果打开了运动模糊，动画效果会更加流畅。使用运动模糊会显著增加渲染时间。
- 轴向透明度：标准的圆形透明度渐变，会沿其轴并相对于其源影响镜头光斑二级元素的透明度。这使得二级元素的一侧要比另外一侧亮，同时使光斑效果更加具有真实感。
- 渲染：指定是否在最终图像中渲染镜头光斑的每个部分。使用这一组复选框可以启用或禁用镜头光斑的各部分。
- 场景外：指定其源在场景外的镜头光斑是否影响图像。
- 挤压：指定挤压设置是否影响镜头光斑的特定部分。
- 噪波：定义是否为镜头光斑的此部分启用噪波设置。
- 阻光：定义光斑部分被其他对象阻挡时出现的百分比。

"光晕"选项卡中的各选项功能介绍如下（如图 12-60 所示）：

- 大小：指定镜头光斑的光晕直径，以占帧总体大小的百分比表示。
- 色调：指定光晕颜色的等级。单击绿色箭头按钮可对此控件设置动画。
- 隐藏在几何体后：将光晕放置在几何体的后面。
- 渐变色条：使用径向、环绕、透明度和大小渐变。光晕渐变要比光斑渐变精细，因为其光晕的区域要比像素大。

"光环"选项卡中的各选项功能介绍如下（如图 12-61 所示）：

- 厚度：指定光环的总体厚度，以占帧总体大小的百分比表示。光环很厚时，光环的大小由内径计算。厚度控制光环由此点向外的厚度。

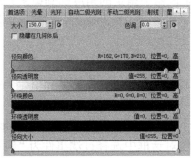

图 12-60

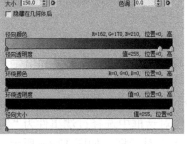

图 12-61

"手动二级光斑"选项卡中的各选项功能介绍如下（如图 12-62 所示）：

- 平面：控制光斑源与手动二级光斑之间的距离（度）。默认情况下，光斑平面位于所选节点源的中心。正值将光斑置于光斑源的前面，而负值将光斑置于光斑源的后面。
- 启用：打开或者关闭手动二级光斑。
- 衰减：指定当前二级光斑是否有轴向褪光。
- 比例：指定如何缩放二级光斑。此参数可设置动画。
- 下拉列表框：控制二级光斑的总体形状。

"射线"选项卡中的各选项功能介绍如下（如图 12-63 所示）：

- 数量：指定镜头光斑中出现的总射线数。射线在半径附近随机分布。此参数可设置动画。
- 锐化：指定射线的总体锐度。数值越大，生成的射线越鲜明、清洁和清晰；数值越小，产生的二级光晕越多。
- 组：强制将射线分成相同大小的 8 个等距离组。
- 自动旋转：将"射线"面板上的"角度"微调器中指定的角度加到镜头光斑属性下面的角度微调器设置的角度中。

"星形"选项卡中的各选项功能介绍如下（如图 12-64 所示）：

- 随机：启用星形辐射线围绕光斑中心向外辐射的随机间距。
- 数量：指定星形效果中的辐射线数。
- 宽度：指定单个辐射线的宽度，以占整个帧的百分比表示。此选项可设置动画。
- 锥化：控制星形的各辐射线的锥化。锥化使各星形点的末端变宽或变窄。数值较小，末端较尖；数值较大，则末端较平。

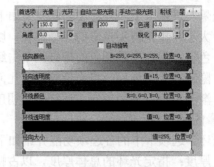

图 12-62　　　　　　　　　　　　　　　　　图 12-63

- 自动旋转：将"射线"面板上的"角度"微调器中指定的角度加到镜头光斑属性下面的角度微调器设置的角度中"自动旋转"也确保了在设置光斑动画时，能够保持星形相对于光斑的位置。

5. 镜头效果焦点

"镜头效果焦点"与景深效果基本相同，如图 12-65 所示，这里简单介绍一个镜头效果焦点。

在菜单栏中选择"渲染>Video Post（V）"命令，打开 Video Post 窗口，在 Video Post 工具栏中单击 （添加图像过滤事件）按钮，在弹出的对话框中选择过滤事件为"镜头效果焦点"事件，单击"确定"按钮，弹出"镜头效果焦点"对话框，如图 12-66 所示。

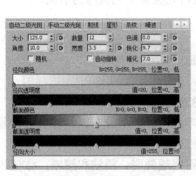

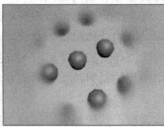

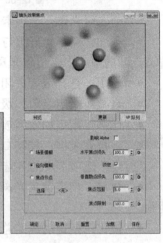

图 12-64　　　　　　　　　　　图 12-65　　　　　　　　　　　图 12-66

"镜头效果焦点"对话框中的各选项功能介绍如下：

- 场景模糊：将模糊效果应用到整个场景，而非场景的一部分。
- 径向模糊：从帧的中心开始，将模糊效果以径向方式应用到整个场景。
- 焦点节点：用于选择场景中的特定对象，将其作为模糊的焦点。选定的对象保留在焦点中，而模糊焦点限制设置以外的对象。
- 选择：单击该按钮，弹出选择焦点对象对话框，从而选择单一的 3ds Max 对象以用作焦点对象。
- 影响 Alpha：如选择该复选框，当渲染为 32 位格式时，同时也将模糊效果应用到图像的 Alpha 通道。选择此复选框可以在另一个图像上合成模糊图像。

- 水平焦点损失：指定在水平（X 轴）方向应用到图像中的模糊量。
- 锁定：同时锁定水平和垂直方向的损失设置。
- 垂直散点损失：指定在垂直（Y 轴）方向应用到图像中的模糊量。
- 焦点范围：指定距离图像中心"径向模糊"的距离，或距离模糊效果开始处的摄影机（焦点对象）的距离。增大数值会使效果半径远离摄影机或图像中心。
- 焦点限制：指定距离图像中心"径向模糊"的距离，或距离模糊效果达到最大强度处的摄影机（焦点对象）的距离。使用低"焦点范围"设置高"焦点限制"时，会使得场景中的模糊量渐增，同时关闭"焦点限制"和"焦点范围"会生成短距离的快速模糊效果。此参数可设置动画。

6. 镜头效果光晕

"镜头效果光晕"对话框可以用于在任何指定的对象周围添加有光晕的光环。例如，对于爆炸粒子系统，给粒子添加光晕使它们看起来好像更明亮而且更热。

"属性"选项卡中的各选项功能介绍如下（如图 12-67 所示）：

源：指定场景中要应用光晕的对象，可以同时选择多个源选项。

- 全部：将光晕应用于整个场景，而不仅仅应用于几何体的特定部分。
- 对象 ID：如果具有特定对象 ID（在 G 缓冲区中）的对象与过滤器设置匹配，可将光晕应用于该对象或其中一部分。
- 效果 ID：如果具有特定 ID 通道的对象或该对象的一部分与过滤器设置相匹配，将光晕应用于该对象或其中一部分。
- 非钳制：超亮度颜色比纯白色（255，255，255）要亮。
- 曲面法线：根据曲面法线到摄影机的角度，使对象的一部分产生光晕。
- 遮罩：使图像的遮罩通道产生光晕。
- Alpha：使图像的 Alpha 通道产生光晕。
- Z 高、Z 低：根据对象到摄影机的距离使对象产生光晕。高值为最大距离，低值为最小距离。这两个 Z 缓冲区距离之间的任何对象均会产生光晕。

过滤：过滤源选择以控制光晕应用的方式。

- 全部：选择场景中的所有源对象，并将光晕应用于这些对象上。
- 边缘：选择所有沿边界的源对象，并将光晕应用于这些对象上。沿对象边应用光晕会在对象的内外边上生成柔和的光晕。
- 周界 Alpha：根据对象的 Alpha 通道，将光晕仅应用于此对象的周界。
- 周界：根据边推论，将光晕效果仅应用于此对象的周界。
- 亮度：根据源对象的亮度值过滤源对象。只选定亮度值高于微调器设置的对象，并使其产生光晕。此复选框可反转。此参数可设置动画。
- 色调：按色调过滤源对象。单击微调器旁边的色样可以选择色调。"色调"色样右侧的微调器可用于输入变化级别，从而使光晕能够在与选定颜色相同的范围内找到几种不同的色调。

"首选项"选项卡中的各选项功能介绍如下（如图 12-68 所示）：

"场景"选项组中各个选项的功能介绍如下：

- 影响 Alpha：指定渲染为 32 位文件格式时，光晕是否影响图像的 Alpha 通道。
- 影响 Z 缓冲区：指定光晕是否影响图像的 Z 缓冲区。

"效果"选项组中各个选项的介绍如下：

- 大小：设置总体光晕效果的大小。此参数可设置动画。
- 柔化：柔化和模糊光晕效果。

距离褪光：该选项组中的选项根据光晕到摄影机的距离衰减光晕效果。这与镜头光斑的距离褪光相同。

- 亮度：可用于根据到摄影机的距离来衰减光晕效果的亮度。
- 锁定：选择该复选框时，同时锁定"亮度"和"大小"值，因此大小和亮度同步衰减。
- 大小：可用于根据到摄影机的距离来衰减光晕效果的大小。

"颜色"选项组中各个选项的介绍如下：

- 渐变：根据"渐变"选项卡中的设置创建光晕。
- 像素：根据对象的像素颜色创建光晕。这是默认方法，其速度很快。
- 用户：让用户来选择光晕效果的颜色。
- 强度：控制光晕效果的强度或亮度。

"噪波"选项卡中的各选项功能介绍如下（如图 12-69 所示）：

"设置"选项组中各个选项的介绍如下：

- 气态：一种松散和柔的图案，通常用于云和烟雾。
- 炽热：带有亮度、定义明确的区域的分形图案，通常用于火焰。
- 电弧：较长的、定义明确的卷状图案。设置动画时，可用于生成电弧。通过将图案质量调整为 0，可以创建水波反射效果。
- 重生成种子：分形例程用作起始点的数。将此微调器设置为任一数值来创建不同的分形效果。
- 运动：对噪波设置动画时，运动指定噪波图案在由"方向"微调器设置的方向上的运动速度。
- 方向：指定噪波效果运动的方向（以度为单位）。
- 质量：指定噪波效果中分形噪波图案的总体质量。该值越大，会导致分形迭代次数越多，效果越细化，渲染时间也会有所延长。
- 红、绿、蓝：选择用于"噪波"效果的颜色通道。

"参数"选项组中各个选项的介绍如下：

- 大小：指定分形图案的总体大小。较低的数值会生成较小的粒状分形；较高的数值会生成较大的图案。
- 速度：在分形图案中设置在设置动画时湍流的总体速度。较高的数值会在图案中生成更快的湍流。
- 基准：指定噪波效果中的颜色亮度。
- 振幅：使用"基准"微调器控制分形噪波图案每个部分的最大亮度。较高的数值会产生带有较亮颜色的分形图案；较低的数值会产生带有较柔和颜色的相同图案。
- 偏移：将效果颜色移向颜色范围的一端或另一端。
- 边缘：控制分形图案的亮区域和暗区域之间的对比度。较高的数值会产生较高的对比度和更多定义明确的分形图案；较低的数值会产生较少定义和微小的效果。
- 径向密度：从效果中心到边缘以径向方式控制噪波效果的密度。无论何时，渐变为白色时，只能看到噪波；渐变为黑色时，可以看到基本的光晕。如果将渐变右侧设置为黑色，将左侧设置为白色，并将噪波应用到光斑的光晕效果中，那么当光晕的中心仍可见时，噪波效果朝光晕的外边呈现。

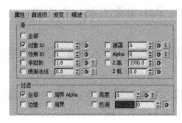  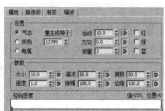

图 12-67　　　　　　　　　图 12-68　　　　　　　　　图 12-69

7. 镜头效果高光

使用"镜头效果高光"对话框可以指定明亮的、星形的高光，将其应用在具有发光材质的对象上。

"几何体"选项卡中的各选项功能介绍如下（如图 12-70 所示）：

"效果"选项组中的各个选项的介绍如下：

- 角度：控制动画过程中高光点的角度。
- 钳位：确定高光必须读取的像素数，以此数量来放置一个单一高光效果。多数情况下，会希望将高光效果脱离，可产生许多像素以从中发光的对象亮度。其中每个像素都将高光交叉绘制在其顶部，这样会模糊了总体效果。只需要一个或两个高光时，请使用此微调器来调整高光处理选定像素的方式。
- 交替射线：替换高光周围的点长度。

变化："变化"选项组将给高光效果增加随机性。

- 大小：变化单个高光的总体大小。
- 角度：变化单个高光的初始方向。
- 重生成种子：强制高光使用不同随机数来生成其效果的各部分。

旋转：这两个按钮可用于使高光基于场景中它们的相对位置自动旋转。

- 距离：单个高光元素逐渐随距离模糊时自动旋转。元素模糊得越快，其旋转的速度就越快。
- 平移：单个高光元素横向穿过屏幕时自动旋转。如果场景中的对象经过摄影机，这些对象会根据其位置自动旋转。元素穿过屏幕的移动速度越快，其旋转的速度就越快。

8. 底片

"底片"过滤器反转图像的颜色，使其反转为类似彩色照片底片。如图 12-71 所示，右图为底片效果，左图为原图像。

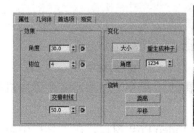  

图 12-70　　　　　　　　　　　　　　図 12-71

在菜单栏中选择"渲染 > Video Post（V）"命令，打开 Video Post 窗口，在工具栏中单击 🔛（添加图像过滤事件）按钮，在弹出的对话框中选择"底片"过滤器，如图 12-72 所示，单击"设置"按钮，弹出底片设置对话框，如图 12-73 所示，从中设置"混合"的值。

9. 伪 Alpha

"伪 Alpha"根据图像的第一个像素（位于左上角的像素）创建一个 Alpha 图像通道，所有与此像素颜色相同的像素都会变为透明。

由于只有一个像素颜色变为透明，所以不透明区域的边缘将变成锯齿形状。此过滤器主要用于希望合成格式不带 Alpha 通道的位图。

在菜单栏中选择"渲染 > Video Post（V）"命令，打开 Video Post 窗口，在工具栏中单击 🔛（添加图像过滤事件）按钮，在弹出的对话框中选择"伪 Alpha"过滤器，如图 12-74 所示。

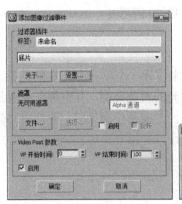 

图 12-72　　　　　　　图 12-73　　　　　　　　　图 12-74

10. 简单擦除

"简单擦除"使用擦拭变换显示或擦除前景图像。

在菜单栏中选择"渲染>Video Post（V）"命令，打开 Video Post 窗口，在工具栏中单击 🔛（添加图像过滤事件）按钮，在弹出的对话框中选择"简单擦除"过滤器，如图 12-75 所示。

"简单擦除控制"对话框中的各选项命令功能介绍如下：

● 方向：从中选择从左向右擦拭或从右向左擦拭。

"模式"选项组中的各个选项介绍如下：

● 推入：显示图像。

● 弹出：擦除图像。

11. 星空

图 12-75

"星空"过滤器使用可选运动模糊生成具有真实感的星空。"星空"过滤器需要摄影机视图，任一星空运动都是摄影机运动的结果。

在菜单栏中选择"渲染>Video Post（V）"命令，打开 Video Post 窗口，在工具栏中单击 🔛（添加图像过滤事件）按钮，在弹出的对话框中选择"星空"过滤器，如图 12-76 所示。

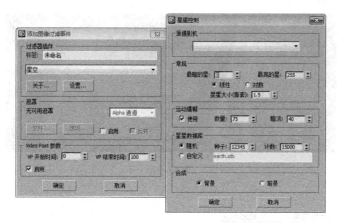

图 12-76

"星星控制"对话框中的各选项命令功能介绍如下：

源摄影机：用于从场景的摄影机列表中选择摄影机。选择与用于渲染场景的摄影机相同的摄影机。

常规：设置星星的亮度范围和大小。

- 最暗的星：指定最暗的星。
- 最亮的星：指定最亮的星。
- "线性、对数"：指定是按线性还是按对数计算亮度的范围。
- 星星大小：以像素为单位指定星星的大小。

运动模糊：摄影机移动时，这些设置控制星星的条纹效果。

- 使用：启用此复选框后，星空使用运动模糊。禁用此复选框之后，星星会显示为圆点，而不论摄影机是否运动。
- 数量：摄影机快门打开的帧时间百分比。
- 暗淡：确定经过条纹处理的星星如何随着其轨迹的延长而逐渐暗淡。默认值为 40，提供了很好的视频效果，略微让星星暗淡一些，使其不闪烁。

星星数据库：这些设置指定了星空中星星的数量。

- 随机：使用随机数"种子"来初始化随机数生成器，生成由"计数"微调器指定的星星数量。
- 种子：初始化随机数生成器。
- 计数：选定"随机"单选按钮时指定所生成的星星数量。
- 自定义：读取指定文件。
- 背景：合成背景中的星星。
- 前景：合成前景中的星星。

12.5 课堂练习——太阳耀斑

练习知识要点：设置场景背景，创建灯光，并设置灯光的镜头光晕效果，完成太阳耀斑的效果，如图 11-52 所示。

效果所在位置：随书附带光盘\Scene\cha12\太阳耀斑.max。

图 12-77

12.6　课后习题——紫光

　　习题知识要点：创建路径动画的紫光运动模型，创建暴风雪粒子作为闪闪发光的星形，结合使用镜头效果光晕和镜头效果高光完成紫光的动画效果，如图 12-78 所示。

　　效果所在位置：随书附带光盘\Scene\cha12\紫光.max。

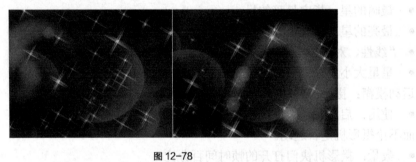

图 12-78

13

第 13 章
高级动画设置

　　本章将介绍 3ds Max2012 中高级动画的设置，并对正向运动和反向运动进行详细讲解。读者通过本章的学习，可以掌握 3ds Max2012 高级动画的制作方法和应用技巧。

课堂学习目标
- 正向动力学
- 反向运动学

13.1　正向动力学

正向动力学是构成结构级别关系的基础，有很多不需要灵活控制的动画效果可以直接用正向动力学来完成。

"正向动力学"技术是一种处理层次的默认方法，该技术采用的基本原理如下：

- 按照父层次到子层次的链接顺序进行层次链接。
- 轴点的放置定义了链接对象之间的连接关节。
- 按照从父层次到子层次的顺序继承位置、旋转和缩放变换。

 提示

在正向动力学中，当父对象移动时，它的子对象也必须跟随其移动。如果子对象要脱离父对象单独运动，那么父对象将保持不动。

13.2　对象的链接

创建对象的链接前首先要明白谁是谁的父级，谁是谁的子级，如车轮是车体的子级，四肢是身体的子级。正向运动学中父级影响子级的运动、旋转及缩放，但子级只能影响它的下一级而不能影响父级。

将两个对象进行父子关系的链接，定义层级关系，以便进行链接运动操作。通常要在几个对象之间创建层级关系，如将手链接到手臂上，再将手臂链接到躯干上，这样它们之间就产生了层级关系，在正向运动或反向运动操作时，层级关系就会带动所有链接的对象，并且可以逐层发生关系。

子级对象会继承施加在父级对象上的变化（如运动、缩放、旋转），但它自身的变化不会影响到父级对象。

可以将对象链接到关闭的组。执行此操作时，对象将成为组父级的子级，而不是该组的任何成员。整个组会闪烁，表示已链接至该组。

13.2.1　对象的链接与断开

1．链接两个对象

使用 🔗（选择并链接）工具可以通过将两个对象链接作为子和父，定义它们之间的层次关系。链接两个对象有两种方法：

（1）在工具栏中单击 🔗（选择并连接）按钮。将鼠标光标放置在子对象上单击鼠标左键并按住左键不放，此时光标变为 🔁，拖曳鼠标光标会出现一条虚线。牵引虚线至父对象上，父对象闪烁一下外框，表示链接成功，可以在工具栏中单击 🖼（图解视图）按钮打开图解视图看一下是否成功链接。

（2）在工具栏中单击 🖼（图解视图）按钮打开图解视图，然后选择子级并将其拖向父级。

2．断开当前链接

取消两对象之间的层级链接关系，就是拆散父子链接关系，使子对象恢复独立，不再受父对象的约束。"断开当前选择链接"工具是针对子对象执行的，其使用方法是：先在场景中选择创建链接的模型，在工具栏中单击 按钮，它与父对象的层级关系就会被取消。

13.2.2　锁定和继承

在 命令面板的"链接信息"面板中包含"锁定"和"继承"卷展栏。"锁定"卷展栏具有可以限制对象在特定轴中移动的控件，"继承"卷展栏具有可以限制子对象继承其父对象变换的控件。

● 锁定："锁定"卷展栏用于控制对象的轴向，当对象分别进行移动、旋转或缩放时，它可以在各个轴向上变换，但如果在这里打开了某个轴向的锁定开关，它将不能在此轴向上变换。

● 设置当前选择对象对其父对象各项变换的继承情况，默认情况为开启，即父对象的任何变换都会影响其子对象。如果关闭了某项，则相应的变换不会向下传递给其子对象。

13.3　图解视图

在工具栏中单击 按钮或在菜单栏中选择"图形编辑器>保存的图解视图"命令，会打开图解视图。"图解视图"是基于节点的场景图，通过它可以访问对象属性、材质、控制器、修改器、层次和不可见场景关系。

13.3.1　图解视图

如图 13-1 所示为图解视图，在此处可以查看、创建并编辑对象间的关系。可以创建层次、指定控制器、材质、修改器或约束。

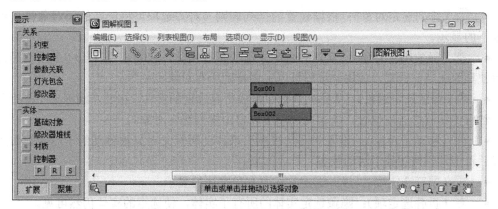

图 13-1

"图解视图"的显著功能如下所述：
● 使用命名后的"图解视图"文件保存布局。
● 窗口导航过程中文本保持可读。

- "图解视图"包含用于显示和排列节点（包括自由模式）的工具。
- 可以在"图解视图"窗口中使用背景图像或栅格。
- 可以查看和编辑关联参数。
- 无模式显示浮动框可以按类别打开或关闭节点显示。
- "关系列表视图"能够更快导航和选择节点。可显示的关系包括"灯光"，所有参数关联、约束、控制器以及修改器关系，如路径变形、路径和变形目标。
- 可以复制和实例化控制器。
- "图解视图"提供大量 MAXScript 曝光。
- 可以深入获得更多属性（如静态值和自定义属性）。

13.3.2 图解视图工具

1. "图解视图"的重要工具

在图解视图中的部分工具功能与视图工具栏中的功能大体相同，只是图解视图中的工具只应用于图解视图中。

- □（显示浮动框）：显示或隐藏"显示"浮动框，在浮动框中可决定在"图解视图"中显示或隐藏对象。
- ✕（删除对象）：删除"图解视图"中选定的对象。删除的对象将从视口和"图解视图"中消失。
- （层次模式）：用级联方式显示父对象/子对象的关系。父对象位于左上方，而子对象朝右下方缩进显示。
- （参考模式）：基于实例和参考而不是层次来显示关系。使用此模式查看材质和修改器。
- （始终排列）：根据排列首选项（对齐选项）将"图解视图"设置为总是排列所有实体。执行此操作之前将弹出一个警告信息。启用此选项将激活工具栏按钮。
- （排列子对象）：根据设置的排列规则（对齐选项）排列父对象下面的子对象的显示。
- （排列选定对象）：根据设置的排列规则（对齐选项）将选定的子对象排列到父对象下的显示。
- （释放所有对象）：从排列规则中释放所有实体，在其左端标记一个小洞图标，然后使其留在当前位置。使用此选项可以自由排列所有对象。
- （释放选定对象）：从排列规则中释放所有选定的实体，在其左端标记一个小洞图标，然后使其留在当前位置。使用此选项可以自由排列选定对象。
- （移动子对象）：设置"图解视图"来移动所有父对象被移动的子对象。启用此模式后，工具栏按钮处于活动状态。
- （展开选定项）：展开选定实体所有子实体的显示。
- （折叠选定项）：隐藏选定实体的所有子实体，使选定的实体仍然可见。
- （首选项）：显示图解视图设置对话框。如图 13-2 所示，根据类别控制显示的内容和隐藏的内容。可以过滤"图解视图"窗口中显示的对象，而只看到需要看到的对象。

可以为"图解视图"窗口添加网络或背景图像，或选择排列方式并确定是否为视口选择和"图解视图"窗口选择设置同步，也可以设置节点链接模式。在此对话框中选择相应的过滤设置，可以更好地控制"图解视图"。

2. "图解视图"的菜单栏

"图解视图"的菜单栏中包含 7 个子菜单：编辑、选择、列表视图、布局、选项、显示和视图。

（1）"编辑"菜单（如图 13-3 所示）

● 连接：激活连接工具。

● 断开选定对象链接：断开链接选定的实体。

● 删除：从图解视图和场景中移除实体，取消所选关系之间的链接。

● 指定控制器：用于将控制器指定给变换节点。只有当选中控制器实体时，该选项才可用。选择此选项，打开"标准指定控制器"对话框。

● 关联参数：使用"图解视图"关联参数。只有当实体被选中时，该选项才处于活动状态。选择此选项，启动标准"关联参数"对话框。

● 对象属性…：显示选定节点的"对象属性"对话框。如果未选定节点，则不会产生任何影响。

（2）"选择"菜单（如图 13-4 所示）

图 13-2

图 13-3

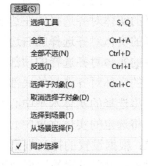

图 13-4

● 选择工具：在"使用排列"模式下激活"选择"工具，不在"始终排列"模式时，激活"选择"和"移动"工具。

● 全选：选择当前图解视图中的所有实体。

● 全部不选：取消当前图解视图中选择的所有实体。

● 反选：在当前"图解视图"中取消选择已选的实体，并选择未选定的实体。

● 选择子对象：选择当前选定实体的所有子实体。

● 取消选择子对象：取消选择所有选中实体的子实体。父对象和子对象必须同时被选中才能取消选择子对象。

● 选择到场景：在视口中选择图解视图中已选定的所有节点。

● 从场景选择：在图解视图中选择视口中已选的所有节点。

● 同步选择：勾选此选项时，在图解视图中选择对象时还会在视口对象中选择它们，反之亦然。

（3）"列表视图"菜单（如图 13-5 所示）

● 所有关系…：打开或重绘含有当前所显示图解视图实体的所有关系的列表视图。

- 选定关系…：打开或重绘含有当前所选图解视图实体的所有关系的列表视图。
- 所有实例…：打开或重绘含有当前所显示图解视图实体的所有实例的列表视图。
- 选定实例…：打开或重绘含有当前所选图解视图实体的所有实例的列表视图。
- 显示事件…：打开或重绘含有与当前所选实体共享属性或关系类型的所有实体的列表视图。
- 所有动画控制器…：打开或重绘含有拥有或共享动画控制器的所有实体的列表视图。

（4）"布局"菜单（如图 13-6 所示）

图 13-5 图 13-6

- 对齐：在"对齐"的子选项中为"图解视图"窗口中选择的实体定义对齐选项。
- 左：将选择的实体对齐选择的左边缘，垂直定位不变。
- 右：将选择的实体对齐选择的右边缘，垂直定位不变。
- 顶：将选择的实体对齐选择的顶部边缘，水平定位不变。
- 底：将选择的实体对齐选择的底部边缘，水平定位不变。
- 水平居中：将选择的实体水平中心对齐，垂直定位不变。
- 垂直居中：将选定的实体垂直中心对齐，水平定位不变。
- 排列子对象：根据设置的排列规则（对齐选项）在选定的父对象下排列显示子对象。
- 排列选定对象：根据设置的排列规则（对齐选项），在选定的父对象下排列选定的子对象。
- 释放选定项：从排列规则中释放所有选定的实体，在它们的左端使用一个孔图标标记它们并将它们留在原位。使用此选项可以自由排列选定对象。
- 释放所有项：从排列规则中释放所有实体，在它们的左侧使用一个孔图标标记它们并将它们留在原位。使用此选项可以自由排列所有对象。
- 收缩选定项：隐藏所有选定实体框，保持排列和关系可见。
- 取消收缩选定项：使所有选定的收缩实体可见。
- 全部取消收缩：使所有收缩实体可见。
- 切换收缩：启用此选项时，会正常收缩实体。禁用此选项时，收缩实体完全可见，但是不取消收缩。默认设置为启用。

（5）"选项"菜单（如图 13-7 所示）

- 始终排列：图解视图始终根据选择的排列首选项排列所有实体。执行此操作之前将弹出一个警告信息。选择此选项可激活工具栏中的 ![] （始终排列）按钮。

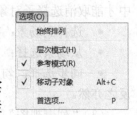

图 13-7

- 层次模式：设置"图解视图"以显示作为参考图的实体，不显示作为层次的实体。子对象在父对象下方缩进显示，如图 13-8 所示。在"层次"和"参考"模式之间进行切换不会造成损坏。

- 参考模式：设置"图解视图"以显示作为参考图的实体，不显示作为层次的实体，如图 13-9 所示。在"层次"和"参考"模式之间进行切换不会造成损坏。

图 13-8

图 13-9

- 移动子对象：将"图解视图"设置为移动已移动父对象的所有子对象。启用此模式后，工具栏按钮处于活动状态。

- 首选项...：打开"图解视图首选项"对话框，通过过滤类别及设置显示选项，可以控制窗口中的显示。

（6）"显示"菜单（如图 13-10 所示）

- 显示浮动框：显示或隐藏"显示"浮动框，可控制"图解视图"窗口中的显示。

- 隐藏选定对象：隐藏"图解视图"窗口中选定的所有对象。

- 全部取消隐藏：显示所有隐藏的项目。

- 扩展选定对象：显示选定实体的所有子实体。

- 塌陷选定项：隐藏选定实体的所有子实体，选定的实体仍然可见。

（7）"视图"菜单（如图 13-11 所示）

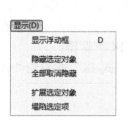

图 13-10

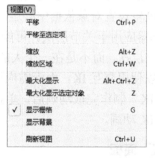

图 13-11

- 平移：激活"平移"工具，可使用该工具通过拖曳光标在窗口中水平和垂直移动。

- 平移至选定项：集中到窗口中的选定实体。如果未选择实体，将使所有实体在窗口中居中。

- 缩放：激活缩放工具。通过拖曳光标移近或移远"图解"显示。

- 缩放区域：通过在窗口中拖动矩形框，可以缩放到特定区域。

- 最大化显示：缩放窗口使图解视图中的所有节点都可见。

- 最大化显示选定对象：缩放窗口使所有选择的节点在显示时都可见。

- 显示栅格：在"图解视图"窗口的背景中显示栅格。默认设置为启用。

- 显示背景：在"图解视图"窗口的背景中显示图像。通过首选项设置图像。

- 刷新视图：使用"图解视图"窗口中的所有更改或场景中的更改重绘内容。

除上述之外，在"图解视图"中右键单击，在弹出的快捷菜单中包含用于选择、显示和操纵节点选择的控件。使用此功能可以快速访问"列表视图"和"显示浮动框"，而且还可以在"参考模式"和"层次模式"间快速切换。

13.4 反向运动学（IK）

反向运动学（IK）是一种设置动画的方法，它翻转链操纵的方向。它是从叶子而不是根开始进行工作的。

13.4.1 使用反向动力学（IK）制作动画的操作

要了解反向运动学（IK）是如何进行工作的，首先必须了解层次链接和正向运动学的原则。反向运动学建立在层次链接和轴点的概念上，并将它们作为地基，然后添加了以下原则：关节受特定的位置和旋转属性的约束。父对象的位置和方向由子对象的位置和方向确定。

- 父对象：控制一个或多个子对象的对象。一个父对象通常也被另一个更高级别的父对象控制。

- 子对象：父对象控制的对象。子对象也可以是其他子对象的父对象。默认情况下，没有任何父对象的对象是世界的子对象。"世界"是一个虚拟对象，充当场景中所有对象的根对象。

使用反向运动学创建动画的基本操作步骤如下：

（1）构建模型。它可以是关节结构，也可以是许多个或单个的连续曲面。

（2）将关节模型链接在一起并定义轴点、调整轴，在层级关系中最重要的一项就是调整轴点所在位置，通过轴设置对象依据中心运动的位置。

（3）将 IK 解算器应用于关节层次。可能会在整个层次中创建几个 IK 链，而不是一个。也可能创建几个独立层次，而不是在一个大的层次中将所有东西都链接在一起。对于简单反向运动学动画，可以使用交互 IK，而无需应用任何 IK 解算器。

使用"交互式 IK"制作完成动画后，单击"交互式 IK"并勾选"清除关键点"选项，在关键帧之间创建 IK 动画。

13.4.2 "IK"面板

反向运动的设置是在 （层次）命令面板下的"IK"子面板中设置完成的。切换到 （层次）命令面板，再单击该命令面板下的"IK"按钮即可打开"IK"子命令面板，该面板提供了关于 IK 设置的全部内容，如图 13-12 所示。

1. "反向运动学"卷展栏

当"反向运动学"卷展栏内的"交互式 IK"按钮被激活时才能进入反向运动状态，如果该按钮未被激活，将不能实施反向运动。

- 交互式 IK：允许对层次进行 IK 操纵，而无须应用 IK 解算器或使用下列对象。

- 应用 IK：为动画的每一帧计算 IK 解决方案，并为 IK 链中的每

图 13-12

个对象创建变换关键点。提示行上出现蓝图形，指示计算的进度。

- 仅应用于关键点：为末端效应器的现有关键帧解算 IK 解决方案。
- 更新视口：在视口中按帧查看应用 IK 帧的进度。
- 清除关键点：在应用 IK 之前，从选定 IK 链中删除所有移动和旋转关键点。
- 开始/结束：设置帧的范围以计算应用的 IK 解决方案。"应用 IK"的默认设置计算活动时间段中每个帧的 IK 解决方案。

2. "对象参数"卷展栏（如图 13-13 所示）

使用"对象参数"卷展栏可以设置整个层次链的 IK 参数。

- 终结点：通过将一个或多个选定对象定义为终结点，设置 IK 链的基础。启用"终结点"将在运动学链计算到达层次的根对象之前停止。终结点对象停止终结点子对象的计算，终结点本身并不受 IK 解决方案的影响，从而可以对运动学链的行为提供非常精确的控制。

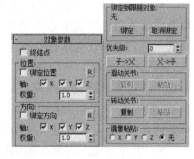

图 13-13

- 绑定位置：将 IK 链中的选定对象绑定到世界（尝试着保持它的位置），或者绑定到跟随对象。如果已经指定了跟随对象，则跟随对象的变换会影响 IK 解决方案。

- 绑定方向：将层次中选定的对象绑定到世界（尝试保持它的方向），或者绑定到跟随对象。如果已经指定了跟随对象，则跟随对象的旋转会影响 IK 解决方案。

- R：在跟随对象和末端效应器之间建立相对位置偏移或旋转偏移。该按钮对"HD IK 解算器位置"末端效应器没有影响。将它们创建在指定关节点顶部，并且使其绝对自动。

 提示

如果移动关节远离末端效应器，并要重新设置末端效应器给绝对位置，可以删除并重新创建末端效应器。

- 轴 X/Y/Z：如果其中一个轴处于禁用状态，则该指定轴就不再受跟随对象或"HD IK 解算器位置"末端效应器的影响。例如，如果关闭"位置"下的 X 轴，跟随对象（或末端效应器)沿 X 轴的移动就对 IK 解决方案没有影响,但是沿 Y 轴或者 Z 轴的移动仍然有影响。

- 权重：在跟随对象或末端效应器的指定对象和链接的其他部分上，设置跟随对象或末端效应器的影响。设置为 0 时会关闭绑定，使用该值可以设置多个跟随对象或末端效应器的相对影响和在 IK 解决方案中它们的优先级，相对"权重"值越高，优先级就越高。

 提示

仅在没有解决方案能够满足链中两个或者更多反向末端效应器时,权重值的区别才会起作用。在此例中，有最大权重的末端效应器"胜出"。

- 绑定到跟随对象：该选项组是反向运动学链中将对象绑定到跟随对象和取消绑定的控制。

- （标签）：显示选定跟随对象的名称。如果没有设置跟随对象，则显示"无"。

- 绑定：将反向运动学链中的对象绑定到跟随对象。
- 取消绑定：在 HD IK 链中从跟随对象上取消选定对象的绑定。
- 优先级：3ds Max2012 在计算 IK 求解时，链接处理的优先次序决定最终的结果。手动为 IK 链中的任何对象指定优先级值。高优先级值在低优先级值之前计算，相同的优先级值以"子->父"的顺序计算。
- 子->父：自动设置关节优先级，以减少从子到父的值。这将导致应用力量位置（末端效应器）最近的关节移动速度比远离力量的关节快。此按钮把 IK 系统根对象的优先值设为 0，根对象下每一级对象的优先值都增加 10。它和使用默认值时的作用相似。
- 父->子：自动设置关节优先级，以减少从子到父的值。这将导致应用力量位置（末端效应器）最近的关节移动速度比远离力量的关节快。它把根对象的优先值设为 0，其下每降低一级，对象优先值都递减 10。
- "滑动关节/转动关节"选项组：在"滑动关节"和"转动关节"卷展栏中可以为 IK 系统中的对象链接设定约束条件，使用"复制"按钮和"粘贴"按钮能够把设定的约束条件从 IK 系统的一个对象链接上复制到另一个对象链接上。"滑动关节"用来复制链接的滑动约束条件，"转动关节"用来复制链接的旋转约束条件。
- 镜像粘贴：用来在粘贴的同时进行链接设置的镜像反转。镜像反转的轴向可以随意指定，默认为"无"，即不进行镜像反转，也可以使用主工具栏上的镜像工具来复制和镜像 IK 链，但必须要选中镜像对话框中的"镜像 IK 限制"选项才能保证 IK 链的正确镜像。

3. "转动关节"卷展栏（如图 13-14 所示）

"转动关节"卷展栏用于设置子对象与父对象之间相对滑动的距离和摩擦力，分别通过 X 轴、Y 轴和 Z 轴 3 个轴向进行控制。

 提示

当对象的位置控制器处于"Bezier 位置"控制属性时，"转动关节"卷展栏才会出现。

图 13-14

- 活动：激活某个轴（X/Y/Z）。允许选定的对象在激活的轴上滑动或旋转。
- 受限：勾选该选项后，限制活动轴上所允许的运动或旋转范围。与"从"和"到"微调器共同使用。多数关节沿着活动轴所做的运动，有它们的限制范围。
- 减缓：勾选该选项后，当关节接近"从"和"到"限制时，使它抗拒运动。用来模拟有机关节，或者旧机械关节，它们在运动的中间范围移动或转动时是自由的，但是在范围的末端，却无法很自由地运动。
- 弹回：打开"弹回"设定，设置滑动到端头时进行反弹，右侧数值框用于确定反弹的范围。

- 弹簧张力：设置"弹簧"的强度。值越高反弹效果越明显，值为 0 时没有反弹效果。反弹张力如果设置得过高，可以产生排斥力，关节就不容易达到限定范围终点。
- 阻尼：在关节运动或旋转的整个范围中，应用阻力。用来模拟关节摩擦或惯性的自然效果。当关节受腐蚀、干燥或受重压时，它会在活动轴方向抗拒运动。

4. "自动终结"卷展栏（如图 13-15 所示）

"自动终结"卷展栏用于暂时指定终结器一个特殊链接号码，使沿该反向运动学链上的指定数量对象作为终结器，它仅工作在互动式 IK 状态下，对指定式 IK 和 IK 控制器不起作用。

- 交互式 IK 自动终结：自动终结控制的开关项目。
- 上行链接数：指定终结设置向上传递的数目。例如，如果此值设置为 5，当操作一个对象时，沿此层级链向上第 5 个对象将作为一个终结器，阻挡 IK 向上传递。当值为 1 时将锁定此层级链。

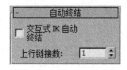

图 13-15

13.5 课堂练习——蜻蜓

练习知识要点：创建蜻蜓翅膀的正向链接，调整轴心位置，设置翅膀旋转的动画，完成蜻蜓翅膀煽动的动画效果，静帧如图 13-16 所示。

效果所在位置：随书附带光盘\Scene\cha13\蜻蜓.max。

图 13-16

13.6 课后习题——机械手臂

习题知识要点：打开现有的场景，旋转茶壶盖，并为其指定链接约束，通过设置添加链接和连接到世界两个命令来完成机械手臂拿起茶壶盖的动画，静帧效果如图 13-17 所示。

效果所在位置：随书附带光盘\Scene\cha13\机械手臂.max。

图 13-17

14 Chapter

第 14 章
商业案例

通过前面对基础知识的学习，大家对 3ds Max 已经不再陌生。在本章中将对前面所学的内容进行综合性实例操作。

14.1　星球爆炸

案例学习目标：学习和巩固使用标准基本体、粒子系统、灯光、大气装置、材质、摄影机、环境和效果来制作星球爆炸效果。

案例知识要点：创建"球体"调整合适的参数，为其指定材质贴图和背景贴图，调整合适的角度创建摄影机；继续创建"粒子阵列"在场景中拾取球体，并设置合适的参数，在轨迹视图中对其进行设置；创建泛光灯作为场景灯光，调整合适的参数和位置；继续创建"球体 Gizmo"并设置其火效果，结合使用 Video Pist 对其进行渲染和输出，完成星球爆炸效果的制作，如图 14-1 所示。

效果所在位置：随书附带光盘\Scene\cha14\星球爆炸.max。

图 14-1

（1）执行" 🌟 （创建）> ○ （几何体）>球体"命令，在"顶"视图中创建球体，在"参数"卷展栏中设置"半径"为 85，如图 14-2 所示。

（2）打开材质编辑器，选择一个新的材质样本球，从中在"贴图"卷展栏中为"漫反射"指定"位图"，选择"随书附带光盘\map\cha14\星球爆炸/ mars.jpg"文件，如图 14-3 所示，单击 🔳 （将材质指定给选定对象）按钮，将材质指定给场景中的球体对象。

（3）按 8 键打开"环境和效果"面板，为背景设置"位图"贴图，选择"随书附带光盘\map\cha14\星球爆炸/星空背景.jpg"文件，如图 14-4 所示。

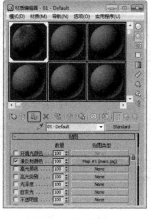

图 14-2　　　　　　　　　　　图 14-3　　　　　　　　　　　图 14-4

（4）选择"透视"视图，按 Alt+B 键，在弹出的对话框中选择"使用环境背景"和"显示背景"选项，如图 14-5 所示。

（5）调整"透视"图，按 Ctrl+C 键，创建摄影机，如图 14-6 所示。

（6）执行"＊（创建）>○（几何体）>粒子系统>粒子阵列"命令，在"顶"视图中创建粒子阵列，如图 14-7 所示。

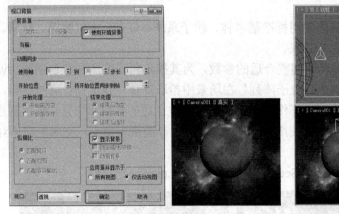

图 14-5　　　　　　　图 14-6　　　　　　　图 14-7

（7）在粒子阵列的"基本参数"卷展栏中单击"拾取对象"按钮，在场景中拾取球体，如图 14-8 所示。

（8）在"基本参数"卷展栏中选择"视口显示"组中选择"网格"选项；

在"粒子生成"卷展栏中设置"粒子运动"组中设置"速度"为 15、"变化"为 90；在"粒子计时"组中设置"发射开始"为 10、"显示时限"为 100、"寿命"为 100。

在"粒子类型"卷展栏中选择"粒子类型"为"对象碎片"；在"对象碎片控制"组中选择"碎片数目"选项，设置"最小值"为 400；在"材质贴图和来源"组中选择"拾取的发射器"选项，单击"材质来源"按钮。

在"旋转和碰撞"卷展栏中设置"自旋时间"为 5、"变化"为 60%，如图 14-9 所示。

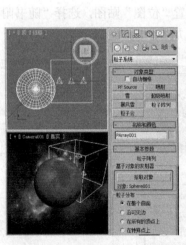
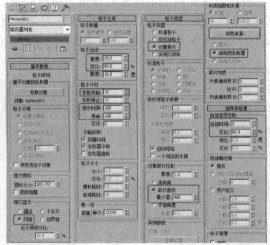

图 14-8　　　　　　　　　　图 14-9

（9）在场景中选择球体，在工具栏中单击▦图解视图（打开）按钮，在弹出的视图中确定选择的"对象"为球体，在菜单栏中执行"轨迹>可见性轨迹>添加"命令，添加可见轨迹，如图 14-10 所示。

（10）在可见性轨迹的曲线上使用 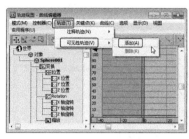（插入关键点）按钮，在第 9 帧和第 10 帧创建关键点。如图 14-11 所示。

图 14-10　　　　　　　　　　　　　　　　图 14-11

（11）使用 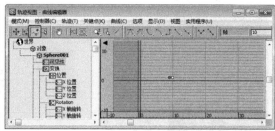（移动关键点）按钮，在场景中选择第 10 帧的关键点，在视图的右上角处设置第二个参数为 0，将其在第 10 帧后隐藏，如图 14-12 所示。

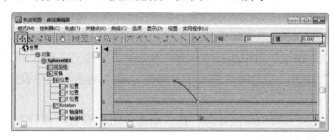

图 14-12

（12）在场景中鼠标右击球体，在弹出的快捷菜单中选择"对象属性"命令，在弹出的对话框中选择"运动模糊"组中的"对象"选项，单击"确定"按钮，如图 14-13 所示。

（13）执行 " （创建）> （灯光）>泛光灯"命令，在场景中创建两盏"泛光灯"，调整灯光的位置，使用默认参数即可，如图 14-14 所示。

（14）继续在球体的中心位置创建"泛光灯"，在"强度/颜色/衰减"卷展栏中设置"倍增"为 2，设置色块的颜色为黄色，如图 14-15 所示。

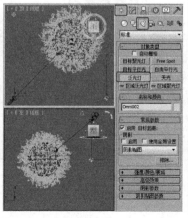
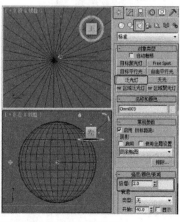

图 14-13　　　　　　　　　　图 14-14　　　　　　　　　　图 14-15

（15）执行 " （创建）> （辅助对象）>大气装置>球体 Gizmo"命令，在"顶"视图中创建球体 Gizmo，在场景中创建球体 Gizmo，在"球体 Gizmo 参数"卷展栏中设置"半径"为 170，如图 14-16 所示。

（16）按 8 键打开"环境和效果"面板，在"大气"卷展栏中单击"添加"按钮，在弹出的"添加大气"组中选择"火效果"，如图 14-17 所示。

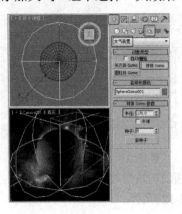

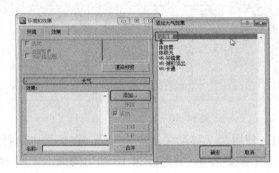

图 14-16   图 14-17

（17）添加火效果后，在"火效果参数"卷展栏中单击"拾取 Gizmo"按钮，在场景中拾取球体 Gizmo，在"图形"组中选择"火球"选项，在"爆炸"组中勾选"爆炸"复选框；打开"自动关键点"按钮，当时间滑块位于 0 帧时，在"动态"组中设置"相位"为 0，如图 14-18 所示。

（18）当时间滑块位于第 100 帧处时，在"动态"组中设置"相位"为 300，如图 14-19所示，关闭"自动关键点"按钮。

（19）在场景中鼠标右键单击球体 Gizmo，在弹出的快捷菜单中选择"对象属性"命令，在弹出的对话框中选择"运动模糊"组中的"对象"选项，单击"确定"按钮，如图 14-20 所示。调整关键帧渲染场景静帧，如图 14-1 所示，可以对该场景进行动画的输出，这里就不介绍了。

图 14-18   图 14-19   图 14-20

14.2 打造黄昏欧式卧室效果

案例学习目标：学习如何设置 VRay 材质、灯光和渲染。

案例知识要点：设置场景中的各种材质，创建室内光效，并设置草图渲染和最终渲染，完成欧式卧室效果如图 14-21 所示。

效果所在位置：随书附带光盘\Scene\cha14\打造黄昏欧式卧室效果.max。

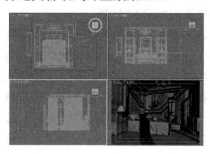

图 14-21　　　　　　　　　　　　　　　　　图 14-22

1. 设置场景材质

在打开的场景模型的基础上我们为其场景设置材质。

（1）打开随书附带光盘\Scene\cha14\打造黄昏欧式卧室效果 o.max 场景文件，如图 14-22 所示。

（2）按 H 键，在弹出的对话框中选择"布包墙"模型，打开材质编辑器，选择一个新的材质样本球，将其命名为"布包墙"，并将材质转换为 VRayMtl 材质。

在"贴图"卷展栏中为"漫反射"和"凹凸"指定相同的"位图"贴图，贴图位于随书附带光盘\Map\cha14\打造黄昏欧式卧室效果\67178402.jpg 文件，设置"凹凸"数量为 10，如图 14-23 所示，单击 （将材质指定给选定对象）按钮将材质指定给场景中的"布包墙"。

（3）按 H 键，在弹出的对话框中选择"布窗帘"模型，选择一个新的材质样本球，将其命名为"布窗帘"，并将材质转换为 VR_材质包裹器材质。

在"基本参数"卷展栏中为"基本材质"指定"标准"材质，如图 14-24 所示。

（4）单击"基本材质"中的"标准"材质按钮，进入贴图层级，将明暗器类型转换为"（O）Oren-Nayar-Blinn"。

在"Oren-Nayar-Blinn 基本参数"卷展栏中设置"不透明度"为 90、"粗糙度"为 50，如图 14-25 所示。

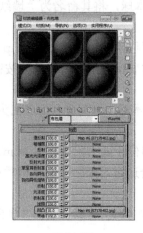

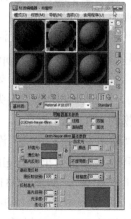

图 14-23　　　　　　　　　　图 14-24　　　　　　　　　　图 14-25

（5）在"贴图"卷展栏中为"漫反射颜色"指定"位图"贴图，贴图位于随书附带光盘

\Map\cha14\打造黄昏欧式卧室效果\wallpper034.jpg 文件，单击 （将材质指定给选定对象）按钮将材质指定给场景中的"布窗帘"，如图 14-26 所示。

（6）在场景中选择"布床单"模型，选择一个新的材质样本球，将其命名为"布床单"，将材质转换为 VRayMtl 材质。

在"基本参数"卷展栏中设置"漫反射"的红绿蓝为 212、212、212，设置"反射"组中的"高光光泽度"为 0.8，如图 14-27 所示。

（7）在"双向反射分布函数"卷展栏中选择类型为"反射"，设置"各向异性"为 0.75。

在"贴图"卷展栏中设置"反射"数量为 80，并为其指定"位图"贴图，贴图位于随书附带光盘\Map\cha14\打造黄昏欧式卧室效果\cloth_16.jpg 文件，单击 （将材质指定给选定对象）按钮将材质指定给场景中的"布窗帘"，如图 14-28 所示。

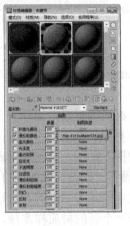

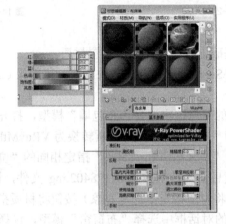

图 14-26　　　　　　　　　　　图 14-27　　　　　　　　　　　图 14-28

（8）在场景中选择"地毯"模型，选择一个新的材质样本球，将其命名为"地毯"，将材质转换为 VRayMtl 材质。

在"地毯"卷展栏中为"漫反射"指定"位图"贴图，贴图位于随书附带光盘\Map\cha14\打造黄昏欧式卧室效果\dt51.TIF 文件，单击 （将材质指定给选定对象）按钮将材质指定给场景中的"地毯"，如图 14-29 所示。

（9）在场景中选择"墙纸"模型，选择一个新的材质样本球，将其命名为"墙纸"，将材质转换为 VRayMtl 材质。

在"贴图"卷展栏中为"漫反射"指定"位图"贴图，贴图位于随书附带光盘\Map\cha14\打造黄昏欧式卧室效果\wallpper034.jpg 文件，单击 （将材质指定给选定对象）按钮将材质指定给场景中的"墙纸"，如图 14-30 所示。

（10）在场景中选择"枕头"模型，选择一个新的材质样本球，将其命名为"枕头"，将材质转换为 VRayMtl 材质。

在"贴图"卷展栏中为"漫反射"指定"位图"贴图，贴图位于随书附带光盘\Map\cha14\打造黄昏欧式卧室效果\257.gif 文件，单击 （将材质指定给选定对象）按钮将材质指定给场景中的"枕头"，如图 14-31 所示。

（11）在场景中选择"枕头 02"模型，选择一个新的材质样本球，将其命名为"枕头 02"，将材质转换为 VRayMtl 材质。

在"贴图"卷展栏中为"漫反射"指定"位图"贴图，贴图位于随书附带光盘\Map\cha14\

打造黄昏欧式卧室效果 256.gif 文件，单击 （将材质指定给选定对象）按钮将材质指定给场景中的"枕头 02"，如图 14-32 所示。

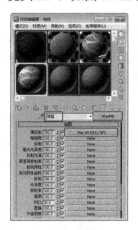
图 14-29

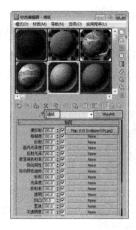
图 14-30

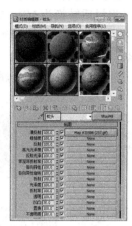
图 14-31

（12）在场景中选择"金属-窗帘杆"模型，选择一个新的材质样本球，将其命名为"金属-窗帘杆"，将材质转换为 VRayMtl 材质。

在"基本参数"卷展栏中设置"漫反射"的红绿蓝为 106、78、42，设置"反射"的红绿蓝为 70、70、70，设置"反射光泽度"为 0.9，单击 （将材质指定给选定对象）按钮将材质指定给场景中的"金属-窗帘杆"，如图 14-33 所示。

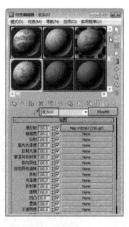
图 14-32

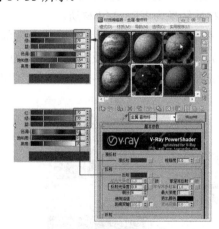
图 14-33

（13）在场景中选择"金属-床头柜装饰"模型，选择一个新的材质样本球，将其命名为"金属-床头柜装饰"，将材质转换为 VRayMtl 材质。

在"基本参数"卷展栏中设置"漫反射"的红绿蓝为 190、140、54，设置"反射"的红绿蓝为 150、150、150，设置"反射光泽度"为 0.9，单击 （将材质指定给选定对象）按钮将材质指定给场景中的"金属-床头柜装饰"，如图 14-34 所示。

（14）在场景中选择"金属-电视"模型，选择一个新的材质样本球，将其命名为"金属-电视"，将材质转换为 VRayMtl 材质。

在"基本参数"卷展栏中设置"漫反射"的红绿蓝为 193、193、193，设置"反射"的红绿蓝为 100、100、100，设置"反射光泽度"为 0.88，单击 （将材质指定给选定对象）

按钮将材质指定给场景中的"金属-电视",如图 14-35 所示。

（15）在场景中选择"金属-电视柜"模型,选择一个新的材质样本球,将其命名为"金属-电视柜",将材质转换为 VRayMtl 材质。

在"基本参数"卷展栏中设置"漫反射"的红绿蓝为 174、126、65,设置"反射"的红绿蓝为 140、140、140,设置"反射光泽度"为 0.9,单击（将材质指定给选定对象）按钮将材质指定给场景中的"金属-电视柜",如图 14-36 所示。

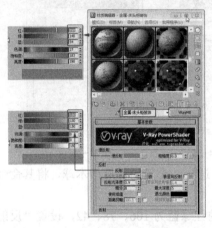

图 14-34

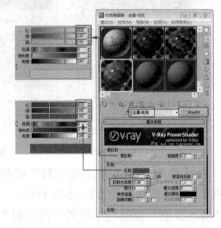

图 14-35

（16）在场景中选择"金属-画框"模型,选择一个新的材质样本球,将其命名为"金属-画框",将材质转换为 VRayMtl 材质。

在"基本参数"卷展栏中设置"漫反射"的红绿蓝为 164、132、91,设置"反射"的红绿蓝为 60、60、60,设置"反射光泽度"为 0.88,单击（将材质指定给选定对象）按钮将材质指定给场景中的"金属-画框",如图 14-37 所示。

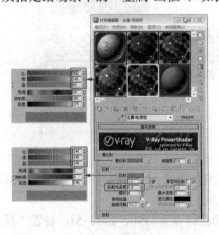

图 14-36

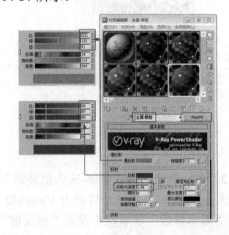

图 14-37

（17）在场景中选择"金属-蜡烛烛台"模型,选择一个新的材质样本球,将其命名为"金属-蜡烛烛台",将材质转换为 VRayMtl 材质。

在"基本参数"卷展栏中设置"漫反射"的红绿蓝为 200、166、122,设置"反射"的红绿蓝为 100、100、100,设置"反射光泽度"为 0.9,单击（将材质指定给选定对象）按钮将材质指定给场景中的"金属-蜡烛烛台",如图 14-38 所示。

（18）在场景中选择"金属-台灯装饰"模型，选择一个新的材质样本球，将其命名为"金属-台灯装饰"，将材质转换为 VRayMtl 材质。

在"基本参数"卷展栏中设置"漫反射"的红绿蓝为 221、181、117，设置"反射"的红绿蓝为 130、130、130，设置"反射光泽度"为 0.9，单击 ⬛（将材质指定给选定对象）按钮将材质指定给场景中的"金属-台灯灯饰"，如图 14-39 所示。

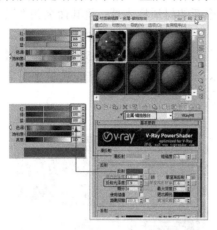

图 14-38

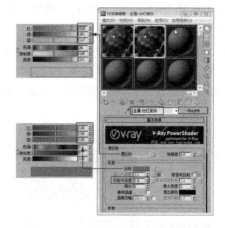

图 14-39

（19）在场景中选择"金属-筒灯"模型，选择一个新的材质样本球，将其命名为"金属-筒灯"，将材质转换为 VRayMtl 材质。

在"基本参数"卷展栏中设置"漫反射"的红绿蓝为 185、185、185，设置"反射"的红绿蓝为 171、171、171，设置"反射光泽度"为 0.9，单击 ⬛（将材质指定给选定对象）按钮将材质指定给场景中的"金属-筒灯"，如图 14-40 所示。

（20）在场景中选择"金属 01"模型，选择一个新的材质样本球，将其命名为"金属 01"，将材质转换为 VRayMtl 材质。

在"基本参数"卷展栏中设置"漫反射"的红绿蓝为 173、173、173，设置"反射"的红绿蓝为 120、120、120，设置"反射光泽度"为 0.9，单击 ⬛（将材质指定给选定对象）按钮将材质指定给场景中的"金属 01"，如图 14-41 所示。

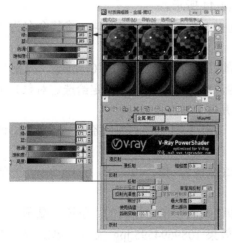

图 14-40

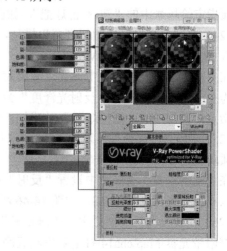

图 14-41

(21) 在场景中选择"铝合金"模型,选择一个新的材质样本球,将其命名为"铝合金",将材质转换为 VRayMtl 材质。

在"基本参数"卷展栏中设置"漫反射"的红绿蓝为 243、243、243,设置"反射"的红绿蓝为 20、20、20,设置"反射光泽度"为 0.85,单击 （将材质指定给选定对象）按钮将材质指定给场景中的"铝合金",如图 14-42 所示。

(22) 在场景中选择"黑塑料"模型,选择一个新的材质样本球,将其命名为"黑塑料",将材质转换为 VRayMtl 材质。

在"基本参数"卷展栏中设置"漫反射"的红绿蓝为 15、15、15,设置"反射"的红绿蓝为 35、35、35,设置"反射光泽度"为 0.88,单击 （将材质指定给选定对象）按钮将材质指定给场景中的"黑塑料",如图 14-43 所示。

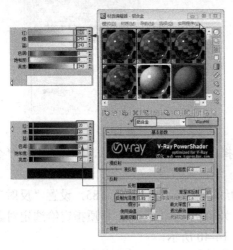

图 14-42

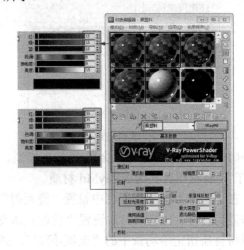

图 14-43

(23) 在场景中选择"塑料-台灯把"模型,选择一个新的材质样本球,将其命名为"塑料-台灯把",将材质转换为 VRayMtl 材质。

在"基本参数"卷展栏中设置"漫反射"的红绿蓝为 255、224、210,设置"反射"的红绿蓝为 60、60、60,设置"反射光泽度"为 0.9,单击 （将材质指定给选定对象）按钮将材质指定给场景中的"塑料-台灯把",如图 14-44 所示。

(24) 在场景中选择"塑料灯罩"模型,选择一个新的材质样本球,将其命名为"塑料灯罩",将材质转换为 VRayMtl 材质。

在"基本参数"卷展栏中设置"漫反射"的红绿蓝为 22、10、10,设置"反射"的红绿蓝为 30、30、30,设置"反射光泽度"为 0.9,单击 （将材质指定给选定对象）按钮将材质指定给场景中的"塑料灯罩",如图 14-45 所示。

(25) 在场景中选择"木-地面"模型,选择一个新的材质样本球,将其命名为"木-地面",将材质转换为 VRayMtl 材质。

在"基本参数"卷展栏中设置"反射"的红绿蓝为 40、40、40,设置"高光光泽度"为 0.8、"反射光泽度"为 0.8,如图 14-46 所示。

(26) 在"贴图"卷展栏中为"漫反射"和"凹凸"指定相同的"位图"贴图,贴图位于随书附带光盘\Map\cha14\打造黄昏欧式卧室效果\1089694595.jpg 文件,单击 （将材质指定给选定对象）按钮将材质指定给场景中的"木-地面",如图 14-47 所示。

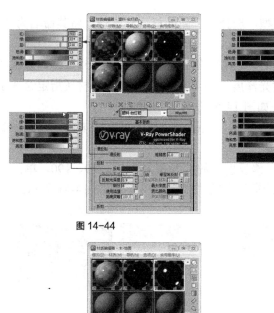

图 14-44　　　　　　　　　　　图 14-45

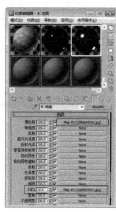

图 14-46　　　　　　　　　　　图 14-47

（27）在场景中选择"木纹"模型，选择一个新的材质样本球，将其命名为"木纹"，将材质转换为 VRayMtl 材质。

在"基本参数"卷展栏中设置"反射"的红绿蓝为 25、25、25，设置"反射光泽度"为 0.88，如图 14-48 所示。

（28）在"贴图"卷展栏中为"漫反射"指定"位图"贴图，贴图位于随书附带光盘\Map\cha14\打造黄昏欧式卧室效果\明清风韵木料 2.jpg 文件，单击 （将材质指定给选定对象）按钮将材质指定给场景中的"木纹"，如图 14-49 所示。

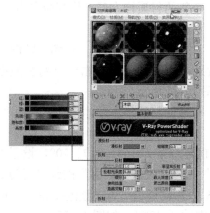

图 14-48

图 14-49

（29）在场景中选择"白漆"模型，选择一个新的材质样本球，将其命名为"白漆"，将材质转换为 VRayMtl 材质。

在"基本参数"卷展栏中设置"漫反射"的红绿蓝为 255、255、255，设置"反射"的红绿蓝为 25、25、25，设置"反射光泽度"为 0.88，单击 （将材质指定给选定对象）按钮将材质指定给场景中的"白漆"，如图 14-50 所示。

（30）在场景中选择"床头墙漆"模型，选择一个新的材质样本球，将其命名为"床头墙漆"，将材质转换为 VRayMtl 材质。

在"基本参数"卷展栏中设置"漫反射"的红绿蓝为 247、229、190，单击 （将材质指定给选定对象）按钮将材质指定给场景中的"床头墙漆"，如图 14-51 所示。

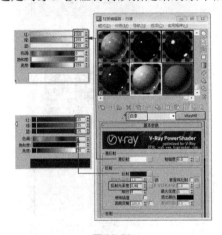

图 14-50   图 14-51

（31）在场景中选择"顶面"模型，选择一个新的材质样本球，将其命名为"顶面"，将材质转换为 VRayMtl 材质。

在"基本参数"卷展栏中设置"漫反射"的红绿蓝为 255、255、255，单击 （将材质指定给选定对象）按钮将材质指定给场景中的"顶面"，如图 14-52 所示。

（32）在场景中选择"灯"模型，选择一个新的材质样本球，将其命名为"灯"，将材质转换为 VR_发光材质。

在"参数"卷展栏中设置颜色倍增为 3，单击 （将材质指定给选定对象）按钮将材质指定给场景中的"灯"，如图 14-53 所示。

（33）在场景中选择"屏幕"模型，选择一个新的材质样本球，将其命名为"屏幕"，将材质转换为 VR_发光材质。

在"参数"卷展栏中设置颜色倍增为 1.5，并为"颜色"指定"位图"贴图，贴图位于随书附带光盘\Map\cha14\打造黄昏欧式卧室效果\13.jpg 文件，单击 （将材质指定给选定对象）按钮将材质指定给场景中的"灯"，如图 14-54 所示。

（34）在场景中选择"玻璃"模型，选择一个新的材质样本球，将其命名为"玻璃"，将材质转换为 VRayMtl 材质。

在"基本参数"卷展栏中设置"漫反射"的红绿蓝为 164、217、209，设置"反射"的红绿蓝为 150、150、150，勾选"菲涅耳反射"选项，设置"折射"的红绿蓝为 223、241、239，设置"折射率"为 1.3、"光泽度"为 0.85、"影响通道"为"颜色+alpha"，单击 （将材质指定给选定对象）按钮将材质指定给场景中的"玻璃"，如图 14-55 所示。

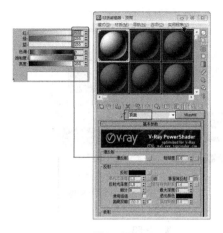 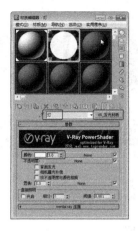 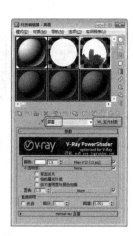

图 14-52　　　　　　　　图 14-53　　　　　　　　图 14-54

（35）在场景中选择"吊灯"模型，选择一个新的材质样本球，将其命名为"吊灯"，将材质转换为"多维/子对象"，如图 14-56 所示。

在"多维/子对象基本参数"卷展栏中单击"设置数量"按钮，在弹出的对话框中设置数量为 3。

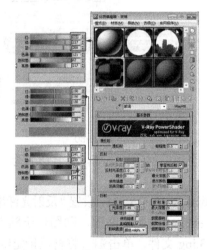 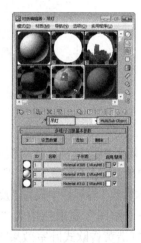

图 14-55　　　　　　　　　　　　　图 14-56

（36）单击（1）号材质进入（1）号材质设置面板，将材质转换为 VRayMtl。

在"基本参数"卷展栏中设置"漫反射"的红绿蓝为 221、186、131，设置"反射"的红绿蓝 70、70、70，设置"反射光泽度"为 0.9，如图 14-57 所示。

（37）进入（2）号材质设置面板，将材质转换为 VRayMtl。

在"基本参数"卷展栏中设置"漫反射"的红绿蓝为 255、238、200，设置"反射"的红绿蓝为 15、15、15，勾选"菲涅耳反射"选项，如图 14-58 所示。

（38）设置（2）号材质的"折射"红绿蓝为 50、50、50，设置"折射率"为 1.3，如图 14-59 所示。

（39）进入（3）号材质设置面板，在"基本参数"卷展栏中设置"漫反射"的红绿蓝为 255、255、255，设置"反射"的红绿蓝为 40、40、40，设置"反射光泽度"为 0.9，设置合适的"折射"颜色，单击 （将材质指定给选定对象）按钮将材质指定给场景中的"吊灯"，如图 14-60 所示。

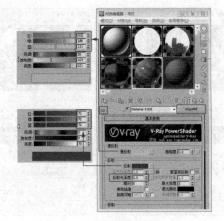
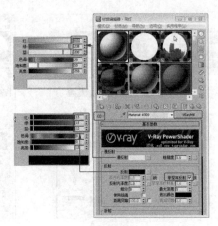

图 14-57

图 14-58

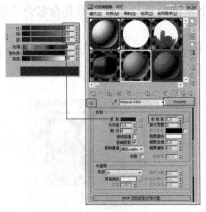
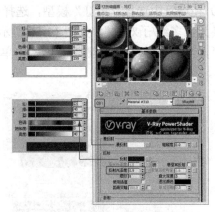

图 14-59

图 14-60

（40）在场景中选择"挂画"模型，选择一个新的材质样本球，将其命名为"挂画"，将材质转换为 VRayMtl，如图 14-61 所示。

在"基本参数"卷展栏中设置"反射"的红绿蓝为 15、15、15，设置"反射光泽度"为 0.85。

（41）在"贴图"卷展栏中为"漫反射"指定"位图"贴图，贴图位于随书附带光盘\Map\cha14\打造黄昏欧式卧室效果\1158301173.jpg 文件，单击 （将材质指定给选定对象）按钮将材质指定给场景中的"挂画"，如图 14-62 所示。

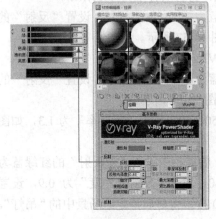

图 14-61

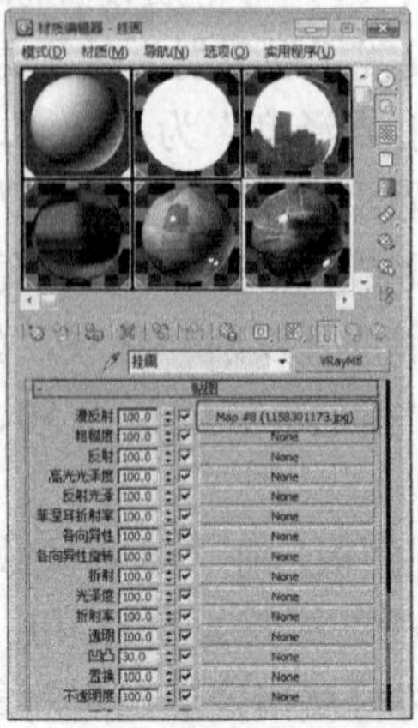

图 14-62

图 14-63

2. 设置草图渲染

（1）打开渲染设置面板，选择"VR_基项"选项卡，在"V-Ray：：全局开关"卷展栏中勾选灯光组中的"灯光"，选择"缺省灯光"为"关掉"。

在"V-Ray：：图像采样器"卷展栏中选择"图像采样器"为"固定"，选择"抗锯齿过滤器"为"区域"，如图14-63所示。

（2）选择"V-Ray：：间接照明"选项卡，在"V-Ray：：间接照明"卷展栏中勾选"开启"选项，设置"饱和度"为0.88，选择"首次反弹"的"全局光引擎"为"发光贴图"，选择"二次反弹"的"全局光引擎"为"灯光缓存"。

在"发光贴图"卷展栏中设置"当前预置"为"非常低"，勾选"显示计算过程"和"显示直接照明"选项，并设置"半球细分"为60，如图14-64所示。

（3）选择"V-Ray：：灯光缓存"卷展栏，设置"细分"为100，勾选"保存直接光"和"显示计算状态"选项，如图14-65所示。

（4）测试渲染场景，场景中设置了背景颜色为白色，如图14-66所示。

图 14-64

图 14-65　　　　　图 14-66

3. 创建灯光

（1）单击" （创建）> （灯光）>VRay>VR灯光"按钮，在"左"视图中窗户的位置创建VR灯光，调整灯光的位置和大小，在"参数"卷展栏中设置"倍增"为7，灯光的红绿蓝为193、228、255，勾选"选项"组中的"不可见"选项，设置"细分"为25，如图14-67所示。

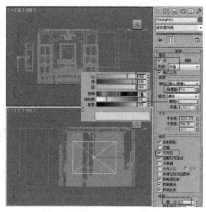

图 14-67

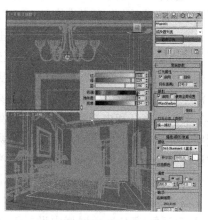

图 14-68

（2）执行"　（创建）>　（灯光）>光度学>自由灯光"命令，在场景中吊灯的位置创建自由灯光，调整灯光的位置，在"常规参数"卷展栏中勾选"阴影"组中的"启用"选项，并选择阴影类型为 VRayShadow，选择"灯光分布（类型）"为"统一球形"。

在"强度/颜色/衰减"卷展栏中设置"过滤颜色"的红绿蓝为 254、229、190，设置强度为"cd"，参数为 200，如图 14-68 所示。

（3）执行"　（创建）>　（灯光）>光度学>自由灯光"命令，在场景中台灯的位置创建自由灯光，复制灯光，并在"常规参数"卷展栏中选择"灯光分布（类型）"为"统一球形"。

在"强度/颜色/衰减"卷展栏中设置"过滤颜色"的红绿蓝为 255、188、44，设置强度为"cd"，参数为 500，如图 14-69 所示。

（4）执行"　（创建）>　（灯光）>VRay>VR_光源"命令，在"前"视图中创建 VR_光源平面灯光，调整灯光的位置作为暗藏灯，在"参数"卷展栏中设置"倍增"为 8，设置"颜色"的红绿蓝为 255、180、49，在"选项"组中勾选"不可见"选项，设置"细分"为 25，如图 14-70 所示。

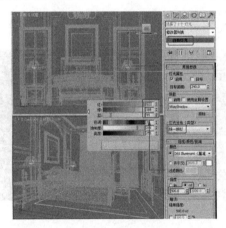

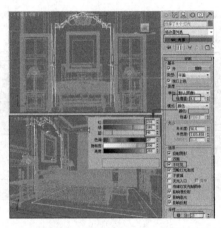

图 14-69   图 14-70

（5）渲染场景得到如图 14-71 所示的效果。

（6）执行"　（创建）>　（灯光）>光度学>目标灯光"命令，在"前"视图中创建目标灯光，调整灯光的位置到窗帘筒灯和对面筒灯的位置，复制并调增灯光到筒灯的位置，在"常规参数"卷展栏中勾选"阴影"组中的"启用"选项，并选择阴影类型为 VRayShadow，选择"灯光分布（类型）"为"光度学 Web"。

在"分布（光度学 Web）"卷展栏中单击选择光度学灰色按钮，在弹出的对话框中选择随书附带光盘\Map\cha14\打造黄昏欧式卧室效果\30.IES 文件。

在"强度/颜色/衰减"卷展栏中设置强度为"cd"，参数为 7000，如图 14-72 所示。

（7）渲染场景得到如图 14-73 所示的效果。

（8）在床头的筒灯和电视墙位置的筒灯处创建目标灯光，在"前"视图中创建目标灯光，复制并调整灯光到筒灯的位置，在"常规参数"卷展栏中勾选"阴影"组中的"启用"选项，并选择阴影类型为 VRayShadow，选择"灯光分布（类型）"为"光度学 Web"。

在"分布（光度学 Web）"卷展栏中单击选择光度学灰色按钮，在弹出的对话框中选择随书附带光盘\Map\cha14\打造黄昏欧式卧室效果\19.IES 文件。

在"强度/颜色/衰减"卷展栏中设置强度为"cd"，参数为 56580，如图 14-74 所示。

图 14-71

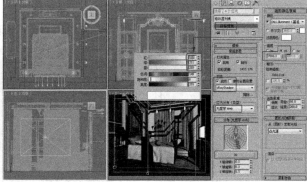

图 14-72

图 14-73

图 14-74

（9）渲染场景得到如图 14-75 所示的效果。

4. 渲染设置

（1）打开渲染设置面板，设置最终渲染的尺寸，如图 14-76 所示。

图 14-75

图 14-76

（2）选择"VR_基项"选项卡，在"V-Ray：图像采样器"卷展栏中选择"图像采样器"为"自适应 DMC"，选择"抗锯齿过滤器"为"Catmull-Rom"。

在"V-Ray：颜色映射"卷展栏中选择"类型"为"VR_指数"，如图 14-77 所示。

（3）选择"VR_间接照明"选项卡，在"V-Ray：发光贴图"卷展栏中选择"自定义"，在"基本参数"组中设置"最小采样比"为-3、"最大采样比"为 0、"半球细分"为 60、"插值采样值"为 20、"颜色阈值"为 0.3、"发现阈值"为 0.1，如图 14-78 所示。

（4）选择"V-Ray：：灯光缓存"卷展栏，设置"细分"为 1500，如图 14-79 所示。

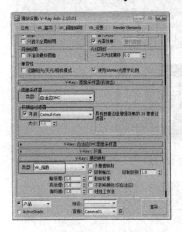

图 14-77

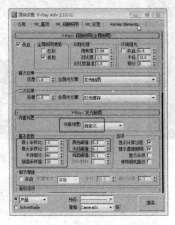

图 14-78

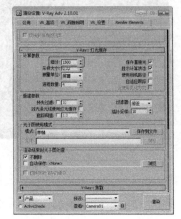

图 14-79

14.3　课堂练习——制作花盆

练习知识要点：创建"多边形"复制并调整至合适的位置，结合使用"编辑多边形、编辑样条线和挤出"修改器，完成花盆的制作，如图 14-80 所示。

效果所在位置：随书附带光盘\Scene\cha14\制作花盆.max。

图 14-80

14.4　课后习题——心形烟花

习题知识要点：创建心形图形，创建圆柱体，使用路径变形（WSM）将圆柱体指定路径到心形图形上，创建粒子云，并为其拾取发射器为圆柱体，拖动时间滑块设置圆柱体和粒子的动画，设置圆柱体不可渲染，设置粒子云的镜头效果高光，这样心形烟花动画效果就制作完成，如图 14-81 所示。

效果所在位置：随书附带光盘\Scene\cha14\心形烟花.max。

图 14-81